城市暴雨洪涝模拟
与海绵措施减灾效果

徐宗学 初祁 程涛 著

科学出版社

北京

内 容 简 介

本书以北京市和济南市作为研究区，重点开展变化环境下城市暴雨特性和产汇流时空演变规律、暴雨洪涝过程模拟及其对不同降雨条件和海绵措施布局的响应机理、海绵措施选择与布局优化和洪涝风险协同关系分析等相关研究工作。对于科学认识暴雨洪涝过程致灾机理具有十分重要的现实意义，对于我国城市暴雨洪涝过程模拟、海绵措施布局与优化，以及城市防洪减灾工作具有重要的参考价值。

本书既可以作为我国城市暴雨洪涝过程模拟与海绵城市研究领域的参考书，也可作为水文学与水资源学、城市给排水、环境科学等相关领域的研究人员和研究生以及高年级本科生的参考用书。

审图号：GS 京（2024）1281 号

图书在版编目（CIP）数据

城市暴雨洪涝模拟与海绵措施减灾效果/徐宗学，初祁，程涛著. --北京：科学出版社，2025.3
ISBN 978-7-03-071197-7

Ⅰ.①城⋯　Ⅱ.①徐⋯　②初⋯　③程⋯　Ⅲ.①城市–暴雨–水灾–灾害防治–研究　Ⅳ.①P426.616

中国版本图书馆 CIP 数据核字（2022）第 000023 号

责任编辑：杨帅英 / 责任校对：樊雅琼
责任印制：徐晓晨 / 封面设计：蓝正设计

科 学 出 版 社 出版
北京东黄城根北街 16 号
邮政编码：100717
http://www.sciencep.com

北京九州迅驰传媒文化有限公司印刷
科学出版社发行　各地新华书店经销
*
2025 年 3 月第 一 版　　开本：787×1092 1/16
2025 年 3 月第一次印刷　　印张：17
字数：380 000
定价：210.00 元
（如有印装质量问题，我社负责调换）

序

　　自 20 世纪 80 年代以来，我国城市化水平不断提高，截至 2020 年，我国的城镇化率已经超过 60%。城市化导致土地利用性质改变，建筑物增加，下垫面不透水面积增大。全球变化导致极端暴雨频率增大，对城市水文过程产生了十分明显的影响，包括城市暴雨洪涝灾害频发，城市内涝及洪涝灾害损失越来越严重。2012 年北京的"7·21"城市洪水，造成 190 万人受灾，79 人死亡，经济损失达 116.4 亿元。2016 年 7 月 6 日，武汉的暴雨灾害造成全市 12 个区约 75.7 万人受灾，城市内涝导致直接经济损失超过 22 亿元。2021 年河南郑州"7·20"特大暴雨再次导致了全国瞩目的严重水灾和重大社会经济损失。

　　为了减少城市洪涝灾害，需采用科学方法分析城市暴雨洪涝成因和演变规律，为城市暴雨洪涝预报预警和抢险救灾提供科技支撑。城市暴雨洪涝过程模拟利用水文水动力学方法，对城市产汇流物理过程进行仿真模拟，借助 GIS 技术进行展示，能够较为真实地再现暴雨洪涝情景，可以为风险识别和洪涝防治提供直观、准确的依据。

　　徐宗学教授系国内高校较早关注城市水文学研究，尤其是城市暴雨洪涝过程模拟的专家。自 2006 年以来，他先后承担了多项城市水文，尤其是城市暴雨洪涝模拟相关的科研项目或课题，包括国家自然科学基金面上项目"济南市城市暴雨洪涝灾害致灾机理分析与风险评价"、北京市自然科学基金重点项目"北京市典型区域城市洪涝致灾机理与减灾对策研究"、济南市海绵城市建设试点项目"济南市海绵城市水循环演变与水文过程模拟"、北京市科学技术委员会项目"北京城市副中心海绵城市建设与区域城市洪涝灾害研究"、国家重点研发计划课题"变化环境下城市暴雨洪涝灾害成因"等。2016 年，徐宗学教授领衔组建了全国高校首家城市水循环与海绵城市技术省部级重点实验室。基于该平台徐教授及其团队针对城市化水文效应、城市产汇流机理、城市水文过程模拟、城市暴雨洪涝灾害致灾机理、城市洪涝风险评价、海绵措施雨洪控制效果评估及其布局优化等科学问题开展了深入系统的研究工作，发表了许多有重要价值和技术指导意义的学术论文，对推动城市水文学科发展发挥了重要的作用，为北京、济南、深圳等地乃至全国的城市暴雨洪涝过程模拟与海绵城市建设工作提供了重要的科技支撑。在此背景下，徐宗学教授将近年的部分研究成果整理成本专著，较为系统地介绍了城市暴雨洪涝过程模拟和海绵措施雨洪控制效果评估的手段与方法，剖析了城市洪涝的成因和规律，为解决我国城市洪涝灾害问题提供了可能的手段和途径，将为我国城市防洪减灾和提高城市防洪安全提供重要的科技支撑。特此为序。

中国科学院院士，武汉大学教授

2021 年 8 月 18 日

前　言

　　城市暴雨洪涝过程模拟作为现代城市防洪减灾管理工作的关键支撑技术之一，能够提供城市暴雨洪涝过程的关键特征要素和重要状态信息，在城市雨洪管理与利用以及防洪减灾方面具有重要作用。近年来，海绵城市建设如火如荼，开启了我国城市雨洪管理的新篇章。对海绵城市建设措施（简称"海绵措施"）雨洪控制效果评估和布局优化的研究有利于科学高效开展海绵城市建设。随着城市发展水平的提升，对城市暴雨洪涝过程模拟准确度的要求更高，基于数值天气预报与城市雨洪模型耦合的临近暴雨洪涝过程模拟具有重要应用前景，基于多源/高分辨率遥感数据的城市精细化暴雨洪涝过程模拟技术也取得了较大的进展。开展基于数值天气预报和多源遥感数据的精细化城市暴雨洪涝过程模拟对于城市防汛减灾工作具有十分重要的现实意义。

　　20 世纪 90 年代初，徐宗学在清华大学任教时，曾负责讲授"城市水文学"课程，对城市水文问题表现出了浓厚的兴趣。1993 年出国后，其在国外也先后开展过相关的研究工作。2003 年回国以后，他目睹国内日新月异的城市化进程，敏锐地体察到城市水问题的重要性，在国内较早地基于暴雨管理模型（storm water management model，SWMM）开展了城市区域暴雨洪涝过程的模拟工作。2012 年，随着北京"7·21"暴雨洪涝灾害的发生，徐宗学立即组织团队起草了项目申请书，于 2013 年申请获批北京市自然科学基金重点项目"北京市典型区域城市洪涝致灾机理与减灾对策研究"，随后又先后获得国家自然科学基金面上项目"济南市城市暴雨洪涝灾害致灾机理分析与风险评价"、济南市海绵城市建设试点项目"济南市海绵城市水循环演变与水文过程模拟"、北京市科学技术委员会项目"北京城市副中心海绵城市建设与区域城市洪涝灾害研究"、国家重点研发计划课题"变化环境下城市暴雨洪涝灾害成因"、国家自然科学基金面上项目"变化环境下深圳河流域城市洪（潮）涝灾害致灾机理与风险评估"等的支持，围绕着城市水文问题尤其是城市暴雨洪涝过程模拟开展了较为深入、系统的研究工作。

　　依托早期的国家和北京市自然科学基金项目，培养了初祁、程涛两位博士研究生和赵刚、常晓栋与杨钢三位硕士研究生，本书主要是在上述博士和硕士学位论文基础上提炼而成。上述工作采用城市暴雨洪涝过程模拟和数值降水预报技术，分析了北京和济南暴雨特性和产汇流时空分布特征，揭示了城市化过程对产汇流过程的影响规律，探讨了数值降水预报技术用于城市暴雨洪涝过程模拟和预报的可行性，提出了海绵措施选择和布局优化的方法，辨析了海绵措施选择与布局优化和洪涝风险之间的相互关系，揭示了城市暴雨洪涝过程对不同降雨条件和海绵措施布局的响应机理，提出了基于流域水循环视角的城市洪涝灾害防控与海绵城市建设的对策与建议。相关研究成果在北京大红门排水区和济南海绵城市试点区开展了示范应用，并纳入了当地防汛抗旱系统，提高了当地暴雨洪涝过程的模拟和预报精度，提升了区域应对暴雨洪涝灾害的应急管理能力和防灾减灾能力。

　　本书总体设计与大纲由徐宗学教授负责，初祁与程涛协助撰写，并由初祁负责统稿，黄亦轩负责检查和修改初稿格式。第 1 章介绍了研究背景与意义、国内外研究进展，以及北京与济南海绵城市建设情况；第 2 章主要介绍了北京和济南及其典型研究区的气象水文特征和暴雨洪涝特性；第 3 章分析了北京和济南的降雨和产汇流时空分布特征，以及城市化过程对产汇流过程的影响机理；第 4 章从暴雨过程模拟、产流过程模拟、汇流过程模拟和陆气耦合模拟技术四个方面，总结和分析了现有城市暴雨洪涝过程模拟技术与方法及其优缺点；第 5 章以北京为例，分别采用设计暴雨公式法和数值降水预报法对北京的暴雨过程进行了模拟；第 6 章以北京典型研究区为例，介绍了设计暴雨条件下城市雨洪模型构建的一般过程，分析了河道洪水过程对研究区暴雨洪涝过程的影响机理；第 7 章基于数值降水集成预报结果，构建了北京市典型排水区陆气耦合雨洪模型，分析了采用陆气耦合方式开展暴雨洪涝过程模拟的效果及其可行性；第 8 章基于济南典型研究区高分辨率基础资料构建了精细化雨洪模型，分析了城市暴雨洪涝过程对不同降雨过程的响应机理；第 9 章以北京和济南典型研究区为例，对比分析了各种海绵措施组合在不同重现期暴雨情景下的雨洪控制效果；第 10 章以济南海绵城市试点区为例，采用多种风险模型对研究区的洪涝风险进行了评估，分析了海绵措施选择与空间布局对洪涝风险的影响；第 11 章基于上述研究成果，结合研究区海绵城市建设现状，提出了城市洪涝灾害防控与海绵城市建设的对策与建议。本书具有很强的实践性，可为我国城市暴雨洪涝过程模拟、海绵措施布局优化以及城市防洪减灾提供很好的借鉴和参考。但需要特别指出的是，由于城市河湖水系、道路桥梁、排水管网以及下垫面条件的复杂性和资料搜集工作的难度，有关研究工作是在高度概化的基础上完成的，相关成果可能不完全符合实际情况，不足之处在所难免，希望能为今后相关的研究工作以及北京与济南两地的海绵城市建设工作提供一定的参考。

　　本书主要研究工作得到了北京市自然科学基金重点项目"北京市典型区域城市洪涝致灾机理与减灾对策研究"和国家自然科学基金面上项目"济南市城市暴雨洪涝灾害致灾机理分析与风险评价"的支持。借此机会对项目所有参加人员表示由衷的感谢。在项目执行过程中，得到了北京市水文总站、北京市城市规划设计研究院、济南市水文局、应急管理部国家减灾中心和中国气象局相关人员的大力支持和配合，在此表示衷心的感谢。本书的出版得到了国家重点研发计划课题"变化环境下城市暴雨洪涝灾害成因"和国家自然科学基金重点项目"流域-城市洪涝过程模拟与风险识别及减灾对策研究"的经费支持。

　　限于时间和水平，本书难免存在不足和疏漏之处，敬请读者批评指正。

作　者
2021 年 8 月 26 日

目　　录

第1章 绪 论

1.1 研究背景及意义

中华人民共和国成立以来，随着社会经济的发展、科学技术的进步和产业结构的调整，我国经历了以农业为主的传统乡村型社会向以工业、服务业为主的现代城市型社会快速转变的过程，即城市化过程（余峰，2016）。国家统计局发布的统计资料显示，2020 年末，我国的城市化率达到了 63.89%，比全球平均城市化率高出近 8.8 个百分点。联合国秘书处经济与社会事业部发布的"世界城市化展望"报告指出，中国已经进入城市化快速发展的时期，是目前全球城市化水平提高贡献最大的国家之一。快速的城市化发展集聚了社会生产所需要的人力和物力，推动了社会经济的快速发展。然而，早期的城市化发展模式多以牺牲城市地区原有的生态环境为代价（张建云等，2014）。绿地、河湖和水系逐渐被渗透性低的城市建筑群、人工管道和渠道所取代，使得城市水体缩减，蓄水、排水和净化水的能力下降。人口和工业的快速膨胀导致城市用水量、排污量、城市人为热和固体颗粒物的排放量显著增加。这些城市化引起的局地变化显著改变了城市地区的区域气候、水文循环和水力学特性，引发了以水资源短缺、城市暴雨洪涝、水环境污染和水生态恶化等为代表的一系列城市水问题（袁建新等，2011；石怡，2014；Sun et al.，2014；贾绍凤，2017）。

在诸多城市水问题中，城市暴雨洪涝因近年来出现的频率高，造成的损失大，影响范围广，逐渐成为社会和科学界广泛关注的焦点（Jiang et al.，2018；姜仁贵和解建仓，2016）。城市暴雨洪涝通常是指短时间内降水强度过大，超过城市排水系统的排水能力，以致区域出现点状或面状积水成涝的现象（黄宁，2016）。研究表明，全球气候变化和人类活动显著影响了水文要素的时空分布特征，增加了极端降水事件的发生概率，进而增大了城市暴雨洪涝出现的可能性（Schiermeier，2011；Huong and Pathirana，2013；Xiao et al.，2016）。与此同时，与城市化过程伴生的水文效应，如局地对流过程增强、暴雨强度增大、地表产流能力下降、汇流时间缩短等，使城市地区面对暴雨洪涝的脆弱性进一步增强（Wagener，2007；吴思远，2013）。除此之外，城市人口和财产的高度集中为城市社会经济发展带来聚集红利的同时，也使得暴雨洪涝造成的破坏、损失和影响成倍增长（Hapuarachchi et al.，2011；刘娜，2013；刘俊等，2015）。2011 年，全球因暴雨洪涝造成的灾害损失多达 700 多亿美元，导致 6000 多人死亡（Westra et al.，2015）。同年在中国，仅 6 月 23 日发生在北京的一场暴雨洪涝事件就造成了超过 100 亿的直接经济损失（董璐璐，2011）。据统计，过去十年间，中国超过 60%的城市遭受过不同程度的暴雨洪涝灾害，造成的直接和间接经济损失占国民收入的比重超过 2.2%（吕宗恕和赵盼盼，2013）。城市"看海"现象层见叠出，"逢雨必涝"成为我国许多大、中型城市的顽疾（徐宗学等，2018）。

值得注意的是，在历次暴雨洪涝事件中，短历时强降水造成的突发性暴雨洪涝灾害事件显著增加（董军刚，2014；Westra et al.，2015）。一方面是由于全球气候变暖和城市化过程改变了局地的降水时空分布特征，增加了城市区域短历时强降水的发生概率和降水强度（Chen et al.，2013；陈秀洪等，2017）；另一方面是因为城市区域蓄滞水能力下降，区域汇流时间缩短，使得在同样的降水条件下更容易出现洪涝（朴希桐，2015）。在这种情况下，提高城市暴雨洪涝的预警预报能力，评估洪涝灾害的风险，改善城市现有的水循环条件，有效利用暴雨洪水资源，增加城市承受洪涝灾害的能力，成为当前治理城市暴雨洪涝问题的主体思路（张炜等，2012；宋海燕，2015）。其中，提高城市暴雨洪涝的预警预报能力是目前应对突发性洪涝灾害迫切需要解决的核心问题，也是合理规划城市布局、科学制定暴雨洪水管理措施的基础（王建鹏等，2008；骆丽楠等，2012）。已采取的众多手段中，基于降水预报和基于多源/高分辨率遥感数据的城市暴雨洪涝精细化模拟技术因可以有效延长暴雨洪涝预见期，实现实时或多情景状况下的洪涝风险评估，而逐渐成为解决城市暴雨洪涝问题的重要工具，在实际应用中取得了良好的防灾减灾效果（仇劲卫，2000；郑辉，2014）。近年来，数值天气预报在降水预报能力尤其是短历时强降水预报能力上的显著提升，为进一步提高城市暴雨洪涝风险评估和预警预报能力提供了可能（叶青，2012）。

数值天气预报是根据大气的实际情况，在给定的初始条件下，通过数值求解描述天气过程的热力学和流体力学方程组，以此预测未来一定时段的大气运动状态和天气现象的方法（李刚，2007）。研究表明，将数值天气模型预报的降水信息作为城市暴雨洪水模型的输入，可以在一定程度上提高预报结果的精度，延长暴雨洪涝预见期（解以扬等，2005）。对那些汇流时间短、暴雨时程集中且短期降水强度高的城市区域来说，预见期的延长可以为制定应急预案和实施防汛抢险争取更多的响应时间，降低暴雨洪涝带来的潜在危害（陈垚森等，2012；陈洋波等，2015）。同时，数值天气预报因为多了陆面信息的反馈，原有的模型结构和物理参数化方案从而得以改进（Song and Wang，2015），能够更好地应用于城市暴雨洪涝过程的模拟和预报。然而，数值天气预报本身的不确定性，城市暴雨洪涝致灾过程的地域性和复杂性，天气过程与陆面过程求解尺度的差异性，都增加了将数值降水预报结果应用于城市暴雨洪涝预警和风险评估的难度。在此基础上，产生了如何提高数值降水预报结果的精度，如何实现数值天气预报模型和暴雨洪涝模型的耦合，如何构建反映城市区域自身暴雨洪涝特点的城市雨洪模型，如何评估和预报暴雨洪涝灾害风险等一系列研究难点和热点问题（王建鹏等，2008；骆丽楠等，2012；叶青，2012）。

城市暴雨洪涝过程模拟技术能够提供城市暴雨洪涝过程中各关键特征要素的重要状态信息，在城市暴雨洪涝灾害防控和海绵城市建设规划中发挥着越来越重要的作用。采用基于水文学或地形分析方法构建的城市雨洪模型，可以快速识别城市洪涝易淹没区域；借助基于完全分布式水动力学方法构建的城市雨洪模型，可以获取暴雨洪涝期间城市地表淹没的详细过程（宋晓猛等，2014；Teng et al.，2017）。然而，城市表面地形和地物结构复杂多变，使得洪水流态的各向异性特征更为显著，因而很难对城市区域的洪涝状况和风险水平进行精确评估（徐宗学等，2018）。在这种情况下，要想进一步提高洪涝模拟精度以实现对洪涝风险的精确评估，准确表征城市地形、城市道路、建筑物、植被分布和水体等信息十分重要（Tsubaki and Fujita，2010；Yan et al.，2015）。一直以来，城市水文模拟中的水文参数信息大多通过现场调查或研究者的经验来确定，这使得水文模型结构和参数的确定面临着较大的不确定性。近年来，随着遥感观测技术的快速发展，研究者能够通过卫星搭载的各式传感器获取更多高分辨率的陆地表面信息，这些信息可以为精细化的城市暴雨洪涝过程模拟提供更为全面的数据基础（刘勇等，2015）。

北京和济南为中国遭受突发性暴雨洪涝灾害最为严重的城市之一（王崴等，2013）。北京地处典型大陆季风气候区，年内降水分布极不均匀，汛期降水总量约占全年降水总量的 60%～80%（张晓婧，2015；Xu and Chu，2015）。受全球气候变化、城市"雨岛"效应、阻碍效应和凝结核效应的影响，北京以短历时强降水为特征的暴雨事件出现的概率和强度明显增加（Yang et al.，2014；袁宇锋，2017）。快速城市化建设大量侵占原有蓄滞排水空间，明显缩短了区域汇流时间，增加了北京遭遇突发性暴雨洪涝灾害的可能性（张建云等，2014）。同时，经济的快速发展和人口的快速膨胀导致该区域面对暴雨洪涝的脆弱性明显增强，使得北京解决暴雨洪涝问题的需求显得更为迫切。与北京暴雨特性类似，济南暴雨时空分布也极为不均匀：暴雨时程分布非常集中，汛期降雨量占全年降雨量的 75%左右；空间上呈现出显著的局部性特点，暴雨中心多出现于城区。此外，由于济南地处山前平原区，地势南高北低，形成了由南向北一面坡的特殊地形，因而，汛期暴雨在济南南部山区易形成山洪，在北部低洼区则易形成积水。一旦南部山区的山洪顺着南北向马路街道冲向市区，会形成速度较大的冲击水流，对道路、车辆、行人造成巨大威胁；而北部低洼区的积水则会造成巨大的淹没损失。

为了提高城市区域应对暴雨洪涝灾害的能力，济南和北京先后入选第一批和第二批海绵城市建设试点，开启了城市雨洪管理的新篇章。对北京和济南海绵措施雨洪控制效果及其布局优化的研究有利于科学、高效地开展海绵城市建设。随着城市发展水平的提升，对城市暴雨洪涝过程模拟的准确度要求更高，基于数值天气预报与城市雨洪模型耦合的暴雨洪涝过程预警预报技术具有重要的应用前景，基于多源/高分辨率遥感数据的城市暴雨洪涝过程精细化模拟也取得了较大的进展。开展基于数值天气预报和多源遥感数据的精细化城市暴雨洪涝过程模拟对于推动跨学科的科学研究、新方法新技术的应用具有重要作用。利用精细化的城市雨洪模型分析不同降雨和低影响开发（low impact development，LID）设施条件下城市排水系统和雨洪（暴雨洪涝）过程的响应特征，对于识别暴雨洪涝灾害致灾机理，制定科学的防洪减灾策略具有重要的借鉴意义。研究结果可为北京、济南乃至全国的防洪减灾和海绵城市建设工作提供科学依据和技术支撑。

1.2　国内外研究进展

1.2.1　城市暴雨洪涝过程模拟研究进展

城市暴雨洪涝过程模拟作为现代城市防洪减灾和海绵城市规划建设的关键支撑技

术之一, 主要采用数值模拟方法对城市区域水循环过程进行模拟分析, 提供城市暴雨洪涝过程的关键特征要素和重要状态信息, 在城市雨洪管理和防洪减灾方面具有重要作用。城市雨洪模型是城市暴雨洪涝过程模拟的主要工具。20 世纪 40～50 年代, 欧美等国就开始了城市暴雨洪涝过程模拟方面的研究工作, 最初是利用经验性的合理化公式对城市小流域径流过程进行计算, 其后在 60～70 年代开发出概念性的分布式城市雨洪模型, 如暴雨管理模型 (storm water management model, SWMM)、Wallingford 模型等通用性模型。进入 80 年代以后, 随着地理信息技术和计算机技术的发展, 一批综合了新兴技术的城市雨洪模型应运而生, 如丹麦水力研究所开发的 DHI MIKE 系列模型、华霖富公司开发的 InfoWorks 系列模型等。中国在城市雨洪模型方面的研究起步相对较晚, 直到 80 年代后期才开始有较为系统的研究。1990 年, 岑国平开发出中国第一个城市水文模型——雨水管道计算模型 (SSCM)。自此, 中国的城市雨洪模型研究和研发工作迅速发展, 出现了一系列城市雨洪模型。这些城市雨洪模型按照雨水汇流计算方法的不同, 可以分类成: ①以水文学方法为主的模型; ②以地形分析方法为主的模型; ③以水动力学方法为主的模型; ④水文水动力学耦合模型 (王静等, 2010; 徐宗学和程涛, 2019)。

以水文学方法为主的模型一般只重点关注流域出口或重要节点的水文过程, 将地表区域划分为子汇水区, 采用水文学方法模拟坡面汇流, 对于排水系统和河渠的汇流则采用水文学方法 (马斯京根法) 或水动力学方法 (圣维南方程组)。其中, 基于动力波法的一维水动力学方法能够较好地模拟城市排水管网系统中各种水流流态共存 (有压流和无压重力流交替) 和管网呈辫状或环状分布的特殊情况, 可以采用有限差分法求解完全的圣维南方程进行模拟计算 (胡伟贤等, 2010; 喻海军, 2015)。目前较为成熟的城市雨洪模型及相关软件均采用动力波方法模拟管网汇流, 其中以美国环境保护署 (Environmental Protection Agency, EPA) 推出的 SWMM 应用最为广泛。任伯帜和邓仁建 (2006) 利用对比试验对排水管网模拟的几种水文学和水动力学方法进行分析, 结果发现瞬时单位线法模拟效果不好, 而马斯京根法的模拟结果与动力波以及扩散波相当, 因此在不追求计算精度而考虑时效性的情况下, 马斯京根法是较好的选择。水文学方法与传统流域水文模型的集总式理念一致, 根据排水系统规划、地形条件和下垫面特征将区域划分成不同属性的子汇水区, 每个子汇水区具有一致的属性参数, 该方法对资料的需求较少且模拟精度相对较高, 但不能模拟地表洪涝动态过程 (徐宗学和程涛, 2019)。

为了得到地表淹没过程, 一些研究人员 (Chen et al., 2009; Zhang et al., 2014; 赵刚等, 2018) 基于地形分析法, 利用洼地蓄水计算理论, 采用填洼算法将产流计算后的净雨或雨水口溢流量按照地形进行水量分配, 根据洼地蓄水容量曲线, 计算得到淹没深度和范围。根据洪水来源的不同, 地形分析法可分为有源淹没计算法和无源淹没计算法, 分别对应城市区域当前面对的两种主要洪水形成类型, 即河流型和积雨型。前者是江河漫溢或溃堤使大量河川径流进入城市形成的洪涝, 后者则是因为降雨强度过大超过城市排水能力引发的洪涝。Chen 等 (2009) 利用地形分析法构建了城市雨洪模型, 模型基于格林–安普特 (Green-Ampt) 方法模拟产流过程, 采用稳定的下渗率代替管网对地表洪涝的排水作用, 最后基于水平面 (flat-water) 法计算得到洪水淹没的最终状态。陈浩等 (2016) 基于 D8 算法构建了平原湖泊流域洪涝模型, 利用霍顿 (Horton) 模型进行产流计算，采用排水系数法概化地下排水管网的排水能力，有效地模拟了城市湖泊流域洪涝过程。Jamali 等（2018）采用排水管网水动力模型模拟地下排水过程，并与基于地形分析法的 RFIM 进行耦合，对城市洪涝过程进行模拟，其结果与 DHI MIKE 模拟的结果相当。地形分析法适用于区域排水资料缺乏和对模拟计算时效要求较高的情况，如新开发区和无资料地区的洪涝风险评价，但其模拟结果一般是洪涝的最终淹没状态（水深和范围），无法满足目前城市洪涝精细化管理的重要需求（赵刚等，2018；程涛等，2019）。

以水动力学方法为主的模型不区别处理坡面汇流和雨水口溢流的洪涝过程，采用水动力学方程或其简化形式进行差分计算，模拟地面雨水汇流进入管网和管网超载后溢流水量的扩散过程。该方法将模拟区域划分为规则或不规则的离散网格，不需要划分汇水分区，具有完全分布式的特点，能够对降雨开始到退水的完整洪涝过程进行模拟，根据网格精细程度，可提供每个点上水深和流速等洪涝过程要素。Schmitt 等（2004）基于有限体积法对二维浅水方程组进行离散差分求解，采用不规则三角网划分研究区域，将其与描述地下排水的一维管网水动力模型耦合，精细化模拟城市洪涝二维非恒定流过程。在国内，仇劲卫等（2000）、李娜等（2002）、张新华等（2006，2007）分别基于水流运动控制方程的不同离散差分算法，模拟了城市区域二维水动力学汇流过程。耿艳芬（2006）、周浩澜（2012，2013）、喻海军（2015）、刘佳明（2016）、梅超（2019）、臧文斌（2019）分别建立了耦合地下排水管网一维水动力过程、河道汇流一维水动力过程和地表洪水演进二维水动力过程的城市雨洪模型，有些（喻海军，2015；梅超，2019；臧文斌，2019）还耦合了城市产汇流的水文学过程，实现了对城市洪涝过程的精细化水文水动力模拟。由于基于水动力学方法的模型对计算方法和硬件的要求较高，模拟结果的时效性往往成为快速洪涝评估的主要瓶颈。

在模拟方法集成方面，国内的城市雨洪模型软件有岑国平（1990）等开发的 SSCM、周玉文和赵洪宾（1997）开发的城市雨水径流模型（CSYJM）、徐向阳（1998）建立的平原城市水文过程模拟模型、李娜等（2002）开发的天津市暴雨沥涝仿真模拟系统以及唐莉华和彭光来（2009）建立的城市分布式水文模型（SSFM）（程涛等，2018）。近些年，中国水利水电科学研究院水利部防洪抗旱减灾工程技术研究中心推出的城市通用洪水分析软件 IFMS Urban（Integrated Urban Flood Modeling System）已在城市暴雨洪涝过程模拟和风险评估等方面得到一些应用（马建明和喻海军，2017；马建明等，2017；喻海军，2015；刘家宏等，2019），未来将具有广泛的应用前景。国外则有一些广泛使用的商业化城市雨洪模型软件，如丹麦 DHI 的 MIKE Urban 及 MIKE 系列模型软件、英国 Wallingford 公司推出的 InfoWorks ICM 以及加拿大 CHI 基于 SWMM 研发的 PCSWMM 等（宋晓猛等，2014）。其中，EPA 开发的 SWMM 因免费开源移植性好而广泛应用于城市暴雨洪涝过程模拟与排水系统分析评估中（Karamouz et al.，2010；史蓉等，2014；杨伟明等，2016）。

在模型应用与分析方面，侯贵兵（2010）利用 DHI 的 MIKE 系列模型构建了河网与地面二维耦合的城市雨洪模型，模拟了不同实测和设计暴雨下的洪涝过程；Nguyen 等（2020）耦合 MIKE URBAN 城市雨洪模型以及模拟环境、社会、经济过程的模型，构建了海绵城市建设实施和评估的整体框架；吴海春和黄国如（2016）基于 PCSWMM 构建了海口市海甸岛雨洪模型，评估了不同设计暴雨情景下的城市洪涝风险；Mooers 等（2018）耦合 PCSWMM 和 MODFLOW 模型评估了 LID 设施对地下含水层补给的影响；黄国如和吴思远（2013）利用 InfoWorks CS 软件构建了广州市新河浦社区城市雨洪模型，对研究区雨水利用方案进行了设计和评估；程涛等（2017）利用 InfoWorks ICM 软件构建了济南海绵城市试点区洪涝模拟模型，对不同实测和设计暴雨情况下的洪涝风险进行了评估；赵彦军等（2019）基于 SWMM 构建了济南城区雨洪模型，模拟了不同时期土地利用条件下的多种设计暴雨情景洪涝过程，定量分析了环境变化对洪涝过程的影响。

1.2.2 海绵措施雨洪控制效果评估研究进展

快速城市化和气候变化使城市洪涝风险显著增大，亟须提高城市防洪减灾能力以保证城市稳定、有序地运行。其中，对城市防洪排涝系统的提升改造及其优化运行是过去一段时间的主要方式。近年来，基于现代雨洪管理理念的雨洪管理技术蓬勃发展，如美国的 LID、最佳管理实践（best management practices，BMPs）、日本的《河川法》、英国的可持续排水系统（sustainable urban drainage systems，SUD）和中国的海绵城市计划（Sponge City Project，SPC）（Tedoldi et al.，2016；Eckart et al.，2017；Liu et al.，2017；夏军，2019），为城市水管理提供了新的思路，健康可持续的城市发展方式成为主流。我国的海绵城市建设倡导"自然积存、自然渗透、自然净化"的理念，通过对城市原有生态系统的保护、生态恢复和修复以及 LID 等途径，统筹 LID 雨水系统、城市雨水管渠系统及超标雨水径流排放系统，借助源头削减、中途转输、末端调蓄等综合措施，实现城市良性水文循环，提高对径流雨水的渗透、调蓄、净化、利用和排放能力，维持或恢复城市的"海绵"功能（北京建筑大学，2015）。

然而，从目前全国海绵城市建设试点效果来看，海绵城市建设的实施仍存在一定的盲目性，海绵城市建设多局限于 LID 设施的应用，没有从应对流域性大暴雨的角度开展海绵措施布局，且缺乏理论性的指导和技术性的参考，导致建设工作的实施与实际情况和区域特征不匹配，在面对流域性强降雨时仍出现"城市看海"问题。因此，开展海绵城市建设理论和应用的研究仍十分必要，尤其是在不同降雨条件下，海绵城市建设不同设施的作用效果以及不同措施组合和布局对城市洪涝过程的影响等方面，仍需要从理论、试验和应用等层面开展深入研究，为合理、高效地开展海绵城市建设提供支撑。

在海绵措施的雨洪控制效果方面，研究人员针对单项海绵措施、各种措施不同组合方式的雨洪控制效果开展了大量的研究。常晓栋等（2016）利用 SWMM 研究了不同 LID 设施组合在不同重现期设计暴雨情景下的水文响应特征，研究表明 LID 设施对于常遇降雨有较好的控制效果，而对于稀遇降雨控制效果不佳。李娜等（2018）通过设置不同类型、不同比例的 LID 设施情景，并针对街区尺度、子流域尺度和研究区尺度的雨洪控制效果进行分析，表明措施的类型、设置比例、布设区条件均会影响洪涝削减效果。Li 等（2019）构建了小区尺度的雨洪模型，分析了不同 LID 设施布设方案下的环境效益。然而，上述有关研究表明 LID 设施雨洪控制效果并不稳定,很难应对强降雨事件乃至极端降雨事件的威胁(贾绍凤,2017),传统的灰色系统改造措施仍是解决城市内涝的主要举措。

目前,有关海绵措施和传统灰色系统改造措施的雨洪控制效果对比的研究相对较少。梅胜等(2018)基于 SWMM,采用多目标优化算法,以溢流量控制和建造成本为目标函数,分析管网改造措施和 LID 设施单项和组合作用效果;周倩倩等(2018)对管网改造和 LID 设施在不同降雨条件下的内涝控制效果和建设成本进行对比分析,结果发现管网改造在较高降雨重现期时具有更好的雨洪控制效果,且工程建设具有较好的经济优势。卢茜等(2019)通过对比不同 LID 设施布设方案、管网改造方案及两种方案组合的效果,研究了不同降雨情况下的雨洪控制效果。

上述研究仅从小区尺度进行了分析,缺少对不同措施布局的雨洪控制效果研究。在此基础上,有些学者开展了不同 LID 设施布局对暴雨洪涝过程的影响研究。Zeng 等(2019)研究了 LID 设施的布局对削减内涝、污染控制和污水厂减负等多种目标的作用,分别将 LID 设施布置于研究区上游、中游、下游以及全区域,研究表明 LID 设施的不同布设方式对实现不同目标具有不同效果,其中上游布设 LID 设施具有很好的洪涝控制效果。齐文超(2019)针对河道洪水过程的调蓄设置了物理模型实验,分别研究了不同调蓄措施类型和措施布置位置对河道洪水的调蓄效果;通过对比经济效益和社会效益等多目标效果,得出了适合其研究区的不同措施组合方案,并指出不同区域应根据实地条件采取相应的方案。梅超(2019)不仅研究了不同 LID 设施和不同设计暴雨情景组合的水文响应规律,而且从海绵措施的成本效益出发,采用全生命周期法,全面核算单项和多项措施组合情况下的成本效益,评估了不同海绵措施组合在不同设计暴雨情景条件下的成本效益变化规律。

关于海绵城市建设,刘昌明等(2016)提出,应首先明晰区域的排水特征,在此基础上因地制宜采取合适的海绵措施。因此,上述研究虽然从不同角度研究了海绵城市有关措施的类型、比例、布局对洪涝控制等各项目标的影响,但在研究区尺度、不同措施组合方式和布局的特征方面缺少更深入的研究。因此,有必要从全流域、水循环的角度对海绵城市各项措施的雨洪控制效果进行深入研究,对洪涝的空间分布、上下游影响等进行分析,为开展城市/流域尺度的海绵措施布局优化提供支撑。

1.3　北京与济南海绵城市建设情况

1.3.1　北京海绵城市建设情况

1. 北京海绵城市建设总体情况

1)北京海绵城市建设目标与主要内容

北京于 2016 年入选国家第二批海绵城市建设试点城市。2017 年 12 月 4 日,根据《国务院办公厅关于推进海绵城市建设的指导意见》的要求,北京市人民政府办公厅发布了《北京市人民政府办公厅关于推进海绵城市建设的实施意见》(北京市人民政府办公厅，2017）。该文件明确提出了北京海绵城市建设的总体要求，即通过海绵城市建设，综合采取"渗、滞、蓄、净、用、排"等措施，最大限度地减少城市开发建设对生态环境的影响，将70%的降雨就地消纳和利用；到2020年城市建成区20%以上的面积实现"小雨不积水、大雨不内涝、水体不黑臭、热岛有缓解"这一建设目标。

该文件同时明确了海绵城市建设的基本原则：坚持生态为本、自然循环，充分发挥山水林田湖草等原始地形地貌对降雨的积存作用，充分发挥植被、土壤等自然下垫面对雨水的渗透作用，充分发挥湿地、水体等对水质的自然净化作用，努力实现城市水体的自然循环。坚持规划引领、统筹推进，因地制宜确定海绵城市建设目标和具体指标，科学编制和严格实施相关规划，完善技术标准规范，统筹发挥自然生态功能和人工干预功能，实施源头减排、过程控制、系统治理，切实提高城市排水、防涝、防洪和防灾减灾能力。坚持政府引导、社会参与。发挥市场在资源配置中的决定性作用和政府的调控引导作用，加大政策支持力度，营造良好发展环境。积极推广政府和社会资本合作（PPP）等模式，吸引社会资本广泛参与海绵城市建设。

为加快推进北京海绵城市试点区域的建设，全面推进海绵城市高质量建设，北京以推进国家海绵城市试点建设为契机，以通州国家海绵城市试点区为示范，推广开展"海绵校园""海绵社区""海绵公园""海绵道路"等海绵工程，并探索建立了"1+16+N"海绵城市规划体系。"1"即《北京市海绵城市专项规划》；"16"即16个区根据市级专项规划制定的区级海绵城市专项规划；"N"包括未来科学城、怀柔科学城、亦庄经济开发区、大兴国际机场、城市绿心、环球主题公园等重点片区的海绵城市专项规划。截至2020年5月，除密云尚在编制过程中，其余各区海绵城市专项规划均已完成编制，通州、朝阳、门头沟、昌平、东城、石景山等区已获得批复（北京日报，2020）。

为确保海绵城市建设有序推进，北京海绵城市建设由北京市联席会议办公室海绵办（简称市海绵办）牵头，北京市发展和改革委员会、北京市规划和国土资源管理委员会、北京市住房和城乡建设委员会、北京市交通委员会、北京市水务局、北京市园林绿化局等多家单位协办，北京市各区海绵城市建设领导小组办公室和相关机构支持单位等承办。北京市水务局下设海绵城市工作处（雨水管理处），主要职责包括：研究拟订本市推进海绵城市建设工作的规划、计划、政策、建议；制定完善海绵城市建设相关技术标准、规程规范；统筹推进海绵工程建设；组织开展海绵城市建设的相关考核评价工作；编制城镇雨水收集利用、内涝防治设施建设规划和年度计划并组织实施。

2）北京海绵城市建设总体效果

北京市水务局的统计资料显示，截至2021年2月，北京共建成海绵项目3400多个。其中，绿化屋顶面积2.30km²，透水铺装面积15.09km²，下凹式绿地面积35.43km²，雨水调蓄设施容积152.04万 m³，建成区海绵城市达标面积比例为23.48%（北京日报，2021）。

2. 北京海绵城市试点区建设情况

1）北京海绵城市试点区海绵城市建设目标与主要内容

2016年，通州区代表北京市入选第二批国家海绵城市建设试点。试点区位于北京城市副中心两河片区，西南起北运河，东至规划春宜路，北至运潮减河，总面积 19.36km²，其中建成区面积 8.77km²（图 1-1）。试点区地势平坦，土壤类型以潮土为主，表层土质以粉质黏土为主，综合竖向渗透系数空间差异较大。按照片区特征，可将试点区划分为建成区、行政办公区和其他新建区三个管控分区，16 个排水分区。试点区海绵城市改造范围包括区域内的住宅小区、公共建筑、公园绿地、市政道路、河道等。建设任务包括海绵型建筑与小区建设、海绵型公园和绿地建设、海绵型道路与广场建设、水系整治与生态修复、防洪与排水防涝设施建设、管网建设、管控平台建设七大类 51 项建设工程项目。建设内容包括人行道透水铺装、停车位透水铺装以及雨水调蓄池、下凹绿地、渗渠等景观设施建设（新华网，2018）。

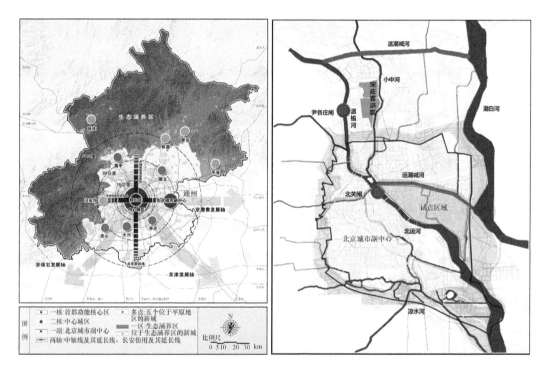

图 1-1　北京海绵城市试点区示意图

开展海绵城市建设前，试点区存在的问题主要包括：区域防洪排涝不能满足北京城市副中心建设的要求；区域内涝积水较为严重；合流制溢流污染情况较为突出；水资源总量时空分布不均；生态及居住环境无法满足人民日益增长的美好生活需要等（蔡殿卿等，2019）。针对上述问题，区海绵办提出了通州区海绵城市试点区的建设目标，具体包括以下四个方面：一是洪涝问题得到缓解；二是合流制溢流和面源污染得到控制；三是强化非常规水资源利用；四是解决老城区的居民诉求。2019 年 3 月，《北京城市副中心海绵城市建设技术导则》正式发布，该文件明确提出了通州区海绵城市试点区建设的总体目标，即构建"蓝绿交织、清新明亮、水城共融"的生态格局，实现"修复城市水生态、涵养城市水资源、改善城市水环境、保障城市水安全、复兴城市水文化"的综合目标（冯维静，2019）。

为保障海绵城市试点区建设工作有据可依、规范推进，北京市通州区人民政府办公室发布了《通州区海绵城市建设试点建设管理暂行办法》《通州区海绵城市建设试点补助资金使用管理办法》《通州区海绵城市建设领导小组办公室周例会制度》等管理文件。文件明确了试点区海绵城市建设要求，即到 2020 年，通州区建成区 20%以上的面积达到海绵城市建设标准，年径流总量控制率达到 80%以上（冯维静，2019）；到 2030 年，通州区建成区 80%以上面积达到海绵城市建设标准；最终将通州区建设成为"小雨不积水、大雨不内涝、水体不黑臭、热岛效应有缓解"具有较高"海绵度"的生态宜居城市。除了总体建设要求，试点区内各建设项目还需严格落实《通州·北京城市副中心海绵城市建设试点实施计划（2016—2018 年）》中年径流总量控制率 84%以上、年径流污染物控制率 40%以上和雨水资源利用率 5%以上等建设目标。

为确保通州区海绵城市试点区建设工作高效、有序开展，北京市通州区人民政府组织成立通州区海绵城市建设领导小组，统筹试点区海绵城市建设各项工作。该领导小组下设办公室（简称区海绵办），负责海绵城市建设日常工作，办公室设在区水务局，下设综合部、协调部、技术中心。根据《通州区海绵城市建设试点建设管理暂行办法》的要求，建立了"分管副区长月调度，区海绵办周调度"的工作机制，以加强海绵城市建设的调度力度。

在积极探索海绵城市规划管控的基础上，针对过程管控，试点区开展了创新实践，制定了"两审一验"及"施工巡检"制度。具体来说，针对前期方案和后期验收环节，通州区人民政府办公室印发了《通州区海绵城市建设试点建设管理暂行办法》，区海绵办印发了《通州区海绵城市建设"两审一验"制度暂行办法》，要求试点区内所有建设项目均应执行"两审一验"制度，即方案审查、施工图审查、竣工验收。在施工环节，除了强化施工监理作用外，区海绵办印发了《通州区海绵城市建设试点项目施工巡检管理制度（暂行）》，明确提出区海绵办统筹、组织试点区内海绵城市建设项目施工阶段巡检、监督和管理工作，并确保施工巡检中发现的问题得到及时整改。为配合"两审一验"制度的实施，区海绵办又编制了《海绵城市建设项目设计专篇及技术审查要点》等非工程类文件，为设计单位开展方案制订和施工图编制提供了指导。

此外，试点区本着"尊重知识，注重人才"的原则，从组织架构、顶层设计、过程管控等环节强化技术支撑作用。在组织架构方面，区海绵办聘请了国内海绵城市领域知名团队组成技术服务团队，入驻试点区，提供从理论到实践、从培训到设计及施工的全过程、全时段、全方位的技术咨询服务。在顶层设计方面，要求相关规划设计单位在详细调查与持续监测的基础上，摸清并量化试点区存在的问题；结合区域特征与上位规划要求，制定建设目标；结合精细化数值模拟、空间优化等技术手段，高标准编制海绵城市建设系统化方案。在过程管控方面，由区海绵办牵头，高校、科研单位和企业共同参与研究制定了《通州区海绵城市评价导则》《北京城市副中心海绵城市建设技术导则》《北京市海绵城市植物选型导则》《北京市海绵城市试点区域海绵城市模型模拟技术导则》《北京市海绵城市试点区域低影响开发设施施工、验收、管理养护指南》五项技术标准，覆盖海绵城市规划、设计、施工、验收等环节，填补了设计方法、技术参数、验收标准的空白（蔡殿卿等，2019）。

2）北京海绵城市建设试点区海绵城市建设效果

在不断实践探索中，坚持绿色发展理念的城市副中心，摸索出了极具鲜明特色的"海绵经验"。累计完成海绵型建筑小区、公园绿地、道路及排水管道、防洪排涝等项目109 项，试点区年径流总量控制率达 84.2%，其中行政办公区年径流总量控制率达到91.7%，高于城市副中心整体 80%的目标要求（北京市通州区人民政府办公室，2021）。

A. 水环境有效改善

在全流域开展水环境治理攻坚战，"十三五"期间，完成 53 条段黑臭水体治理，建成污水处理厂站 123 座，完成新建污水收集管线 374.1km，新建再生水管线 97.31km，改造雨污水合流管线 47.71km。通过源头海绵改造、过程管网完善、末端再生水厂和调蓄设施建设，合流制溢流污染问题得到有效控制。北运河和运潮减河的水环境质量明显改善，全面消除黑臭。

B. 防洪排涝能力显著提高

全面推动上蓄、中疏、下排的通州堰分洪体系落地，保障城市副中心地区的防洪安全。建成后，可有效减少北运河干流直接流经城市副中心的洪峰流量，保持北运河稳定的水位，保障副中心防洪安全。针对内涝积水点，北京市通州区水务局、北京市通州区住房和城乡建设委员会、北京市交通委员会通州公路分局联合开展了全区 13座下凹桥区泵站提标改造工作，试运行 3 个雨季未发生积水，目前试点区内涝积水点已全面消除。

C. 生态系统功能逐渐恢复

建成行政办公区景观水系（镜河）工程，分河道初次蓄水、长期供水和应急供水三个状态，确定水源和水质保障方案。北运河及运潮减河最大限度地保留堤岸生态属性。

D. 水源结构进一步优化

建设调蓄水体、雨水模块、调蓄池、雨水桶等雨水调蓄利用设施。试点区内建成调蓄设施容积共计 12 万 m^3，雨水资源利用率达 5.2%。河东再生水厂的再生水全部用于河道补水及园林绿化等方面，再生水利用率达 100%。

E. 人居环境明显改善

区海绵办深入老旧小区 108 次，专题听取群众诉求，邀请居民全过程参与。通过海绵城市建设，对试点区内 18 个老旧小区、6 所学校、6 处公园广场进行了全面改造，总面积 130 万 m^2，2 万余居民受益。建设透水铺装、下凹绿地和雨水花园，开辟垂钓区域，实现路面无大面积积水、市民出行安全便利，居住品质和人民群众幸福感显著提高（陈强，2021）。

1.3.2　济南海绵城市建设情况

1. 济南海绵城市建设总体情况

1）济南海绵城市建设主要内容与目标

2015 年 2 月，济南市人民政府发布了《关于加快推进海绵城市建设工作的实施意见》，该文件指出，为切实做好海绵城市建设工作，进一步提高城市综合防灾减灾能力，缓解城市水资源压力，改善城市生态环境，根据国家有关文件精神，结合济南市实际提出了实施意见。实施意见确定了海绵城市建设的目标，"到 2020 年，市区内年径流总量控制率达到 70%，对应控制设计降雨量为 23.2 毫米，年均控制径流总量为 951 万立方米；有效缓解城市洪涝灾害、泉水利用不足、雨污水混流三大问题，实现雨水资源化、泉水资源化、污水资源化，提高城市防洪排涝减灾能力，改善城市生态环境，建设生态美丽泉城。"

2015 年 4 月，济南入选海绵城市建设试点城市，"以大明湖兴隆片区为试点区，以玉符河济西湿地片区为推广区，计划用两到三年的时间，投资 148.75 亿元实施 63 个项目，统筹推动城市水系统、园林绿化系统、道路交通系统、建筑小区系统、能力建设系统五大系统建设。"其中，试点区域面积约 39km²，共安排了 43 个大项、137 个子项，总投资 79.26 亿元。济西推广区南起经十西路，北至小清河，东起二环西路，西至济西湿地边界，面积约 62km²，该片区位于济南西部生态屏障保护区，小清河流域上游，是济南饮用水源地重点保护区域，区内分布有湿地、水库、渗漏带、河道等多个水系，属于典型的水生态敏感区。根据《济西推广区海绵城市概念规划》《济南市济西推广区海绵城市白皮书》，济西推广区共规划建设 40～60 个项目，2018 年 12 月前全部建设完毕并投入使用，通过积累试点经验进一步推广海绵城市的理念。

2016 年 7 月，济南市人民政府办公厅发布了《关于贯彻落实鲁政办发〔2016〕5 号文件全面推进海绵城市建设的实施意见》，提出"以试点区域全面统筹建设为重点和引擎，示范带动推广区，全面启动市域范围海绵城市建设：对在建区域或项目，调整落实海绵城市建设要求，纳入项目验收内容；对新建区域或项目，从规划策划起全面落实海绵城市建设标准与要求；对旧城更新区域或项目，因地制宜全力落实海绵城市建设要求。"并提出了以下阶段性目标。

（1）2017 年 4 月底前全面完成大明湖兴隆试点区域（39km²）建设任务并投入使用，实现区域内年径流总量控制率达 75% 的目标。加快济西推广区域（62km²）建设，2020年底前实现区域内年径流总量控制率达 75% 的目标。

（2）启动全市海绵城市建设，采取"渗、滞、蓄、净、用、排"等措施，将至少 75%的降雨实现就地消纳和利用，逐步实现"小雨不积水、大雨不内涝、水体不黑臭、热岛有缓解"的目标。2020 年底前，建成区 25% 以上的面积达到上述目标要求，其中 2017 年底前，建成区基本消除黑臭水体；2030 年底前，建成区 80% 以上的面积达到上述目标要求。

2）济南海绵城市建设总体效果

截至 2019 年 4 月，已完成 250 个"海绵化"工程，另有 17 个项目在建。其中，改造老旧小区 200 个，改造与建设道路 9 条、公园 9 个，整治和治理河道湖泊等 13个（试点区内 8 个），改造管网 260km（试点区内 60km），消除易涝点 9 个，实现了生态、社会效益的双丰收，群众获得感、幸福感得到明显增强（央广网，2019）。据闪电新闻（2020）报道，截至 2020 年 11 月底，济南全市海绵城市累计建成面积 179.85km²，占建成区面积的 25.1%。

2. 济南海绵城市建设试点区建设情况

1）济南海绵城市建设试点区海绵城市建设目标与主要内容

根据《山东省济南市海绵城市建设试点工作实施计划（2015～2017）》（济南市人民政府，2015），济南海绵城市建设试点区选定在济南大明湖兴隆区域（图1-2）。范围囊括经十路以南，英雄山路以东，千佛山东路以西，现状人口约为32万人。整个试点区均位于规划主城区内，地势南高北低，东高西低，东、南部为山体丘陵，中部为山前坡地，现状建设较完善，地块之间结合紧密，具备连片示范效应。

图1-2　济南海绵城市建设试点区地理位置示意图

试点区域总面积 39km²，其中山区面积约为 16.7km²，开发建设区面积约为22.3km²。现状建成区主要在丘陵边坡和平坦地带，片区内既有集中的渗透区域，也有大面积的高密度建筑区：现状可渗透地面面积比例约41.2%；建成区包含建筑小区、大型商娱设施、学校、山体、绿地、公园及河道等众多用地，类型广泛，具有典型性和代表性。

试点区域包涵山体、山前坡地和山前平原三种典型地貌，从产汇流过程上涵盖源头、中途、末端全过程，从建设需求上涵盖保护、修复/恢复和改造各类项目，从下垫面构成上涵盖建筑小区、城市道路、公园绿地、河湖水系等各种下垫面。因此，整个片区对各系统都具有很好的示范作用。

A. 试点区海绵城市建设目标

a. 年径流总量控制率

根据自然地形和城市职能，可以将济南海绵城市建设试点区按照"分区—片区—地块"三级结构细分。片区的划分主要建立在对各个分区地形、雨水汇流模拟的基础上，依据分区内的积水区确定的，而地块则是由城市主次干道划分的。为便于模拟计算和实地调研，试点区以片区为基本单元，结合试点区或分区雨水控制目标和积水区情况，因地制宜地制定片区的雨水控制目标，从而指导地块的控制性规划编制。

通过对试点区域降雨资料的分析并结合试点区域地形地貌、土壤性质、开发强度、水资源分布状况等特点，确定年径流总量控制率不低于75%，对应的设计暴雨量不小于27.7mm，以此作为LID设施的控制目标。各分区控制指标如图1-3所示。

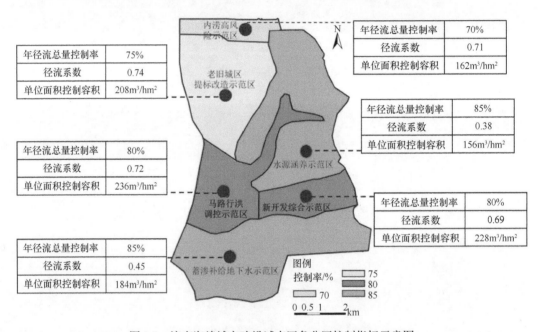

图1-3　济南海绵城市建设试点区各分区控制指标示意图

b. 综合和单项控制指标

综合控制指标为单位面积控制容积，即单位汇水面积上所需LID设施的有效调蓄容积，试点区整体单位面积控制容积为192m³/hm²。结合试点区内下垫面条件，考虑各个系统内用地布局、建筑密度及绿地率，选择透水铺装率、绿色屋顶率、下沉绿地率及单位屋面集蓄容积和比率，将各个区域内控制容积通过单项控制指标落实到各个地块中。通过增加绿化面积、改造绿色屋顶、改造透水铺装等海绵措施，确保片区径流系数降低至0.50。

B. 试点区海绵城市建设主要内容

（1）水安全方面：全面提升管渠系统的截流、控污、输送和排放能力，并逐步构建基于流域生态安全格局的水系网络，实现"泉、湖、河"网格化管理，有效缓解"逢雨必涝、雨后即旱"问题，整体提高城市防洪排涝减灾能力的效能，保障城市安全运行。通过海绵城市建设，一般地区排水管渠系统重现期全部达到 3 年一遇以上，重要地区达到 10 年一遇标准，地下通道和下沉式广场达到 30 年一遇标准。试点区内涝防治标准为有效抵御不低于 50 年一遇暴雨，同时确保试点区内住宅建筑和公共建筑的底层不进水、道路有效行驶车道的积水深度不得超过 15cm。试点区域内的河道防洪标准达到 50 年一遇以上，其中，兴济河防洪标准达到 100 年一遇，历阳河、玉绣河防洪标准达到 50 年一遇。

（2）水资源方面：采用原位雨水控制利用设施，构建一套场地源头 LID 雨水系统，大幅提高雨水下渗补给地下水、绿化灌溉收集回用等雨水资源化利用水平，确保雨水收集利用率超过 12%。并根据场地现状条件，合理安排雨水利用系统，减少雨水径流外排总量，实现场地年均雨水径流外排总量不超过总降雨量 25% 的控制目标。保护和恢复城市的下渗能力，增加地下水补给量，保持"地下水银行"丰裕，确保泉水喷涌势头和市民饮用更多的优质地下水。

（3）水环境方面：有效控制雨水径流污染，确保年雨水径流污染负荷削减率不低于 60%（以悬浮物 SS 计）。解决城市水污染问题、提升水处理能力。在水功能区限制纳污控制上，从严核定水域纳污容量，严格控制入河排污总量，建立和完善水功能区水质达标评价体系和监测预警监督制度，保障城市水环境，确保消除劣 V 类地表水。

（4）水生态方面：通过保护、恢复和改建等途径，对河湖水系进行拓宽、清淤和生态保护，解决城市山体破损、绿化减少、渗漏带消失、水体污染等问题，构建海绵城市，强化人们的保护与恢复意识，实现生态城市建设目标。

2）济南海绵城市建设试点区海绵城市建设效果

济南市试点区海绵城市建设包括建筑小区改造、水系生态治理、管网建设及改造、中水站提标等内容，整个项目实施围绕促渗保泉、防洪排涝、水环境治理三大问题展开。

通过对试点区内各分区的年径流总量控制率的模拟，发现建设海绵城市后年径流总量控制率达到 77.41%，满足 75% 的建设目标。在促渗保泉方面，通过地下水模型模拟，海绵城市建设最大可提升趵突泉水位回升明显。经实际监测，地下水位回升明显，且工程改造对泉水水质无不利影响；在内涝治理方面，通过对降雨重现期为 50 年、历时为 24h 的典型降雨的模拟结果统计，发现建设海绵城市后，试点区范围内高风险区域内积水点全部消除；在生态岸线恢复方面，试点区海绵城市建设总共修复生态岸线长度为 13.78km，达到《财政部 住房城乡建设部水利部 关于批复 2015 年中央财政支持海绵城市建设试点实施计划的通知》财建〔2015〕896 号文件批复指标要求（10km）；在水环境提升方面，试点区范围 6 条主河道现状水质良好，水体无黑臭现象，历阳河、玉绣河和兴济河基本达到地表 IV 类水体标准；在水资源利用方面，试点区内的 6 个中水站实际出水量均满足建设目标。

鉴于济南市实施海绵城市建设取得的效果，2021 年为全面推进海绵城市建设，济南市住房和城乡建设局就全面推进海绵城市建设面向社会公开征求意见。征求意见稿指出，将通过"渗、滞、蓄、净、用、排"等措施，使至少 75% 的降雨实现就地消纳和利用，到 2025 年，建成区 40% 以上的面积达到上述目标要求；到 2030 年，建成区 80% 以上的面积达到目标要求。

1.4　研　究　内　容

本书针对全球气候变化背景下我国城市暴雨洪涝灾害日益严重的问题，选择北京和济南作为典型研究区，重点开展变化环境下典型城市暴雨特性和产汇流时空演变规律、数值降水预报技术用于城市暴雨洪涝过程模拟和预报的效果及其可行性、城市暴雨洪涝过程对不同降雨条件和海绵措施布局的响应机制、不同海绵措施组合及其布局对城市暴雨洪涝灾害的雨洪控制作用和协同效应分析等相关研究工作。具体研究内容如下。

（1）典型城市暴雨特性和产汇流时空演变规律分析。基于地面观测降水数据，采用数理统计方法分析过去 30 年间北京和济南多年平均降雨和极端降雨的时空演变特征。采用物理模型情景分析法和统计分析法分别分析北京和济南产汇流的时空演变特征：在北京，通过对比不同城市化阶段典型排水区雨洪模型的情景模拟结果，定量分析产汇流特征的时空演变规律；在济南，通过对比济南典型大、中、小型城市区域下游水文站点的径流过程，对产汇流的时空演变特征进行分析。

（2）数值降水预报技术用于城市暴雨洪涝过程模拟和预报的效果及其可行性分析。基于构建的综合评价指标体系，评估 WRF 模型中不同动力降尺度方案和物理参数化方案组合模拟北京短历时强降水过程的能力，结合不同预见期情景模拟结果优选出适用于模拟和预报北京短历时强降水过程的数值降水预报方案。在此基础上，分别采用区域面平均小时降水集成预报结果和空间格点小时降水集成预报结果作为陆气耦合雨洪模型的输入。通过对比上述两种陆气耦合方案的模拟结果，分析采用陆气耦合方式进行暴雨洪涝过程模拟的效果，并探讨采用该方式进行暴雨洪涝过程模拟和预报的可行性。

（3）城市暴雨洪涝过程对不同降雨条件和海绵措施布局的响应机制分析。基于 SWMM 分别构建北京和济南典型排水区（流域尺度）和典型小区（小区尺度）的雨洪模型。综合考虑海绵措施维护的经济成本以及海绵措施对城市雨洪的控制效果，根据研究区土地利用情况采用 SWMM 自带的 LID 模块设置不同的海绵措施布设方案。通过设置不同的目标函数，对研究区不同种类及规模的海绵措施布局进行优化。通过对比不同重现期暴雨过程和海绵措施组合情景下的径流过程，分析不同尺度暴雨洪涝过程对不同降雨条件和海绵措施布局的响应机制。

（4）不同海绵措施组合及其布局对城市暴雨洪涝灾害的雨洪控制作用和协同效应分析。基于多源遥感信息，采用 InfoWorks 模型构建济南典型研究区精细化雨洪模型。针对济南现状海绵措施布设方案，评估不同海绵措施及其组合在实际降雨条件下的雨洪控制效果。然后，基于多种设计暴雨情景的模拟结果，对比分析不同降雨条件下海绵措施和管网改造措施对城市洪涝过程的影响，辨析海绵措施与管网改造组合方案在雨洪控制方面的协同作用。最后，对海绵措施和管网改造措施不同布局情况下的协同作用进行分析，明确基于上下游关系的雨洪控制措施布局，在此基础上提出适用于研究区的洪涝灾害削减策略。

第 2 章　研究区概况

2.1　北　　京

2.1.1　北京总体情况

1. 自然地理环境

北京（39.44°N～41.06°N，115.42°E～117.51°E）地处华北平原北部，北靠燕山山脉，西临太行山脉。区域总面积 16411km²，由山地和平原组成，其中山区约占区域总面积的 62%，其余为平原区。地势西北高东南低，海拔范围 11～2130m。

北京山区地势陡峭，海拔范围 60～2130m，地势由西北向东南呈现明显的阶梯式下降。尤其是西部山区，由海拔 1400m 等高线到平原区 60m 等高线的水平距离仅几十千米，导致该区域遭遇暴雨时很容易出现突发性山洪灾害。平原区主要位于北京的东南部地区，地势相对较缓，平均海拔较低（11～60m）。平原区和山区海拔的明显差异形成了北京山前、山后约 1000m 高差的天然障碍线，使得位于山前的平原区容易因为山体对水汽的阻挡和抬升作用成为区域降水或局地强降水的中心（汪子棚等，2011）。从行政区划来看，北京所辖的 16 个区中，城市化率最高的中心区域：西城区、东城区、朝阳区、丰台区和石景山区均位于西南部的山前平原区，相较于其他区域更有可能遭受暴雨洪涝灾害的侵袭。

2. 经济社会状况

北京是中国的超大城市之一（国务院，2014）。北京市第七次全国人口普查公报数据显示（北京市统计局，2021），截至 2020 年 11 月，北京全市常住人口达到了 2189.3 万人，比 2019 年度增长了 1.66%。其中城镇人口 1916.6 万人，占全市常住人口的比重为 87.5%。北京市人口分布的总体布局呈现为全市人口增长速度减缓，人口规模继续增加；中心城区人口规模呈现下降趋势而外围城区保持稳定增长的基本态势。依据《北京市 2020 年国民经济和社会发展统计公报》，在经济方面，北京在过去 30 年间经济总量维持了稳定增长，2020 年北京市地区生产总值 36102.6 亿元，比 2019 年同比增长了 1.2%（北京市统计局，2021）。随着自身功能定位的不断清晰，在产业结构方面，北京第三产业产值所占的比重逐年增加，到 2020 年末占生产总值的比重达到了 83.87%。在产业结构的空间分布上，城市区域以高生产值的第二、第三产业为主，郊区以第一产业为主。经济的快速发展伴随着土地利用效率的快速提高和人口密度的持续增加，使北京市面对暴雨洪涝灾害时的脆弱性更加显著，也使解决城市地区的暴雨洪涝问题显得更为迫切。

3. 气象水文特征

北京属于暖温带半湿润大陆性季风气候，夏季高温多雨，冬季寒冷干燥；多年平均气温 11.7℃，夏季最高气温可达 42.6℃，冬季最低气温可达–27.4℃；年降水量为 500～700 mm，其中汛期降水量占总降水量的 72.5%。

受全球范围气候变化的影响，21 世纪以来北京的降水结构发生了明显改变（李建等，2008）。尽管降水总量增减不明显，但极端降水发生的频率、极端降水的日数和极端降水的阈值却呈现出明显的增加趋势。从降水量的年内分配来看，长历时连续性的强降水所占比例逐步减少，6h 以内的短历时强降水所占比例却逐年增多（李嵩和王冀，2011；李琛等，2015）。从发生频率和强度来看，虽然短历时强降水的发生概率相对较小，但是仅 2006～2013 年，北京短历时强降水的出现次数就超过 10 次，局地最大降水强度可以达到 70 mm/h，远远大于 2006 年以前短历时强降水的出现频率和雨强。在致灾性方面，短历时强降水事件的出现通常会造成全市范围或者区域性的特大暴雨灾害，部分伴有突发性的山洪或内涝灾害，对城市的安全运行，人民的生活、财产甚至生命安全构成严重威胁。例如，2011 年 6 月 23 日发生的北京特大暴雨事件，城区部分地区可以"看海"，积水导致大部分地区的交通系统瘫痪（董璐璐，2011）。2012 年 7 月 21 日发生的北京特大暴雨事件，是北京过去 60 多年以来降水强度最高、降水范围最广、致灾性最强的暴雨灾害事件，整场暴雨过程共造成 10660 间房屋倒塌，160.2 万人受灾，79 人死亡，直接经济损失高达 116.4 亿元（史文军，2016）。

4. 暴雨洪涝成因

本节结合现阶段的自然地理环境、气象水文条件、城市排水状况和城市化水平，通过分析 2006～2013 年 10 场暴雨洪涝灾害的致灾因素，将北京城市洪涝的成因总结归纳为以下几点。

（1）北京的地势条件和地理位置导致中心城市区域及下风区多位于强降水的中心。

（2）全球气候变化和区域环流异常导致极端降水尤其是短历时强降水出现的频率增加。

（3）城市"雨岛"效应，城市建筑物的阻碍效应以及凝结核增加显著提高了城市地区出现区域性或局地暴雨的可能性（Yang et al.，2014；袁宇锋，2017；张质明等，2018）。

（4）城市硬化面积的增加显著改变了城市地表下垫面的产流特征，导致城市区域蓄、滞水的能力下降，遇同等强度暴雨时地表产流量明显增加。

（5）城市的快速扩张侵占了原有的行洪排涝通道，改变了区域的汇流特征，使区域内汇流时间缩短，峰现时间提前，洪峰流量增大。

（6）城市排水系统的排涝标准偏低，现有雨水管网的设计标准不足以应对重现期超过 20 年的短历时强降水事件。

（7）河道排水能力不足。尽管四条负责城区主要排水任务的河道经过修整，防洪排涝标准已经明显提高，但区域内其他排水通道仍存在排水能力不足的情况。

（8）没有结合城市当前的产汇流特征进行城市规划设计，规划不合理导致出现众多的易涝点（如城市功能区单一导致居民区连片集中，下凹式立交桥等）。

（9）城市化引起的人口和财产的聚集效应，使暴雨洪涝灾害造成的影响范围增大和损失明显增加。

（10）管理措施和应急管理不到位，缺乏对现阶段暴雨洪涝风险的详细评估以及有效的暴雨洪涝灾害预警预报方法。

2.1.2　北京主城区各排水区概况

北京主城区主要由四个流域组成，分别为凉水河流域、通惠河流域、清河流域和坝河流域，以下就四个流域分别进行介绍。

1. 凉水河流域

凉水河是北运河的支流，起自北京丰台区万泉寺铁路桥，河长 68.41km；地跨石景山区、海淀区、丰台区、西城区、朝阳区、大兴区以及通州区，是北京主要防洪排水河道。凉水河位于永定河洪积、冲积平原地区，属于温带半湿润大陆性季风气候，多年平均降水量 625mm。研究选择了凉水河流域上游大红门闸断面所控制的大红门排水区为研究对象，区域地理位置和主要河流水系情况如图 2-1 所示。

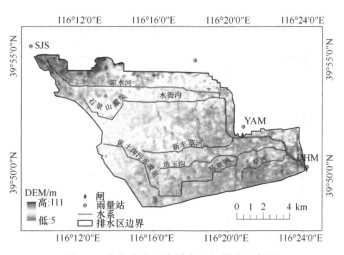

图 2-1　北京凉水河流域大红门排水区概况
SJS 代表石景山站；YAM 代表右安门站；DHM 代表大红门

大红门排水区属于北京市洪涝灾害多发区，区域内的丰益桥、莲花桥多年呈"逢雨必淹"的状况。据统计，2012 年 7 月 21 日大暴雨造成的北京主城区超过 63 处积水中，大红门排水区占 23 处。自 1949 年起，当地河道管理部门对大红门排水区进行了多次治理，调整了水系布局，提高了防洪标准。例如，1987 年扩建了大红门闸，按 20 年一遇洪峰流量 285m³/s 设计，50 年一遇洪峰流量 472m³/s 校核。1991 年 9 月～1992 年 11 月对凉水河开展中下游污水治理工程，并于 1992 年底在右安门处设立分洪道闸，沟通通惠河乐家花园排水区，自此大红门排水区还肩负起北京核心城区的分洪职责。2004 年 9 月~2006 年 12 月对凉水河开展干流整治工程，分多期将排水区河道由自然河道改造为混凝土衬砌河道，并在西四环、西客站两处将明渠河道改造为方形暗涵。

2. 通惠河流域

通惠河是北运河的支流，西受纳什山来水，东行经朝阳区至通州区流入北运河，河长 20.34km。历史上通惠河曾是漕河，现已是以接纳北京城区排水为主的综合利用河道。该流域地势西高东低，属于暖温带半湿润大陆性季风气候，多年平均降水量 600mm，85%集中在 7~9 月。本节以通惠河上游乐家花园闸断面所控制的乐家花园排水区为研究对象，区域地理位置和主要河流水系情况如图 2-2 所示。

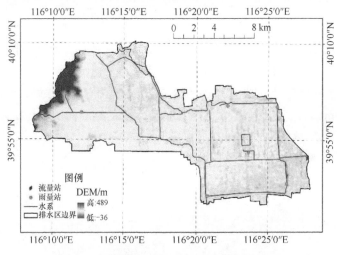

图 2-2　北京通惠河流域乐家花园排水区概况

通惠河流域历史上多洪涝灾害。《嘉靖实录》中就有"明嘉靖二十五年（1546 年），六月二十五日之夕，北京连雨，西山水发，涌入都城数尺，房屋倒没，死者无数，直入皇城，坏九门城垣"的记载。乐家花园排水区内有天安门广场、故宫博物院等多个核心区域，是北京防洪排涝的关键区域。20 世纪 90 年代，管理部门多次对通惠河进行治理，其中高碑店闸按照 20 年一遇洪峰流量 464m³/s 设计，100 年一遇洪峰流量651m³/s 校核。高碑店污水处理厂建成后河道水质得到改善，目前河道内已有数十种水生生物生存。

3. 清河流域

清河为温榆河支流，又名会清河，源于北京西山，于北京朝阳区沙子营入温榆河，属于海河流域中部北运河水系。其干流始自青龙桥安和闸，河长 23.6km，流域面积210km²，沿河常住人口约 4.2 万。清河水源主要有两部分，一是西山山洪来水，经北旱河流入，二是玉泉山的泉水，经长河流入。本节选择清河流域上游羊坊闸断面所控制的羊

坊排水区为研究对象，其位于北京海淀区内，区域地理位置和主要河流水系情况如图 2-3
所示。

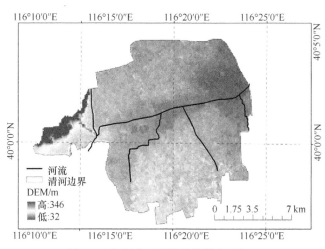

图 2-3　北京清河流域羊坊排水区概况

清河由西向东流，沿途有清河老河道、老龙口排水沟、黑山扈排洪沟、小月河、仰
山大沟等支流汇入，是北京北部主要城市排水河道，在北京城市河湖水系中占有重要的
地位。清河青龙桥附近高程 44.1m，出口高程 22.3m，沿途有 8 座水闸和跌水，河道纵
坡 0.30‰~0.35‰。清河干流共有闸坝 9 座，属于多闸坝控制河流，大部分河段处于缓
流状态。目前清河按 20 年一遇设计洪水不淹没主要排水管道内顶、50 年一遇设计洪水
超高 1m 筑堤设计，跨河闸按 50 年一遇设计洪水闸前不产生壅水来确定孔口尺寸。清河
沿岸分布有众多排污口和雨水口，流域内建有污水截流管线，实现雨污分流，把污水集
中到清河污水处理厂进行处理，达标后再排入清河（常晓栋等，2016）。

随着城市的发展，城市污水的排放，清河河道污染严重，进入 21 世纪后管理部门
集中对清河污水进行治理，水质得到了一定改善。由于清河全线均为沙质土壤，河道淤
积严重，排洪能力低，雨季常满溢出河道，造成洪涝灾害。例如，1963 年 8 月大雨，沿
河多家单位被淹没，当时支教区严重积水，立交桥交通中断，造成 17 个村庄、1300 多
公顷农田受灾。为适应城市发展和奥运会的举办，对清河河道进行了大规模的整治，包
括拓宽河道、护砌河坡、改扩建闸桥 11 座，建立多家污水处理厂，兴建蓄滞洪区等。

4. 坝河流域

坝河是温榆河的支流，因河道上有 7 座坝而得名。坝河西起东城区北护城河和东护
城河的分洪闸，东至通州区北马庄汇入温榆河。其河长 21.7km，多年平均降水量约为
590mm。坝河属于冲积平原，地势低洼，地面坡度小，排水条件差。本节选择坝河流域
上游楼梓庄闸所控制的楼梓庄排水区为研究对象，区域地理位置和主要河流水系情况如
图 2-4 所示。

坝河流域历史上洪涝灾害频发，如 1963 年 8 月上旬日最大降水量 404mm，造成坝
河决口 23 处，大片农田和村庄被淹没。中华人民共和国成立之后，不断地对坝河进行

改造，如 1976 年坝河已达到 20 年一遇设计洪水不出河槽，50 年一遇设计洪水不漫堤的防洪标准，行洪能力达 278m³/s。2002 年对其干流 11km 河道进行治理，解决防洪、排水、水环境等多方面问题；排水能力达到 20 年一遇标准。

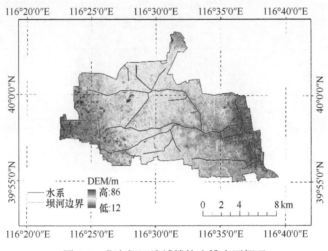

图 2-4　北京坝河流域楼梓庄排水区概况

2.1.3　北京海绵城市试点区概况

通州区（39°36′N～40°02′N，116°32′E～116°56′E）位于北京东南部，西临朝阳区、大兴区，北与顺义区接壤，东隔潮白河与河北省相连，南和天津市武清区、河北省廊坊市交界。区域总面积 906.28km²，总体地势较为平坦，西北高东南低，海拔在 8.2～27.6m。由于区域地处永定河和潮白河两大冲洪积扇边缘交汇处，通州区地表岩性以粉性土为主，土壤渗透性较差，渗透系数为 10⁻⁶～10⁻⁵m/s；地下水位较高，冬季地下水稳定期潜水埋深为 0～20m，大部分区域潜水埋深为 5～10m。全区共有河流 13 条，总长 245.3km，主要河流有北运河、潮白河、凉水河、凤港减河等（北京市通州区人民政府办公室，2021）。

通州区位于暖温带半干旱半湿润大陆性季风气候区，多年平均降雨量为 530.9mm，夏季（6～8 月）降水量占全年总降水量的比例为 72.1%（左斌斌等，2019）。区域历史上经常发生洪涝灾害，给人民的生命和财产造成很大损失。自乾隆元年（公元 1736 年）至 1990 年，255 年的洪涝统计，偏涝年及大涝年约占 20%。中华人民共和国成立后发生的洪涝灾害基本集中在 20 世纪 50 年代。1958 年以后，上游有怀柔水库、密云水库，加固堤防、疏挖河道、开挖人工减河等水利工程措施使区域拦洪泄洪能力大大提高，洪水灾害发生次数明显减少，但区域地势较为平坦，下游排水不畅，导致局地洪涝灾害较为严重。

本节选择位于通州区东侧两河建设区内的通州新城排水区为研究对象。两河建设区位于通州区东侧，总面积约为 159km²，共分为三个区域，分别为通州新城的部分区域、潞城镇和西集镇。两河建设区北端是运潮减河与潮白河，南端是北运河，两河建设区大部分涝水由北向南排入北运河，区域内地势较平坦，高程在 11～34m。通州新城排水区位于两河建设区西北侧，北起运潮减河，南至北运河，东至东六环路，区内面积为 8.33km² 左右（图 2-5）。研究区域内大部分涝水通过排水泵站排入北运河。

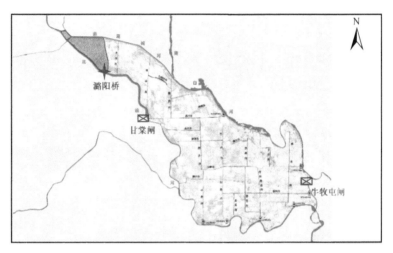

图 2-5　北京通州新城排水区地理位置示意图

2.2　济　　南

2.2.1　济南总体情况

1. 自然地理环境

1）地理位置

济南是山东省省会，南邻东岳泰山，北跨万里黄河，位于 116°21′E～117°93′E 和 36°02′N～37°54′N，周围与淄博、泰安、聊城、德州、滨州 5 市相邻，市域总面积 10244km²，其中市区（包括历下区、市中区、槐荫区、天桥区、历城区、长清区、章丘区、济阳区、莱芜区、钢城区 10 区）面积 5022km²。

2）地形地貌

济南整体处于鲁中南低山丘陵区和鲁西北冲积平原区的交接带上，地势总体由南向北降低，地形主要分为北部临黄带、中部山前平原带、南部丘陵山区带。济南市区南依群山、北阻黄河，由南部的中低山逐渐过渡到北部的低山丘陵。市区位于泰山山脉与华北平原交接处，是典型的山前倾斜平原地形，具有东西长、南北窄的狭长形特征。南部山区的海拔在 100～975m，沟壑纵横发育，下切深度在 6～8m，纵向坡度大，一般大于 40°；山前倾斜平原的海拔在 30～100m，而坡度相对平缓，以 23‰～9‰向北逐渐延伸。区域北部黄河和小清河由西向东穿过，冲积而成平原，并有数处由火成岩侵入而形成的高 50～200m 的小山丘。小清河以南区域地势平坦低洼，地势向北倾斜，高程为 23～30m；

小清河以北区域因火成岩侵入隆高以及黄河冲积淤高的影响，地势由北向南微斜，故在北园一带形成低洼区；由黄台向东地势渐趋平坦并向北倾斜，坡度约为 3‰，海拔在 26～29m。

2. 经济社会状况

作为省会城市，济南具有政治、教育和文化等多种功能，也是环渤海经济区的中心城市和全国范围内的关键交通枢纽。截至 2020 年 7 月，济南共辖 12 个县级行政区，包括 10 个市辖区、2 个县，分别是市中区、历下区、槐荫区、天桥区、历城区、长清区、章丘区、济阳区、莱芜区、钢城区、平阴县、商河县；共计 132 个街道、29 个镇。

根据济南市统计局等部门发布的相关文件及报告，截至 2020 年底，济南全年生产总值为 10140.91 亿元，同比增长 4.9%。济南的三大产业中，第一产业增加值为361.7 亿元，同比增长 2.2%；第二产业增加值为 3530.7 亿元，同比增长 7.0%；第三产业增加值为 6248.6 亿元，同比增长 3.7%。全市三次产业比例为 3.6：35.1：62.2，人均生产总值为 90999 元。此外，截至 2020 年 11 月 1 日全市常住人口 9202432 人，其中，居住在城镇的人口为 6760007 人，居住在农村的人口为 2442425 人，人口城镇化率为 73.46%。2020 年全年城镇居民人均可支配收入 53329 元，常住人口城镇化率达到67.96%。

3. 气象水文特征

1）暴雨特性

济南位于中纬度地区，属于大陆性季风气候，四季分明，夏季温热多雨，暴雨的时空分布极不均匀，常发短时强降雨。暴雨在空间上的分布呈现局域性，相对于北部平原区，南部山区易发暴雨和特大暴雨，市区则面临较多的短时强降雨；时间上的分布特征主要是雨量大、雨强高，时程分布非常集中。根据 1917 年至今的降雨观测资料统计分析发现（何文华，2010），全年降雨量的 75% 集中于汛期（6～9 月），而 7 月和 8月两个月的降雨量占全年的 53%，并且易发短时高强度暴雨事件。城市化使暴雨中心出现在城区的可能性增大，如 1962 年"7·13"、1987 年"8·26"和 2007 年"7·18"暴雨等，暴雨中心多位于市中心，其量级由中心向周围区域迅速递减。2007 年 7 月18 日发生的暴雨事件具有突发性，且降雨历时极短而强度极高，降雨中心主要位于市区，降雨观测资料统计显示，这一天济南的平均降雨量为 74mm，而市区的平均降雨量为 103mm，其中城区观测到的最大 1h 雨量高达 151mm，降雨重现期约为 200 年一遇水平。

2）河流水系

济南城区主要位于小清河流域黄台桥以上部分，河流两岸水系发达。南岸主要为山洪形成的河道，上游河道坡度大、断面宽，而下游河道坡度平缓且断面较窄，平时水量较少，每逢暴雨，上游山洪迅速汇集到下游，下游河道行洪能力不够，容易顶托管网、溢流成灾，因此在小清河支流的上游部分修建了橡胶坝和水库等水工建筑物以拦蓄洪水。北岸河流主要由农田排水沟道经多次疏浚加宽而成，没有明显的河源，主要承接田间排水沟渠的灌溉尾水。由于河道坡度较为平缓且河宽较小，若区域遭遇较大降雨，河道汇流缓慢，低洼平原区容易受淹成灾。济南黄台桥水文站以上区域河流水系如图 2-6 所示。

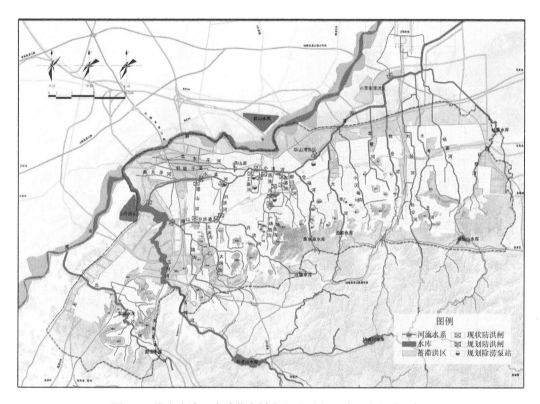

图 2-6　济南小清河流域黄台桥水文站以上区域河流水系示意图

4. 暴雨洪涝成因

1）城市化因素

济南历史悠久，建城历史可追溯至 2600 年前，彼时称"泺"，西汉时以地处济水（今黄河下游河道）之南而改称济南。自济南建城到中华人民共和国成立前，城市扩展一直较为缓慢，随着中华人民共和国的建立，特别是改革开放以来，济南社会经济迅速发展，城区面积快速增长，城区范围以"摊大饼"的形式向外扩张，城区面积和人口在中华人民共和国成立初期仅为 23.2km² 和 50.5 万人，到 1985 年末城区面积增加到 94km²。20 世纪 90 年代以后，城市发展日新月异，1994 年和 2002 年末城区面积分别达到 113.4km² 和 190km²。进入 21 世纪后，城市发生了翻天覆地的变化，建成区面积在 2007 年末为 316km²，到 2018 年末增加到 561km²，是中华人民共和国成立初期的 24.2 倍，城市人口为 537.9 万，是中华人民共和国成立初期的 10.7 倍。城市面积迅速扩张和城镇人口快速增长的同时，济南市经济发展也保持同步的高速增长，2018 年全市实现地区生产总值

7856.56亿元，一般公共预算收入达752.8亿元。城区面积和城镇化人口快速增加使建成区面积逐步扩大，区域不透水面积增大，使地表入渗率降低、径流系数增大、汇流速度加快，造成暴雨期间排水系统超载而形成内涝；同时，城市化使河湖面积减少，造成洪水无路可去，河道裁弯取直，使洪水汇集速度加快，造成城市河道水位顶托，城市排涝困难而形成内涝。

2）地形因素

济南北接黄河之冲积平原，南靠泰山山脉之北麓，市区南望巍峨群山，北向有黄河俯临，悬于地上，防洪堤比市区地面高20m有余，使城区呈南高北低之势，形成较浅的盆地并向东延伸。南部山区海拔较高，并以山前倾斜平原向市区北部倾斜延伸，黄河与小清河之间的冲积平原则向南倾斜延伸，小清河以南高程最低，形成低洼地向北微斜。南北高程落差非常大，中心城区高程很低，由南向北一面坡。英雄山路与二环南路交叉口至北园高架桥下的长度为11.6km，高程差为95m；从舜耕路与二环南路交口至泺源大街的长度约为7.3km，高差近100m；从二环东路与旅游路交口至胶济铁路桥下的长度约为6.5km，而高程差却达到129m。胶济铁路以北至小清河一带地势平坦，坡度很小，而胶济铁路桥下高程低于南北两侧地面高程，每逢下雨，四周雨水迅速汇集形成积涝。同时，在暴雨条件下，南部裸露的山体形成山洪，沿着舜耕路、二环东路和英雄山路等城市主干道向北倾泻，短时强降雨形成流速极大的马路行洪。

3）暴雨时空分布因素

济南属于暖温带半湿润大陆季风气候，年际降雨分布十分不均匀，一年内大部分降雨（70%～80%）多发于汛期（6～9月），而汛期降雨的时程集中度非常高，通常是几场大雨便占了全年的大部分降雨量。暴雨的时空变异性高，对于一场特定的降雨，从时程分布上看，主要体现为历时短、雨强大；从空间分布上看，暴雨的中心多分布于市中心，随时间推移向东转移，与城区主要排洪通道同方向，形成洪峰交叠。暴雨的时空分布和城区的地形以及排水布局等特征的结合，使济南洪涝频发，城市防洪形势十分严峻。

2.2.2　济南主城区概况

济南主城区位于小清河以南、二环南路以北、二环东路以西、二环西路以东的区域，黄台桥水文站位于济南小清河下游，其控制范围包括济南市主城区，由于其控制范围内[图2-7（a）]水文气象资料较为完备，可较好地反映济南主城区的水文特征，因而以小清河黄台桥排水区为研究对象。其中，排水区边界主要参考济南市水文局提供的黄台桥排水区边界，并根据城市遥感影像及地形图进行相应修正，控制面积约为326km²。该排水区隶属于小清河水系，河流以小清河主干河道及其支流为主，如图2-7（b）所示。研究区内大明湖位于东西洛河之间、济南老城区北部，湖面面积约为0.46km²，平均水深2m，一般调蓄量为32万m³。

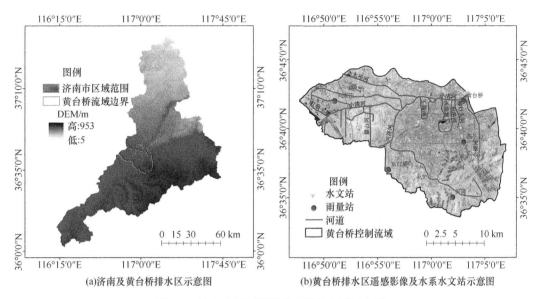

(a)济南及黄台桥排水区示意图　　　　(b)黄台桥排水区遥感影像及水系水文站示意图

图 2-7　济南小清河流域黄台桥排水区示意图

2.2.3　济南海绵城市试点区概况

济南海绵城市试点区位于济南市中心。区域内有历阳河（又称广场东沟）和玉绣河（又称广场西沟），本节选定两条河流的汇水区为海绵城市试点研究区（图 2-8），总面积为 23.83km²。研究区为山前平原区，周围山体丘陵环绕，东侧为千佛山，东南部为金鸡岭，西部为英雄山和七里山，而中部为山前平原，研究区三维地形如图2-9 所示。

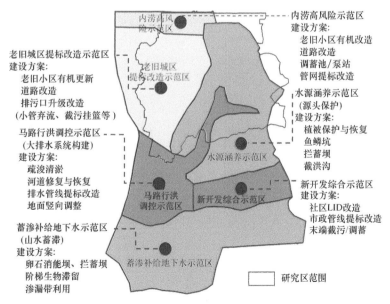

图 2-8　研究区与海绵城市试点区的关系

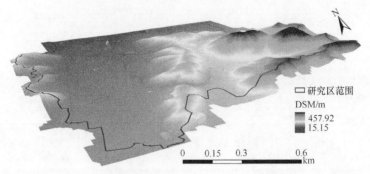

图 2-9　济南市海绵城市试点区三维地形示意图

研究区地表坡度较陡，最大坡度达到 35.77%，平均坡度为 6.8%。此外，区域内道路坡度较大，一些由南向北的道路如玉函路、舜耕路，以及位于山坡上的道路如历阳大街、千佛山南路、旅游路（东段）等均具有超过 1%的较大坡度（如图 2-10 及表 2-1 所示），部分道路的坡度甚至超过 4%。

图 2-10　济南市海绵城市试点区范围内坡度较大的道路空间地理位置分布图

图中 I～VI 为道路编号

表 2-1　济南市海绵城市试点区范围内坡度较大的道路情况

道路名称	道路编号	道路长度/m	道路两端高程差/m	坡度/%
玉函路	I	4773.71	56.00	1.17
舜耕路	II	6192.09	67.00	1.08
历阳大街	III	1164.04	29.00	2.49
旅游路（西段）	IV	2093.91	25.00	1.19
千佛山南路	V	1651.01	67.00	4.06
旅游路（东段）	VI	1685.52	47.00	2.79

2.3　本章小结

本章从自然地理环境、经济社会状况、气象水文特征和暴雨洪涝成因方面介绍了北京和济南的总体情况。根据北京主城区和济南主城区内现有排水系统条件和历史洪涝灾害情况，分别选择了北京凉水河流域大红门排水区、北京通惠河流域乐家花园排水区、北京清河流域洋坊排水区、北京坝河流域楼梓庄排水区、北京通州新城排水区、济南小清河流域黄台桥排水区、济南市海绵城市试点区等典型区域作为开展城市暴雨洪涝过程模拟研究的区域。结合北京和济南近几年海绵城市建设的情况，研究选择北京凉水河流域大红门排水区和济南市海绵城市试点区等典型区域开展海绵城市建设布局优化及减灾效果评估研究。

第 3 章　城市水循环演变特征分析

3.1　降雨时空演变特征分析

3.1.1　北京降雨时空演变特征分析

北京作为中国首都，近年来随着城市化的高速发展，极端降雨事件的发生日益频繁，由此引发的城市暴雨洪涝造成的灾害损失也日益严重，研究北京年均降雨和极端降雨的演变特征对认识城市暴雨洪涝成因以及制定相应防范措施具有重要意义（Ren，2020）。

1. 数据资料与研究方法

研究采用北京 30 个地面降水观测站点日尺度降雨数据（1981～2017 年）和 8 个站点小时尺度降水摘录数据分析北京降雨时空演变特征。两种降水数据均来源于北京市水文总站，北京各降水观测站点年均降水量如图 3-1 所示。

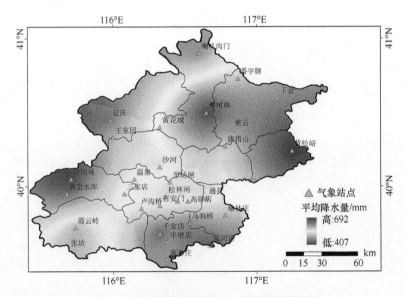

图 3-1　北京各降水观测站点年均降水量分布

1）数据资料质量控制

研究对日尺度和小时尺度的降水数据进行了质量控制。所有雨量观测站点中，缺测值的数量占总数据量的比例小于 0.1%。缺测值用邻近站点多年平均值填补，降水摘录数据的时间间隔为 1～3h。为了校验摘录降水数据的可靠性，研究将摘录数据插值为逐小时降水数据，再将插值后逐小时数据计算的汛期降水总和与日尺度观测数据求和所得的汛期降水总量进行对比分析。图 3-2 为各站点小时摘录数据和日尺度观测降水数据汛期降水量总和对比分析图。由图 3-2 可以看出，各站点摘录数据和日尺度观测数据在汛期的总降水量吻合度较高，摘录数据质量较为可靠。

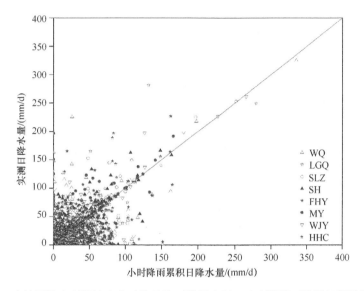

图 3-2　北京 8 个地面降水观测站点小时摘录降雨数据和日尺度观测降雨数据汛期总降水量对比图

图中提供小时尺度降水摘录数据的 8 个雨量站名称分别为 WQ（温泉）；LGQ（卢沟桥）；SLZ（松林闸）；
SH（沙河）；FHY（凤河营）；MY（密云）；WJY（王家园）；HHC（黄花城）

由于北京各区域之间地形地貌差异性较大，因此在分析降雨特征时，根据不同区域的地形条件和下垫面属性，将北京划分为 6 个研究子区域：中心城区、北部近郊、南部近郊、远郊（东北部）、西南山区和西北山区（Wang et al.，2015；宋晓猛等，2017）。地面观测站点基本信息及所属研究子区域如表 3-1 所示。

表 3-1　北京地面降雨观测站点基本信息

区域	站点名称	高程/m	年均降水量/mm	区域	站点名称	高程/m	年均降水量/mm
中心城区	高碑店（GBD）	34	550.36	西南山区	王家园（WJY）	264	507.89
	乐家花园（LJHY）	37	553.43		霞云岭（XYL）	426	596.09
	卢沟桥（LGQ）	65	544.89		沿河城（YHC）		398.40
	松林闸（SLZ）	47			斋堂水库（ZTSK）	472	442.94
	温泉（WQ）	54	547.94		张坊（ZF）	112	594.16
	通县（TX）	23	561.56	南部近郊	半壁店（BBD）	30	485.71
	羊坊闸（YFZ）		565.47		凤河营（FHY）	18	430.44
	右安门（YAM）	42	548.72		马驹桥（MJQ）	26	461.76
北部近郊	沙河（SH）	39	529.27		南各庄（NGZ）	25	483.01
西南山区	三家店（SJD）	116	555.96		榆林庄（YLZ）	19	506.54

区域	站点名称	高程/m	年均降水量/mm	区域	站点名称	高程/m	年均降水量/mm
远郊 （东北部）	番字牌（FZP）		578.29	西北山区	黄花城（HHC）	234	556.86
	黄松峪（HSY）	198	698.75		喇叭沟门（LBGM）	495	469.10
	密云（MY）	75			千家店（QJD）	441	424.59
	唐指山（TZS）	61			延庆（YQ）	489	443.69
	下会（XH）	198	615.92		枣树林（ZSL）	415	688.75

2）降水演变规律分析方法

A. 极端降水演变规律分析方法

世界气象组织气候变化监测与指数专家组（Expert Team on Climate Change Detection and Indices，ETCCDI）推荐 27 个核心指数表征极端气温和极端降水。本节选择 ETCCDI 推荐的 9 个极端降水指数和年平均降水量，用以分析北京极端降水的时空演变规律。选用的 10 个极端降水指数名称、代码及其物理意义如表 3-2 所示。

表 3-2　极端降水指数名称、代码与其物理意义

指数代码	指数名称	物理意义	单位
AMP	年平均降水量	多年平均降水量	mm
SDII	年平均降水强度	年平均降水总量/降水天数	mm/d
R20	日降水量>20mm 的天数	日降水量大于 20mm 的年均天数	d
R50	日降水量>50mm 的天数	日降水量大于 50mm 的年均天数	d
Rx1day	最大 1d 降水量	年最大 1d 降水量	mm
Rx5day	最大 5d 降水量	年最大连续 5d 降水量	mm
R95p	超过 95%阈值的年水量	超过 95%阈值的年降水量	mm
R99p	超过 99%阈值的年水量	超过 99%阈值的年降水量	mm
CWD	最大连续湿润天数	日降水量≥1mm 的连续最大天数	d
CDD	最大连续干旱天数	日降水量<1mm 的连续最大天数	d

B. 趋势分析方法

研究采用了线性拟合、5 年滑动平均、空间插值（普通克里金插值法）和 Mann-Kendall（M-K）非参数检验法等多种方法对北京多年平均降水和极端降雨时空演变规律进行分析。非参数检验法是广泛应用于水文学及气象学中的非参数检验方法，常用来检验不服从特定分布的数据集的变化趋势，M-K 非参数检验法的计算公式如式（3-1）～式（3-3）所示。

$$Z = \begin{cases} \dfrac{S-1}{\sqrt{\operatorname{var}(S)}}, & S>0 \\ 0, & S=0 \\ \dfrac{S+1}{\sqrt{\operatorname{var}(S)}}, & S<0 \end{cases} \quad (3\text{-}1)$$

$$S = \sum_{i=1}^{n-1} \sum_{k=i+1}^{n} \mathrm{sgn}(x_k - x_i) \tag{3-2}$$

$$\mathrm{sgn}(x_k - x_i) = \begin{cases} 1, & x_k - x_i > 0 \\ 0, & x_k - x_i = 0 \\ -1, & x_k - x_i < 0 \end{cases} \tag{3-3}$$

式中，n 为数据序列的长度；x_k 和 x_i 为样本数据序列；var(S)为统计变量 S 的方差；Z 值为正代表检测数据序列为上升趋势，Z 值为负代表检测数据序列为下降趋势。

2. 北京年均降水量时空演变规律分析

1）北京年均降水量时间演变规律分析

图 3-3 为 1981～2017 年北京 30 个观测站点全年平均降水量和汛期（6～9 月）年均降水量变化趋势图。由图 3-3 可以看出，北京汛期年均降水量的变化趋势和全年变化趋势一致，1981～2017 年都呈现出下降的趋势。

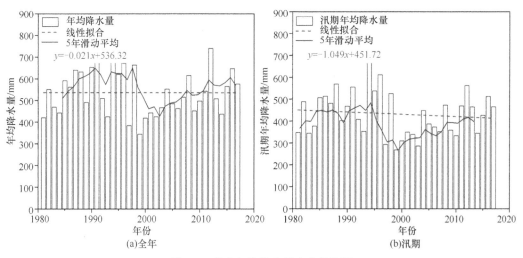

图 3-3　北京年均降水量变化趋势图

图 3-4 为 30 个观测站点每 10 年全年平均降水量和汛期平均降水量变化对比图。从图 3-4 中可以看出，相比于 20 世纪 80 年代和 90 年代，北京降水量在 2000～2009 年呈现出下降的趋势，而 2010～2017 年又呈现出较明显的上升趋势。

2）北京年均降水量空间演变规律分析

由于北京的降水主要发生在汛期，汛期降水变化能够反映全年降水变化趋势，因此本节主要分析北京汛期降水变化特征。研究采用普通克里金插值法对北京不同时期汛期年平均降水量进行空间插值分析。如图 3-5 所示，过去 30 年间，北京中心城区的降水呈现出较明显的变化。20 世纪 80 年代，北京的暴雨中心位于东北部密云县一带，而随着城市化的发展，北京的暴雨中心逐渐向中心城区延伸。2000～2009 年北京中心城区出现了相对较高的降水量值。进入 21 世纪后，虽然北京的暴雨中心仍然位于东北地区，但中心城区也呈现出较大的年平均降水量，成为仅次于东北地区的第二个暴雨中心。

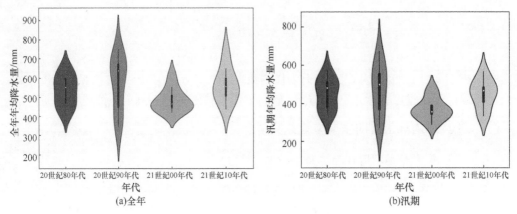

(a)全年   (b)汛期

图 3-4 北京每 10 年年均降水量变化趋势图

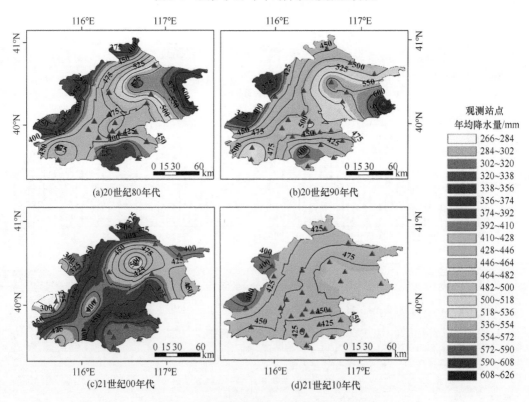

图 3-5 不同时期北京年均降水量空间分布图

3. 北京极端降水时空演变规律分析

1）北京极端降水时间演变规律分析

图 3-6 显示了北京 30 个观测站点 AMP 及极端降水指数均值在 1981～2017 年的变化趋势。在所计算的降水指数中，AMP、SDII、R20 和 R50 能够反映出降水的整体情况，

而其他降水指数主要反映极端降水特性。计算结果显示，AMP、Rx5day、R20、CWD
四个指数呈现出下降的趋势；而 SDII、Rx1day、R50、R95p、R99p 和 CDD 六个指数呈
现出上升趋势。

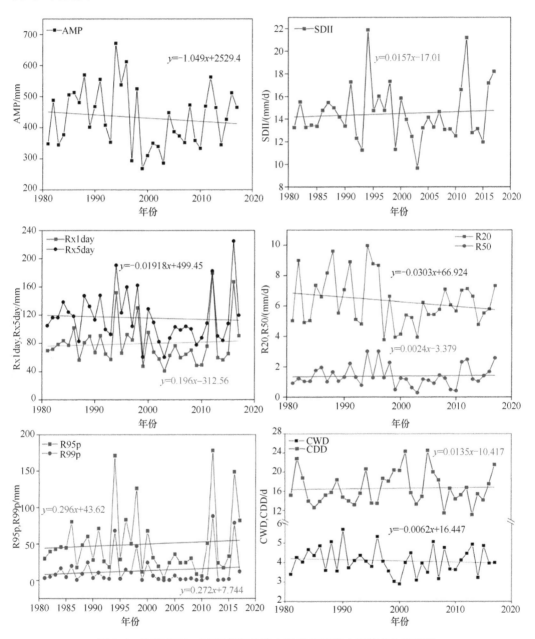

图 3-6　北京 1981～2017 年年均降水量及极端降水指数变化趋势图

2）北京极端降水空间演变规律分析

北京汛期不同区域 AMP 和极端降水指数平均值如表 3-3 所示。其中，AMP、SDII、
R20 和 R50 指数主要反映降水的整体情况，其余指数主要侧重于反映极端降水值情况。

计算结果显示不同区域的汛期 AMP 变化范围为 385.70～493.05mm，其中远郊区域的年平均降水量最大，其次为中心城区区域；SDII 的变化范围在 12.96～15.66mm/d，其中远郊的 SDII 最高，中心城区区域的 SDII 值仅次于远郊，北部近郊和南部近郊区域的 SDII 高于西南山区和西北山区；汛期 R20 和 R50 的变化范围为 5.49～7.55d 和 1.13～1.74d，R20 和 R50 最大的区域为远郊区域，中心城区的 R20 和 R50 指数值仅次于远郊区域。

表 3-3　北京不同区域汛期 AMP 和极端降水指数平均值（1981～2017 年）

区域	AMP/ mm	极端降水指数平均值								
		SDII/ (mm/d)	Rx1day/ mm	Rx5day/ mm	R95p/ mm	R99p/ mm	R20/ (mm/d)	R50/ (mm/d)	CWD/d	CDD/d
中心城区	447.43	15.31	85.70	121.76	46.93	15.86	6.80	1.52	3.98	17.19
北部近郊	429.36	14.38	80.54	115.38	46.32	10.52	6.19	1.22	4.11	17.35
南部近郊	385.70	14.85	77.04	110.95	35.98	11.23	5.81	1.28	3.72	18.30
远郊	493.05	15.66	86.10	128.79	47.50	11.71	7.55	1.74	4.12	15.21
西南山区	412.63	13.21	77.56	113.35	48.26	13.67	5.49	1.19	4.36	16.04
西北山区	415.03	12.96	66.85	102.86	35.34	10.73	5.79	1.13	4.30	15.48
全部站点	430.53	14.40	78.96	115.51	43.39	12.29	6.27	1.35	4.10	16.59

汛期 Rx1day 值和汛期 Rx5day 值的变化范围分别为 66.85～86.10mm 和 102.86～128.79mm。其中，远郊和中心城区区域的 Rx1day 和 Rx5day 值最大；超过 95%和 99%阈值的年降水量变化范围分别为 35.34～48.26mm 和 10.52～15.86mm。值得注意的是，中心城区超过 99%阈值的年降水量最大。CWD 的变化范围为 3.72～4.36d。其中，山区区域（包括西南山区和西北山区）和远郊区域 CWD 较高，中心城区区域和南部近郊 CWD 较低；CDD 的变化范围为 15.21～18.30d。其中，南部近郊、北部近郊和中心城区区域的 CDD 值相对较高。

总体来讲，能够反映北京汛期降水总体情况的降水指数（AMP、SDII、R20 和 R50）的最大值出现在远郊，中心城区仅次于远郊；中心城区超过 99%阈值的极端降水量要明显高于其他区域。另外，中心城区的 CWD 值相对较低，而 CDD 值相对较高。

4. 不同区域极端降水时空演变规律分析

表 3-4 为北京不同区域 AMP 和极端降水指数非参数检验统计指标 Z 值；图 3-7 为北京不同区域年平均降水及极端降水指标非参数检验统计指标 Z 值的空间分布图。由表 3-4 可以看出，北京不同区域的汛期年平均降水量的变化 Z 值分布在–1.35～0.07，平均值为–0.56。在不同分区中，中心城区的汛期年平均降水量值呈现出上升的趋势（不显著），其他区域呈现出下降的趋势。从空间分布图来看，呈现出上升趋势的站点主要分布在中心城区和南部近郊区域。中心城区 8 个站点中，除了 LGQ 和 YAM 观测站点，其余 6 个站点均呈现出上升的趋势。南部近郊 5 个站点中，MJQ、BBD 和 NGZ 观测站点的汛期年平均降水量也呈现出上升的趋势。

表 3-4 北京不同区域 AMP 和极端降水指数 Z 值

区域	AMP	SDII	Rx1day	Rx5day	R95p	R99p	R20	R50	CWD	CDD
中心城区	0.07	0.04	−0.29	−0.52	−0.17	−0.12	−0.53	0.02	−0.24	1.13
北部近郊	−0.77	0.07	0.42	−0.72	0.22	0.65	−1.58	−0.09	−0.84	−0.66
南部近郊	−0.13	0.17	−0.30	−0.30	−0.20	−0.49	−0.47	0.28	0.27	−0.10
远郊	−1.35	−0.29	−0.56	−1.16	−0.60	−0.41	−1.22	−0.87	−0.81	−0.12
西南山区	−0.28	0.16	−0.10	−0.18	−0.16	0	−0.63	0.10	−0.32	−0.04
西北山区	−0.89	0.21	0.66	−0.09	0.83	0.70	−0.87	0.36	−1.34	−0.17
全部站点	−0.56	0.06	−0.03	−0.50	−0.01	0.06	−0.88	−0.03	−0.55	0.01

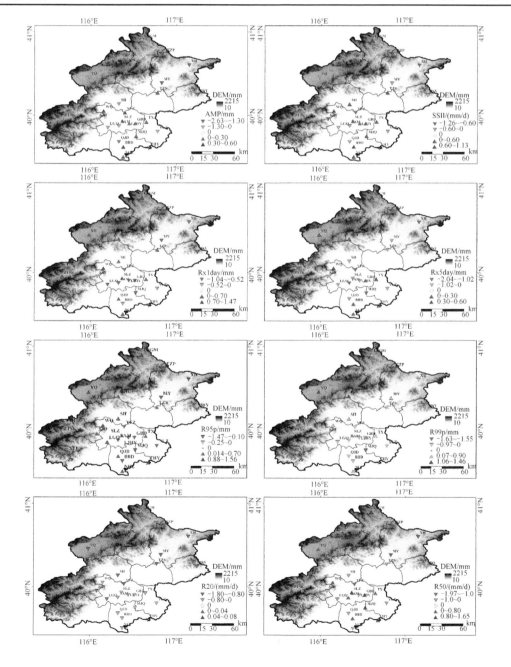

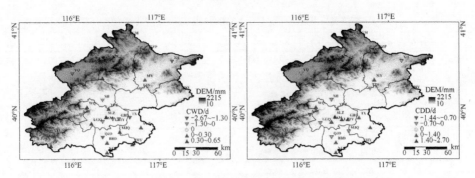

图 3-7　北京不同区域 AMP 和极端降水指数 Z 值空间分布图

不同区域的 SDII 的 Z 值分布在 –0.29～0.21，平均值为 0.06，除了远郊区域的 SDII 呈现出下降的趋势外，其余区域的 SDII 值都呈现出上升的趋势，53%（16 个站）站点的 SDII 值呈现出上升的趋势。日降水量大于 20mm 和 50mm 的汛期年均天数 R20 和 R50 的 Z 值分别分布在 –1.58～–0.47 和 –0.87～0.36，值得注意的是，50% 站点的 R50 值呈现出上升的趋势，而这些站点主要位于中心城区、南部近郊和山区。

Rx1day 和 Rx5day 的 Z 值分别分布在 –0.56～0.66 和 –1.16～–0.09。其中，有 13 个站点的 Rx1day 呈上升趋势，12 个站点的 Rx5day 呈上升趋势。这些呈上升趋势的站点大部分位于西部山区区域。位于中心城区和南部近郊的大部分站点，Rx1day 和 Rx5day 指数均呈下降趋势。R95p 和 R99p 的 Z 值平均值分别为 –0.01 和 0.06，其中分别有 57%（17 个站点）和 43%（13 个站点）站点的 R95p 和 R99p 指数呈上升趋势。虽然整个北京汛期 R20 都在下降，但中心城区、南部近郊以及山区区域（包括西南山区和西北山区）R50 都呈现出上升的趋势。由图 3-5 也可以看出，汛期 R50 值上升的站点主要分布在中心城区、南部近郊及山区。不同站点 CWD 的 Z 值变化范围为 –1.34～0.27，平均值为 –0.55，表明北京有降水的连续最大天数呈现出下降的趋势；CDD 的 Z 值变化范围为 –0.66～1.13，平均值为 0.01。表明北京无降水的连续最大天数呈现出上升的趋势。值得注意的是，中心城区的 CDD 值在全市最高，表明相比之下中心城区日降水量 <1mm 的连续最大天数呈现出最明显的上升趋势。

5. 最大 1h、最大 3h、最大 6h 降水变化规律

图 3-8 为北京不同区域在 1981～2017 年最大 1h、最大 3h 和最大 6h 降水的趋势变

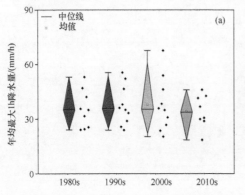
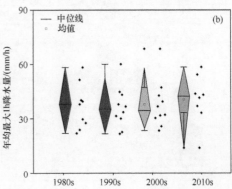

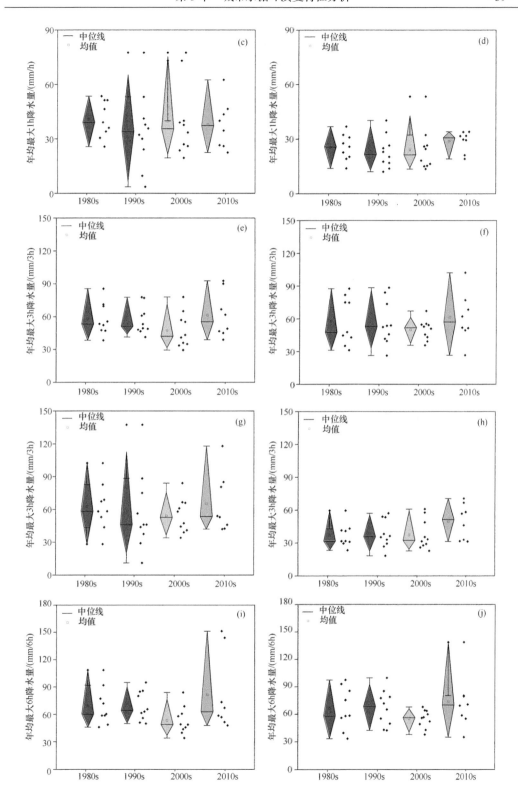

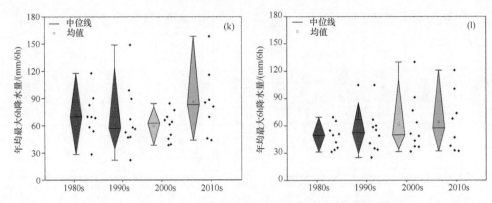

图 3-8　北京 1981～2017 年不同区域小时降水年际变化趋势图
(a)、(e)、(i) 为中心城区；(b)、(f)、(j) 为近郊；(c)、(g)、(k) 为远郊；(d)、(h)、(l) 为山区

化图。从图 3-8 中可以看出，除了近郊区域 21 世纪 10 年代的年最大 1h 降水平均值略微高于 20 世纪 80 年代至 21 世纪 00 年代外，中心城区、远郊区域和山区的年最大 1h 降水无较明显的变化趋势。对于最大 3h 和最大 6h 降水，四个区域在 21 世纪 10 年代的降水平均值均高于前 3 个年代；且中心城区、近郊和远郊的这种趋势与山区相比更加明显。

6. 结论

研究基于北京 30 个地面降水观测站点日尺度降水数据（1981～2017 年）和 8 个站点小时尺度降水摘录数据，采用线性拟合、5 年滑动平均、空间插值和 M-K 非参数检验法等多种方法分析了北京 AMP 和极端降水时空演变特征。研究结果表明：

（1）从时间演变特征来看，北京 AMP 和汛期年平均降水量总体均呈现下降趋势（1981～2017 年）；汛期年平均降水量比全年平均降水量下降趋势更为明显。从空间演变特征来看，北京中心城区年均降水量逐年增加，成为仅次于东北山区的第二个暴雨中心。

（2）尽管北京汛期降水总量和降水日数总体呈现下降趋势，但是降水量更为集中，降水强度明显增加。从极端降水指数来看，汛期远郊出现极端降水的可能性最大，其次是中心城区。从极端降水量来看，中心城区超过 99%阈值的极端降水量值要明显高于其他区域。

（3）中心城区、南部近郊以及山区（包括西南山区和西北山区）出现暴雨及以上降水事件（日降水量＞50mm）的天数呈现出上升趋势。中心城区、远郊和山区的年最大 1h 降水量无明显变化趋势，但最大 3h 和最大 6h 降水量明显增加。

3.1.2　济南降雨时空演变特征分析

1. 数据资料与研究方法

随着城市规模不断扩大，济南的城市形态与环境景观发生了巨大变化，并导致区域经济社会对极端降水敏感性提高。作为水文循环的关键因素，基于长时间序列和高分辨率气象数据深入研究济南降水分布和变化特征对其水资源综合管理和暴雨洪水预警具有重要的理论和现实意义。根据下垫面特征和联合国环境规划署世界保护监测中心（UNEP-WCMC）相关标准，按地形地貌将济南由南向北划分为三部分：山区、主城区、平原区，如图 3-9 所示。基于 1979～2015 年济南高分辨率同化数据集，空间分辨率为 0.1°，选用 M-K 法和 Sen 氏坡度法对降水空间分布特征和时空变化趋势进行检测和定量分析，以期为济南市水资源调度及管理提供一定的指导（常晓栋等，2017）。

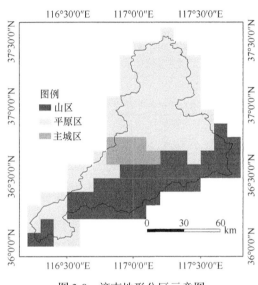

图 3-9 济南地形分区示意图

研究选用的气象数据来自中国区域地面气象要素驱动数据集（China meteorological forcing dataset，CMFD），是由中国科学院青藏高原研究所开发的一套近地面气象与环境要素再分析数据集（常晓栋等，2016）。该数据集是以国际上现有的 Princeton 再分析资料、GLDAS 资料、GEWEX-SRB 辐射资料以及 TRMM 降水资料为背景场，融合中国气象局常规气象观测数据制作而成的。其时间分辨率为 3h，水平空间分辨率为 0.1°，包含近地面气温、近地面气压、近地面空气比湿、近地面全风速、地面向下短波辐射、地面向下长波辐射、地面降水率，共 7 个要素（变量）。目前，该数据集已在各学科领域的研究中得到了广泛的应用（Xu and Chu，2015；Zhou et al.，2015；Ma et al.，2016）。研究采用数据集中的地面降水率，数据时段为 1979～2015 年。

研究采用的分析方法包括 M-K 法和 Sen 氏坡度法。M-K 法是一种简便有效的非参数统计检验方法，由于其样本不需遵从特定的分布条件，受异常值干扰较小，故被广泛用于水文气象资料的趋势检验中；作为一致性非参数估计量线性拟合的参数值，Sen 氏坡度法常与 M-K 法结合使用。Sen 氏坡度法假设 N 对序列在对应时间内具有相同的变化趋势，因此常用来表示此序列的平均变化率以及时间序列的变化趋势。

2. 时间变化特征

1）年际变化

根据同化数据对 1979～2015 年济南降水数据进行相应处理和计算，结果如图 3-10

所示。由图 3-10 可知，济南 37 年间年平均降水量为 643.4mm，枯水年和丰水年往往交替出现，两者极差高达 584.7mm；整体呈现增加的趋势，但在 0.05 置信水平上并不显著。

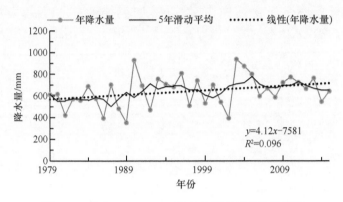

图 3-10　济南 1979～2015 年年均降水量变化趋势图

2）年内变化

根据表 3-5 可见，济南四季降水量差异巨大，年内变化极不均匀。整体而言，四季多年平均降水量分别为 94.9mm、419.8mm、107.5mm 和 21.1mm，分别占其多年平均降水量的 14.7%、65.3%、16.7%和 3.3%。其中，夏季降水极差最大，春秋次之；冬季极差值虽然较小，但其变化幅度最大。根据 M-K 法和 Sen 氏坡度法计算结果，济南各季节降水均呈增大的趋势，但并不显著。

表 3-5　济南 1979～2015 年各季降水量统计特征值

统计值	平均值/mm	最大值/mm	最小值/mm	极差/mm	Z 值	Sen 氏坡度法	下置信界限	上置信界限
春季	94.9	154.5	34.5	120.0	1.14	0.68	−0.47	1.83
夏季	419.8	678.7	202.7	476.0	0.95	2.08	−1.79	6.31
秋季	107.5	288.1	24.0	264.1	0.88	0.71	−0.85	2.42
冬季	21.1	72.9	1.2	71.7	1.66	0.33	−0.09	0.65

3. 空间变化特征

1）空间分布特征

济南降水空间分布如图 3-11 所示。由图 3-11 可知，1979～2015 年济南年平均降水量空间分布极不均匀，且由南向北随高程的降低而逐渐降低，整体而言北部平原地区降水量普遍小于南部山区，可概括为东多西少，南多北少。经初步分析，由于南部地区的泰山山脉海拔较高，气团容易在此处形成地形雨，故降水量较大。

为更好地分析济南降水量空间分布与地形之间的相互关系，济南不同地形分区不同季节的年平均降水量如图 3-12 所示。由图 3-12 可见，济南 1979～2015 年不同地区的年平均降水量差异较大。山区最大年降水量 797.7mm，主城区和平原区年降水量分

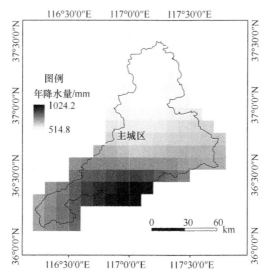

图 3-11 济南 1979～2015 年年均降水量空间分布图

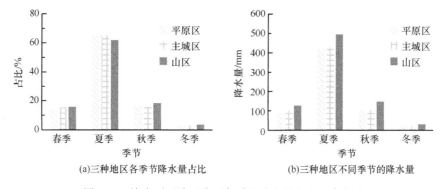

图 3-12 济南不同地形分区各季节降水量占比及降水量

别为 455.6mm 和 436.3mm，山区降水量较其他区域明显偏多。同时，济南降水量随季节变化明显，从大到小依次为夏季、春秋季、冬季。可以看出，三种地形区夏季降水量与其他季节降水量差异较大，占全年降水量的 60%以上。同时，最高的夏季降水发生在山区，从 2002 年的最低 197.7mm 至 1990 年的最高 899.0mm，平均值为 494.6mm。整个城市的春季和秋季降水量分别约占全年降水量的 15%，约为 100mm，而冬季降水量最少，平均降水量约为 20mm，且春冬季节降水对年平均降水量贡献随地形变化不明显。

2）时间变化特征

已有文献及调研结果表明，济南夏季降水非常集中，为更好地表征不同时间段降水的变化情况，本节分汛期和非汛期对济南降水趋势进行时间变化的特征分析，各时间段线性拟合如图 3-13 所示，M-K 法检验结果如图 3-14 所示，统计值如表 3-6 所示。

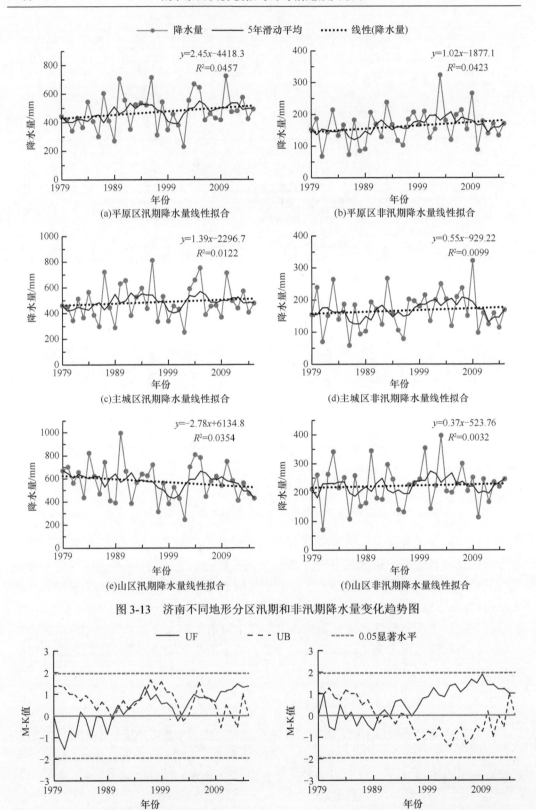

图 3-13 济南不同地形分区汛期和非汛期降水量变化趋势图

(a)平原区汛期降水量M-K突变检验结果   (b)平原区非汛期降水量M-K突变检验结果

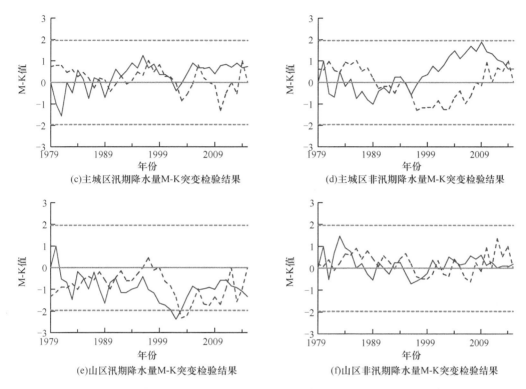

图 3-14　济南不同地形分区汛期和非汛期降水量 M-K 突变检验结果

表 3-6　济南各分区 1979～2015 年汛期和非汛期降水量统计特征值

统计值		平均值/mm	最大值/mm	最小值/mm	极差/mm	Z 值	Sen 氏坡度法	下置信界限	上置信界限
平原区	汛期	473.8	725.9	230.9	495.0	1.35	2.24	−1.73	6.51
	非汛期	162.5	323.8	67.9	255.8	1.03	0.81	−0.85	2.61
主城区	汛期	487.8	812.9	253.1	559.8	0.72	1.35	−2.83	5.36
	非汛期	167.7	322.1	58.5	263.5	0.61	0.70	−1.57	2.57
山区	汛期	574.0	995.4	247.0	748.5	−1.32	−3.02	−8.39	1.91
	非汛期	223.6	398.1	71.6	326.4	0.17	0.20	−1.86	2.55

对于汛期降水（6～9 月）：主城区和平原区均呈现出增加的趋势，增加幅度分别为 1.35mm/a 和 2.24mm/a，但根据 M-K 检验结果，两个区域汛期降水增加趋势并不显著；而山区汛期降水则表现出降低的趋势，其降低幅度为–3.02 mm/a，根据 M-K 检验结果，其汛期降水降低趋势在 0.05 置信区间上较为显著。对于非汛期降水（10 月～次年 5 月），平原区呈现出增加的趋势（0.81mm/a），但趋势并不显著，主城区和山区则均无较为明显的变化趋势。

4. 结论

本节主要采用 M-K 法和 Sen 氏坡度法分析了济南 1979～2015 年降水结构的时空分布特征和演变趋势，主要结论如下。

（1）1979～2015 年济南年平均降水量为 643.4mm，降水低谷与降水高峰常接连出现，最大年降水量与最小年降水量相差可达 584.7mm，年际变化幅度较大，且该时间段年降水量呈波动型增长，但增长趋势不显著。

（2）济南年降水量空间分布呈由西南向东北阶梯形递减的特征，其分布特征与地形关系密切，整体显示南部山区降水普遍大于北部山前平原（主城区）和黄河冲积平原地区，空间分布极不均匀。

（3）济南夏季降水集中，约占全年降水量的 60%以上，且紧邻主城区的南部山区夏季降水量高达 494.6mm，高于主城区和平原区；南部山区春秋两季降水量略高于主城区和平原区；冬季则无明显区别。这表明主城区夏季遭受山洪灾害的风险较大。

（4）近 37 年来，济南平原区和主城区汛期降水量呈增加趋势，山区汛期降水量则逐渐降低；平原区和主城区非汛期降水量在 2005 年之前呈缓慢增加的趋势，2006 年后略有降低；山区非汛期降水量波动较大但整体无明显变化。除个别年份外，3 个区域汛期和非汛期降水量变化程度在 0.05 置信水平上均未通过假设检验，故整体变化趋势不显著。

3.2　产汇流时空演变特征

3.2.1　北京产汇流时空演变特征分析

受城市化作用影响，城市流域产汇流机理发生较大改变。研究选取北京典型城市化流域——凉水河流域大红门排水区为研究对象，基于遥感技术和实地调研，采用 SWMM 分别对城市化前、后两种情景进行模拟，通过设置不同重现期设计暴雨情景，定量分析城市化对流域产汇流的影响。

1. 城市化过程的监测

研究采用徐军等（2007）提出的剔除低密度植被覆盖的城镇用地指数（urban land-use index，ULI）对北京城市化过程进行监测。城镇用地指数是一种自动提取城镇用地的有效方法，并减少了低密度植被对提取精度的影响。ULI 在归一化建筑用地指数（NDBI）和归一化植被指数（NDVI）的基础上进行了分析与改进。通过利用 NDBI 提取得到的城镇用地减去利用 NDVI 提取得到的植被区域，将城镇用地提取出来。指数计算方法如式（3-4）～式（3-6）所示。

$$NDBI = \frac{MIR - NIR}{MIR + NIR} \tag{3-4}$$

$$NDVI = \frac{NIR - red}{NIR + red} \tag{3-5}$$

$$ULI = Bin(NDBI) - Bin(NDVI) \tag{3-6}$$

式中，MIR 是中红外波段；NIR 是近红外波段；red 是红色波段；Bin 为二值化函数。

得到 ULI 后，仍需进行以下处理过程，以完成城镇用地的提取。首先用 ULI 提取遥感影像中城镇用地信息，并进行二值化处理，然后通过滑动窗口计算城镇用地比例。在 ULI

分布图中用 MATLAB 软件打开一定大小的窗口（50×50），统计该窗口 ULI 的均值占图像的最大值的比例，将其赋予窗口中心像元[如式（3-7）所示]，并将该窗口在城镇用地分布图上按行滑动，将全幅图像扫描一遍，得到城镇用地比例图。提取步骤如图 3-15 所示。

$$D(i,j) = \frac{\sum_{i=1}^{N}\sum_{j=1}^{N} g(i,j)}{N \times N} \times 100\% \qquad (3-7)$$

式中，$D(i,j)$为城镇用地比例；N 为窗口大小；$g(i,j)$为城镇用地分布图上某像元的灰度值，i、j 为相应行、列数，若该像元为城镇用地，则 $g(i,j)=1$，否则 $g(i,j)=0$。

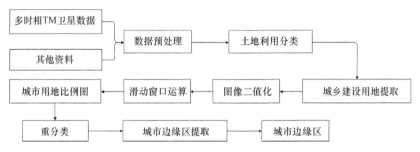

图 3-15　北京主城区城市用地信息提取流程示意图

采用 GIS 空间处理重分类（reclass）模块中自然断裂法对城镇用地比例图进行分类。自然断裂法是一种数据分类方法，它用来决定将数值分入不同类别时的最佳排列方式。通过尝试寻找使类内的方差最小、类间方差最大的排列，使得各个类别间的差异最大，而同一类别的差异最小，从而实现最优化分类。将城镇用地比例分成 2 个等级，即城镇用地与非城镇用地。

采用上述方法得到北京主城区城市化进程，如图 3-16 所示。可以看出，大红门排

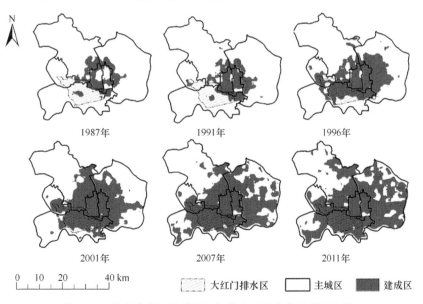

图 3-16　北京凉水河流域大红门排水区城市化过程示意图

水区在 1987～2011 年经历了快速的城市化过程。构建城市化前后暴雨洪水模型时依据该数据对不透水面积比例进行设定。

2. 城市化前后暴雨洪水模型构建

构建模型时，模型结构和参数必须反映流域的水文地质特性。快速城市化过程使流域内的不透水面积大幅增加，天然河网的改造和管网的铺设等都会极大地改变区域内产汇流条件。如果模型结构不能反映这些变化，则会出现"异参同效"现象。因此，研究根据城市化前后流域产汇流的特点以及管网河道资料，针对城市化前后两种情景分别构建暴雨洪水模型，用以研究城市化前后流域产汇流特征的演变规律。

1）子排水区划分

城市化前，城市地表产流过程受城市化影响较小，地表水流多经由坡面汇流进入河道。因而，可以依据 DEM 进行自然流域地表水水文特征的提取和子排水区划分。但对于高度开发后的城市区域，人类活动改变了天然下垫面条件，地表产流不再像自然流域经由坡面汇流进入河道，而是在子排水区内以坡面流和管道相混合的形式汇流进入河道。针对城市化区域的排水特点，则宜根据设计排水区来划分子排水区（图 3-17）。城市化前后河网形态和河道结构数据采用河道管理局实际资料，管网数据采用北京市城市规划设计研究院专家提供的凉水河流域主干管网资料。

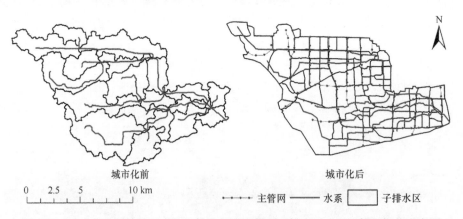

城市化前　　　　　　　　　　　　城市化后

0　2.5　5　　10 km　　　　　━━━ 主管网　━━ 水系　▢ 子排水区

图 3-17　城市化前后情景下大红门排水区雨洪模型子排水区分区及管网概化示意图

2）模型参数率定

水文模型参数多具有物理意义，理论上可以通过实际测量获得。但由于资料的限制，这些参数通常通过经验或者参数优化方法确定。研究采用遗传算法对城市开发前、开发后两种情景的 SWMM 中较为敏感的参数进行优化，采用场次暴雨纳什效率系数均值作为目标函数。由于城市区域复杂的下垫面变化和分洪数据的制约，暴雨洪涝过程资料较少。为减少"异参同效"，模型参数初始值设置参考了相关文献结果和《北京市水文手册》等规范的参数范围。模型参数率定结果如表 3-7 所示。

表 3-7　大红门排水区雨洪模型参数率定结果

项目	曼宁糙率系数 n				Horton 模型系数		
	透水区	不透水区	河道	管道	最大下渗率	最小下渗率	衰减系数
城市化前	0.43	0.07	0.025	—	124.6	74.7	11.4
城市化后	0.36	0.04	0.048	0.02	142.4	89.6	23.2

曼宁糙率系数 n 是一个表征边壁的粗糙状况和水力条件的系数。根据曼宁公式，n 越小，流速越大，汇流时间越短。仅从参数的角度考虑，城市开发后排水片区内透水和不透水区曼宁系数都有明显减小，坡面汇流时间缩短。河道曼宁糙率系数增大，河道汇流时间增长。根据实地调研，城市开发后河道内修筑有多座桥梁、亲水平台等挡水建筑物，影响了河道汇流过程。另外，城市化使场次洪水水深增大，相关研究发现，洪水水深的增加也会引起 n 值增大。Horton 模型系数反映了下渗率随时间的变化过程，可以看出，城市开发后透水区内下渗能力变化不大。

城市化前后场次暴雨洪水模拟效果评价如表 3-8 所示。模拟的各场次暴雨洪水过程如图 3-18 和图 3-19 所示。SWMM 对城市开发前后场次暴雨洪水都具有较好的模拟效果：率定和验证的场次暴雨洪水过程中，纳什效率系数均大于 0.6，洪峰流量误差均小于 15%；其中城市开发后模拟效果优于开发前，特别是峰现时间的模拟。因为降水资料的限制，城市开发前仅采用大红门一个站点的小时降水资料，不能表征城市区域暴雨的空间变异性，从而影响了洪水过程的模拟，特别是峰现时间的模拟。

表 3-8　城市化前后大红门排水区暴雨洪涝过程模拟结果误差统计

项目		率定期		验证期	
	暴雨场次	19810703	19830619	19850702	19870813
城市化前	R_{ns}	0.62	0.61	0.83	0.64
	RE_p	3%	3%	6%	15%
	AE_T	−1	0	0	1
	暴雨场次	20110623	20120721	20110814	20110726
城市化后	R_{ns}	0.88	0.95	0.84	0.60
	RE_p	2%	2%	11%	4%
	AE_T	0	0	1	0

注：R_{ns} 为纳什效率系数；RE_p 为洪峰流量误差（%）；AE_T 为峰现时间误差（h）。

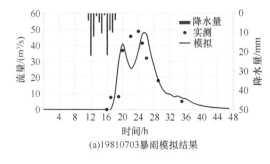

(a)19810703暴雨模拟结果

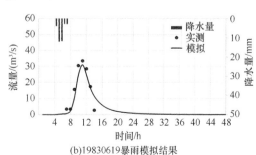

(b)19830619暴雨模拟结果

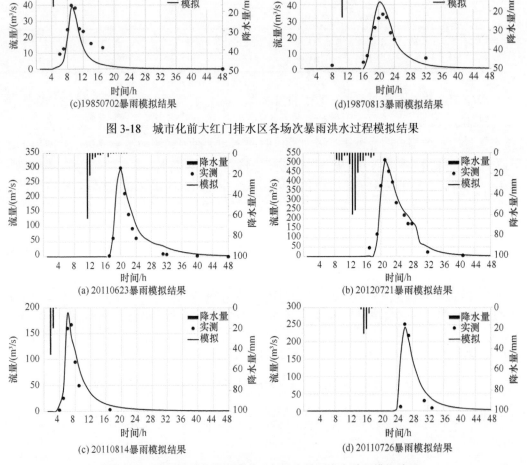

图 3-18　城市化前大红门排水区各场次暴雨洪水过程模拟结果

图 3-19　城市化后大红门排水区各场次暴雨洪水过程模拟结果

3. 城市化对流域产汇流特征的影响

通过设置不同重现期暴雨情景（暴雨情景设置方式参照 5.1 节），不考虑右安门闸入流洪水，根据模拟结果分析大红门排水区内城市化开发前后产汇流特征的变化规律，如图 3-20 和表 3-9 所示。

可以看出，城市化过程对设计洪水过程具有明显的放大作用。对于常遇降水，以一年一遇设计暴雨为例：城市化后地表径流深是城市化前的 2.66 倍，径流系数从城市化前的 0.12 提高到城市化后的 0.31；下渗量为城市化前的 78%；洪峰流量为城市化前的 2.10 倍。对于稀遇降水，以百年一遇设计暴雨为例：城市化后地表径流量是城市化前的 3.35 倍，径流系数从城市化前的 0.12 提高到城市化后的 0.41；下渗量为城市化前的 65%；洪峰流量为城市化前的 1.59 倍。城市化对于稀遇降水的放大作用更为明显，增加了洪水风险。城市化后峰现时间并没有提前，反而在高重现期（一年一遇和 5 年一遇情景下）出现峰现时间推迟现象。通过调研可知城市区域河道人工挡水建筑物（桥梁、亲水平台等）较多，从而使河道汇流时间推迟。另外，城市化后水流按照人工路径流动，相对城市化前汇流

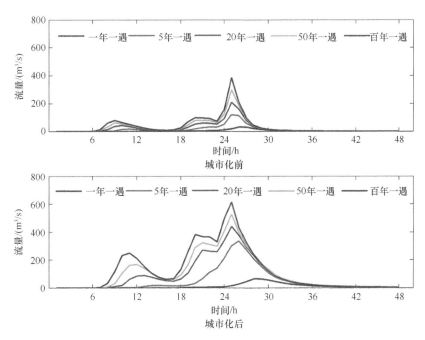

图 3-20　城市开发前后大红门排水区暴雨洪涝过程变化情况

表 3-9　不同设计暴雨重现期下大红门排水区城市化前后产汇流特征的变化情况

水文变量	一年一遇		5 年一遇		20 年一遇		50 年一遇		百年一遇	
	城市化前	城市化后	城市化前	城市化后	城市化前	城市化后	城市化前	城市化后	城市化前	城市化后
降水量/mm	47.7	47.7	150.4	150.4	260.3	260.3	335.9	335.9	395.0	395.0
径流深/mm	5.51	14.68	17.94	66.39	30.36	109.82	40.07	136.33	48.68	161.11
径流系数	0.12	0.31	0.12	0.44	0.12	0.42	0.12	0.41	0.12	0.41
洪峰流量/（m³/s）	30.6	64.3	118.7	337.4	208.5	438.6	298.8	526.7	384.9	612.8
峰现时间/h	3	5	2	3	2	2	2	2	2	2

速度加快，但路径更长，也影响了洪水的峰现时间。城市化前百年一遇 24h 洪峰流量尚低于城市化后 20 年一遇洪峰流量，给城市排水系统的改造提出了新的挑战和要求。

4. 结论

研究选取北京典型城市化流域——凉水河流域大红门排水区为研究对象，根据城市化前后流域产汇流的特点以及管网河道资料，针对城市化前后两种情景分别构建暴雨洪水模型，通过设置不同频率降水情景，定量分析城市化前后流域产汇流特征的演变规律。研究结果表明：

（1）城市化过程对设计洪水过程具有明显的放大作用。对于高重现期设计暴雨过程，城市化后地表径流量、径流系数和洪峰流量相较于城市化前明显升高，下渗量较城市化前显著降低。对于低重现期设计暴雨过程，这种放大作用更为明显。

（2）在相同的设计暴雨条件下，城市化过程增加了该地区遭遇暴雨洪涝灾害的可能性。城市化前百年一遇 24h 洪峰流量低于城市化后 20 年一遇 24h 洪峰流量,给城市排水系统的改造提出了新的挑战和要求。

3.2.2 济南产汇流时空演变特征分析

研究选用了济南四个基本水文站,对四个站点的径流变化趋势进行了分析,旨在分析济南径流趋势变化规律,为济南防洪规划和建设提供指导意见。研究首先对济南径流年际变化和趋势进行了分析和统计,其次使用 M-K 法对水文站径流序列进行了突变分析,最后使用 Hurst 指数对径流变化趋势进行了分析。

1. 济南基本水文站径流趋势分析

济南主要水文站位置分布如图 3-21 所示。崮山、卧虎山、北凤、黄台桥四个水文站分别处于北大沙河、玉符河、通天河、小清河水系,研究这些站点的径流变化规律,对于城市的防洪和排涝有一定的指导意义。为此,对这四个水文站多年径流变化进行趋势分析。四个站点的径流的多年变化规律如图 3-22～图 3-25 所示。

图 3-21 济南主要水文站空间地理位置分布示意图

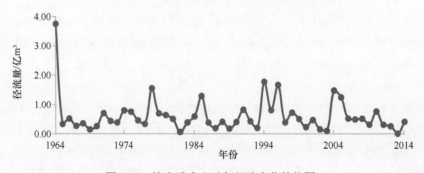

图 3-22 济南卧虎山站年径流变化趋势图

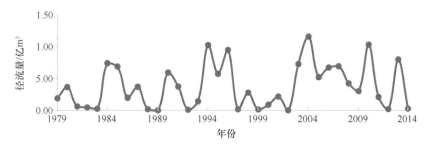

图 3-23　济南崮山站年径流变化趋势图

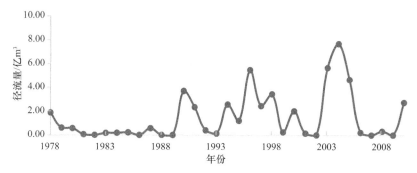

图 3-24　济南北凤站年径流变化趋势图

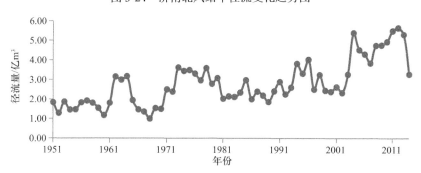

图 3-25　济南黄台桥站年径流变化趋势图

　　卧虎山站径流量 1964～1965 年急剧下降，之后呈现波动变化。这一急剧变化既与自然因素有关，也与人为因素有关。1963 年、1964 年连续两年发生较大的洪水，入库流量达 1833m³/s，经水库下泄流量为 878m³/s，削减洪峰 52%，这就可以解释为什么径流量会在 1965 年发生急剧下降。而崮山站自 1979 年以来径流变化趋势不是很明显，呈现波动变化，最大径流量发生在 2004 年。对北凤站自 1978 年以来的汛期径流分析表明，自 1989 年后，通天河的径流发生了突变，之后径流呈波动变化，但其均值明显高于 1989 年之前的年均径流。而黄台桥站自 1951 年以来，径流量一直呈现波动上升趋势，分析这一原因可能与城市化的影响有关。黄台桥水文站处于小清河流域上游，是济南主城区所在区域，城市化面积的不断加大，不透水面积的增加，使得径流量增加；径流量增加还可能与济南的保泉措施有关，济南采取的回灌地下水导致补给河道的水量增多。

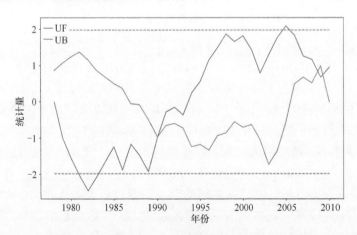

使用 M-K 法对济南四个基本水文站多年径流变化进行趋势显著性检验，计算结果见表 3-10。由表 3-10 可知，济南四个基本水文站中除卧虎山站外，其余站点均呈上升趋势，但除了黄台桥站通过了置信度 99%的检验外，其余站点变化均不显著。

表 3-10　济南多年径流变化趋势分析统计

站点	Z 值	显著性	统计时段/年
卧虎山	−0.45	—	1964~2014
崮山	0.97	—	1979~2014
北凤	0.90	—	1978~2010
黄台桥	6.10	***	1951~2014

***通过了置信度 99%的显著性检验。

2. 济南基本水文站径流突变分析

由图 3-26 可知，北凤站年径流量 1978~1993 年呈下降趋势，1993~2010 年呈上升趋势，突变点发生在 1993 年左右，在 1981~1983 年和 2005 年超过了置信区间，表明有显著的变化。而崮山站年径流量 1979~2003 年呈现波动变化，到 2003 年之后开始呈现上升的趋势，突变点不明显，大致发生在 1996 年左右，研究时段波动范围始终位于置信区间内，没有显著的变化趋势（图 3-27）。黄台桥站多年径流变化呈上升趋势，在 1973 年开始呈现明显的上升趋势，虽然 UF 与 UB 之间有交点，但是交点位于置信区间外，不能算作是突变点（图 3-28）。由图 3-29 可知，卧虎山站年径流量 1964~1975 年呈下降趋势，自 1975 年之后呈现波动变化的过程，突变发生在 1971 年和 2010 年。

3. 济南基本水文站径流未来变化趋势分析

对济南 4 个基本水文站径流未来变化趋势进行分析，使用 Hurst 指数作为评价指标。4 个基本水文站 Hurst 指数结果如表 3-11 所示。

图 3-26　济南北凤站年径流量 M-K 突变检验结果

UFi 为标准正态分布，它是按时间序列 x 顺序 x_1, x_2, $\cdots$, x_n 计算出的统计量序列，给定显著性水平 α，查正态分布表，若 |UFi|>Ua，则表明序列存在明显的趋势变化；按时间序列 x 逆序 x_n, x_{n-1}, $\cdots$, x_1，再重复上述过程，同时使 UBk=−UFk，k=n, n−1, $\cdots$, 1, UB1=0

图 3-27　济南崮山站年径流量 M-K 突变检验结果

图 3-28　济南黄台桥站年径流量 M-K 突变检验结果

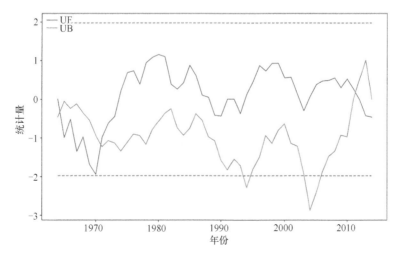

图 3-29　济南卧虎山站年径流量 M-K 突变检验结果

由表 3-11 可知，Hurst 指数大于 0.5 的有崮山站、北凤站、黄台桥站，其中最大的是黄台桥站，表明未来年径流变化与过去变化趋势相同，而黄台桥站年径流未来变化趋势与过去呈强相关性，未来年径流有上升趋势。而卧虎山站的 Hurst 指数为 0.49，表明未来变化与过去呈现微弱的反相关趋势。

表 3-11　济南各基本水文站 Hurst 指数统计表

站点名称	Hurst 指数	时间/年	备注
卧虎山站	0.49	51	—
崮山站	0.62	36	汛期站
北凤站	0.75	33	—
黄台桥	0.83	64	—

4. 结论

研究对崮山、卧虎山、北凤、黄台桥 4 个水文站点的径流变化趋势进行了分析，首先对济南径流年际变化和趋势进行了分析和统计，其次使用 M-K 突变法对水文站径流序列进行了突变分析，最后使用 Hurst 指数对径流变化趋势进行了分析。

根据分析结果，济南基本水文站径流均有上升趋势，其中黄台桥站上升趋势显著，可能与外来调水及城市化加快所导致的不透水面积增加有关。近些年来城市化进程加快，济南的土地利用方式发生了很大的改变，尤其是济南主城区附近。土地利用变化的最直观体现是建成区面积扩张，引起不透水率增大，糙率减小而使汇流速度增大，降雨径流的响应时间也发生变化，从而造成了城市下游径流量增大。

3.3　本章小结

本章分别从降雨和产汇流两方面分析了北京和济南城市水循环的演变特征。

在北京，研究基于地面观测降水数据，采用多种数学统计方法分析了 1981～2017 年北京年均降水量和极端降水量的时空演变特征。研究结果表明，北京中心城区全年和汛期多年平均降水量呈现增加趋势，区域出现暴雨及以上降水事件的可能性显著增强；区域降水时程分布愈发集中，最大 3h 和 6h 降水总量所占比例明显上升。

在济南，通过对比分析城市化前后典型区域的产汇流特征，发现在相同的设计暴雨条件下，城市化过程对洪水过程具有明显的放大作用，即地表径流量、径流系数和洪峰流量明显增加，且该放大作用在稀遇降雨情景下更为显著，进而增加了该地区遭遇暴雨洪涝灾害的可能性。

研究采用 M-K 方法和 Sen 氏坡度法对济南 1979～2015 年降水结构的时空分布特征和演变趋势进行了分析，结果表明，济南全年多年平均降水量呈现增加趋势；受城市化影响，靠近主城区的区域降水表现出增大趋势，山区降水则无明显变化。

通过对比济南 4 个主要水文站的径流观测数据，对济南城区径流的年际变化和趋势进行了分析，结果表明济南主要水文站径流均有上升趋势，其中黄台桥站径流上升趋势显著，可能与外来调水及城市化加快所导致的不透水面积增加有关。

第 4 章 城市暴雨洪涝过程
模拟技术与方法

城市暴雨洪涝过程模拟是城市暴雨洪涝风险评估和预警预报的关键技术之一。20 世纪 90 年代以来，计算机、测量、遥感和空间信息技术的快速发展推动了城市暴雨洪涝过程模拟技术的成熟和优化，如今已经形成一套较为完整的模型框架和模拟技术方法。总体来看，城市雨洪模型框架包括城市空间数据收集与处理、城市暴雨洪涝过程模拟，以及结果分析和可视化三个部分。其中，城市暴雨洪涝过程模拟主要包括产流过程模拟和汇流过程模拟。降水作为城市雨洪模型的输入，对其计算或模拟的过程通常独立于现有的城市雨洪模型框架之外。

4.1 城市暴雨过程模拟技术与方法

4.1.1 数 据 来 源

强降水（或强降雨）作为城市暴雨洪涝的主要致灾因子，对其模拟和预报的准确性很大程度上影响了暴雨洪涝过程模拟的准确性。当前，在城市暴雨洪涝风险评估和预警预报中，采用的降水输入通常来源于以下五类数据。

1. 历史长序列站点观测数据

这类数据时间序列较长，精确度较高；但空间代表性较差，不能很好地反映区域的空间降水信息。尤其是在当前水文环境显著变化的情况下，水文序列的一致性假设不复存在，使得依靠传统降雨–径流关系预测暴雨洪水方法的适用性逐渐减弱（Milly et al.，2008；雷晓辉等，2018）。在实际应用中历史长序列站点观测数据主要作为重现期降水设计的依据，用来模拟典型暴雨事件或预估不同暴雨情景下的暴雨洪涝状况（孙阿丽，2011；韩浩，2017）。

2. 实时站点观测数据

由于降水观测站网密度的增加，当前可获得的站点观测数据相较于历史长序列观测数据在空间代表性方面有了显著提升（李雁等，2013）。以实时观测数据驱动的暴雨洪水模型可以为城市地区提供邻近或实时暴雨洪涝灾害的预警或预报，准确性较高（王建鹏等，2008；骆丽楠等，2012）。其缺点是预见期的长短受到流域汇流时间的限制，因而不适合在面积小、汇流时间短的流域或者水文响应时间较短的大中型城市开展暴雨洪涝灾害的预警或预报。

3. 雷达或遥感解译获得的降水数据

这类数据时间空间分辨率较高（多数雷达数据可以达到 1km 5min 的分辨率），能够通过解译高空降水信息提前数小时预报出地表降水（张蕾等，2015；张保林，2018）。但是预报的地表降水结果（尤其是强对流型降水的预报结果）容易受到局地气候的影响，从而与实际观测值产生偏差，因而应用中通常会采用数理统计学方法或者数值天气预报模型对降水数据进行修正或同化，以减小暴雨洪涝过程模拟和预报的初始误差（Wardah et al.，2008；Yucel et al.，2015）。在保证一定预报精度的情况下可以将暴雨洪涝灾害的预见期提前 3～7h。

4. 全球中尺度环流模式输出的空间格点降水产品

目前全球有超过 20 个气象业务预报中心能够提供 10km 7h 及以上分辨率的全球降水预报产品，预见期最长可达 2 周。这类数值降水预报产品容易获取，在描述锋面降水过程方面表现较好，但在捕捉对流型降水特征方面表现较差（Gao et al.，2012；Bauer et al.，2015）。应用中通常会采用多模式集成预报或者统计降尺度等方法对降水预报结果进行修正（Zhu et al.，2008；Siddique et al.，2015），用于预测某区域未来一段时间内出现暴雨洪涝灾害的概率。

5. 区域数值天气预报模型模拟输出的空间格点降水数据

随着数值天气预报模拟技术的快速发展，新一代的区域对流尺度天气预报模型在模拟强降水，尤其是对流型强降水方面的能力得到显著提升，能够提前数天或一周对区域暴雨灾害进行预警或预报（Bauer et al.，2015）。但模型自身的不确定性使模型模拟或预报出的降水强度和降水落区与实际观测结果产生偏差（Cuo et al.，2011；Shih et al.，2014）。因而，在区域强降水模拟或预报中需要提前对模型各项参数配置进行区域适用性评估和优选，从而减小包括初始误差和结构误差在内的各种模型误差对数值降水预报结果的影响。在保证一定降水预报精度的条件下，可以将暴雨洪涝的预见期提前 12～72h。

4.1.2　设　计　暴　雨

城市设计暴雨的计算一般包括暴雨资料统计调整和设计暴雨计算公式或关系确定两个方面，近年来也有一些研究实现了由暴雨雨样直接拟合设计暴雨强度公式（芮孝芳等，2015；张子贤等，2015），但目前应用不多。因此，研究仍按照一般的城市设计暴雨制定步骤（图 4-1），从城市设计暴雨资料选样、暴雨频率分析/调整、暴雨强度公式推求和暴雨时空分解 4 个方面对城市设计暴雨的相关研究进行介绍。

1. 暴雨资料选样

暴雨资料选样是从现有大量雨量资料中合理地选择若干组雨样以组成样本，直接客观地反映城市排水设计中一定重现期范围内的暴雨规律，并为编制城市排水设计所用的

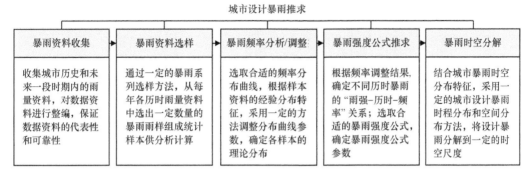

图 4-1　城市设计暴雨推求过程示意图

暴雨强度公式提供具有代表性和可靠性的统计基础资料（邓培德，1996）。选样方法必须使所选样本具有一致性、代表性、可靠性和独立性，使选取的样本能代表总体的分布规律（Maidment et al.，2008）。目前，城市暴雨资料选样方法可以分为年最大值法及非年最大值法两类。

我国目前应用最多的城市设计暴雨选样方法为年最大值法和年多个样法，其中年最大值法主要被水利部门和气象部门采纳，年多个样法主要被市政排水部门所采纳，超定量法和年超大值法应用相对较少。20 世纪 60 年代，发达国家由于雨量资料比较全，且室外排水设计标准较高，多采用年最大值法选样（任雨等，2012），90 年代后则改用年超大值法（Falkovich et al.，2000）；国内由于降水记录资料缺乏，长期以来都是采用年多个样法选样，20 世纪 80 年代以后，随着资料的积累和计算技术的提高，周文德和张永平（1983）呼吁我国城市设计暴雨采用年最大值法选样；《室外排水设计标准》（GB 50014—2021）规定，具有 20 年以上自记雨量记录的地区，暴雨样本选样方法可采用年最大值法。

2. 暴雨频率分析/调整

1）城市设计暴雨频率分布线型

编制城市设计暴雨公式时，首先要制定"I-D-P"或"I-D-T"表，即"雨强–历时–频率"或"雨强–历时–重现期"表，该表是推求城市设计暴雨公式的基础。设计暴雨选样完成后，需对暴雨资料进行调整，即暴雨频率分析。

从概率意义上看，暴雨是一种随机事件，而暴雨频率究竟符合何种分布线型，尚无统一认识（邓培德，1998）。不同的国家和地区采用不同的分布线型，邓培德、周文德、刘光文、詹道江、夏宗尧等学者（Griffis，2007）曾对城市设计暴雨频率分布线型的问题发表过不同意见，展开学术争鸣与讨论，但究竟采用哪一种线型更好，没有最终结论，他们认为不宜对理论频率分布线型做统一的规定，并且指出分布线型应与暴雨选样方法和暴雨强度公式进行最佳配合。我国长期以使用 P-III型分布（张子贤等，2015）为主，近年来也有采用耿贝尔（Gumbel）分布和指数分布等方法进行城市设计暴雨频率分析的相关研究。

2）城市设计暴雨频率分布参数估计方法

选定合适的频率曲线分布模型后，需要估计其相应的参数，参数确定的过程即暴雨频率分布模型建立过程，参数估计没有普适的方法（金光炎，1999；黄津辉等，2013）。设计暴雨与设计洪水频率分布参数估计本质上是同一类问题，郭生练等（2016）综述了设计洪水频率分布参数估计的方法，其中设计洪水频率分布参数估计的方法对于城市设计暴雨频率分布的研究同样适用。目前常用于城市设计暴雨频率分布曲线参数估计的方法有适线法（鲍振鑫，2010）、线性矩法（陈元芳等，2008）、概率权重矩法（张明和柏绍光，2013）和权函数法（刘光文，1990）等。

其中，适线法是城市设计暴雨频率分布参数估计应用最普遍的方法。适线法由实测样本直接推求参数的估计值，基本原理是调整频率分布曲线的参数，使样本的经验分布与理论分布曲线拟合，常用的有目估适线法和优化适线法两种。目估适线法（张子贤等，2015）是先估计出一组参数作为初值，然后根据经验判断目估调整参数，选定一条与经验点据拟合较好的频率曲线，该方法在我国曾长期被采用，优点是适线灵活、可照顾重要的点，缺点是适线成果因人而异、随机性较大、缺乏明确的理论意义和依据。优化适线法（宋松柏和康艳，2008）是通过建立一定的目标函数，并基于一定的准则调整分布曲线的参数，使得目标函数达到最优，来确定相应频率分布线型的参数。

线性矩法（L-moment/L-矩）由 Hosking（1990）首先提出，目前在美国、英国等涉水工程设计中得到广泛应用，我国工程水文和城市设计暴雨计算中也有一些涉及，但相对较少。20 世纪 90 年代开始，美国国家海洋和大气管理局（NOAA）下属的水文局（OHD）开展了分区线性矩法在防洪设计标准应用中的研究（Lin and Vogel，1993），2006 年其提出了一套应用线性矩法结合地区分析法进行暴雨频率分析的完整系统（Lin et al.，2006），可以查询全国任何地理位置离散型的 IDF/DDF（Intensity/Depth-Duration-Frequency）数据，包括历时 5min～60d，重现期 2～1000 年的特征降水值，这种方法省去了对逐个城市制定设计暴雨公式的麻烦，相对高效，我国香港地区也有类似的研究成果（Jiang and Tung，2013）。线性矩是在概率权重矩的基础上将排序系列的值进行一定的线性组合来计算矩，二者在数学上是等价的，但更容易解释，使用也更加方便，且它相比于常规矩法在参数估计方面要稳健得多，其估计值可以用来估算不同概率分布函数的参数，在城市设计暴雨的参数估计方面具有良好的前景。

3. 暴雨强度公式推求

1）城市设计暴雨强度公式形式

城市设计暴雨强度公式是城市设计暴雨研究的核心成果。暴雨强度公式的编制就是在"I-D-P"表的基础上，采用合适的暴雨强度公式形式，并确定其参数的过程。不同的国家采用的城市设计暴雨强度公式有所不同。现今我国常用的城市设计暴雨强度公式有两种，分别是两参数公式和三参数公式，其中前者表征的是暴雨强度与降雨历时的关系，称为单一公式；后者表征了暴雨强度、降雨历时和设计重现期三者之间的关系，称为综合公式。单一公式经过进一步整编可以得到综合公式，我国《室外排水设计标准》

（GB 50014—2021）推荐直接使用综合公式，对于公式形式的选择，相关研究未见异议，普遍认可三参数的综合公式（梅超等，2017）。

2）城市设计暴雨强度公式参数确定方法

选取合适的暴雨强度公式之后，确定暴雨强度公式的参数是十分重要的环节，参数的准确性直接关系到暴雨强度公式的计算结果的精度。城市设计暴雨强度公式是一个超定非线性模型，其参数的求解实际上是一个无约束条件下非线性模型参数的优化问题。我国过去曾长期使用图解法和最小二乘法进行城市设计暴雨公式的参数求解，随着计算机和优化算法的发展，许多优化方法被应用于该参数求解，林齐和傅金祥（2006）采用15 种优化算法进行参数求解，结果表明麦夸尔特法效果最好；王睿和徐得潜（2016）采用 3 种分布线型和 6 种优化算法推求了合肥市城市设计暴雨，发现指数分布配合麦夸尔特法确定的公式精度最好。

各种参数求解方法均有一定的优点与缺点。现今条件下，推荐采用一定的优化方法求解城市设计暴雨公式参数以提高精度，但对方法初值的选取以及与理论分布线型的配合等仍需进一步研究。

4. 暴雨时空分解

1）设计暴雨时间分解

城市设计暴雨的时间分解，即确定城市设计雨量随时间的变化过程，该变化过程又称雨型（林齐和傅金祥，2006），它反映了降雨发生、发展直至消亡的过程。对于设计暴雨雨型目前还存在不同的认识，芮孝芳等（2015）通过比较分析提出，能够确定工程规模达到设计标准的暴雨过程线即设计暴雨雨型；岑国平和沈晋（1998）统计了我国75 年间的 282 场短历时暴雨雨型特征，结果表明，雨强大致均匀的降雨比例很小，单峰雨型占多数，单峰雨型中雨峰靠前的占多数。流域设计暴雨和设计洪水推求中，由于历时较长，时程分解通常采用典型暴雨同频率缩放法，在资料缺乏时则采用当地《水文手册》中按地区综合概化的典型雨型。不同于流域设计暴雨，城市设计暴雨历时很短，时程分解更加复杂多变，且对城市排水管网设计洪水的影响更大，因此必须采用更加复杂可靠的方法进行时程分解，并加强不同雨型对城市排水管网设计洪水推求结果影响规律的研究。

对于城市设计暴雨的时间分解，我国《室外排水设计规范》（GB 50014—2021）推荐采用地区典型经验法或者芝加哥雨型法（张辰等，2012）；国外有一些地区统计了短历时降雨时程分布表供选用，但这些方法都具有经验性较强或者普适性较差的缺点。近年来，也有学者采用更加复杂的级联过程法（Müller and Haberlandt，2018）、样条法（Rodrigueziturbe et al.，1987）、混沌过程法（Kavvas and Delleur，1981）、神经网络法（Onof et al.，2000）和 Copula 函数法（刘成林，2015）等进行设计暴雨时程分解，这些研究丰富了设计暴雨时间分解方法，但总体上应用还不多，尚处在探索阶段。目前常用的城市设计暴雨时程分解方法可分为均匀法和非均匀法两类，其中非均匀法包括Hershfield 法、Huff 法、K.C 法、P.C 法和 Y.C 法等（范泽华，2011）。

2）设计暴雨空间分解

通常认为，城市集水区面积较小，降雨的空间分布比较均匀，且汇流时间很短，点雨量即可代替面雨量，可不考虑城市设计暴雨的空间变异性，如美国丹佛市排水手册规定，集水区面积小于 $25.9km^2$ 和暴雨历时小于 2h 的不进行空间修正，我国香港地区规定集水区面积小于 $25km^2$ 时不进行空间修正，直接用点雨量代替面雨量（刘成林，2015）。但在变化环境下，由于城市小气候影响及城市高层建筑物的物理阻挡作用，加之气候变化对城市地区降雨的叠加影响，城市降雨的空间变异性有时表现得非常明显，如李明财等（2012）研究发现天津市滨海新区 3 个区域各历时不同重现期下的暴雨强度均高于中心城区。为了更加合理地考虑城市设计暴雨的空间分异，城市设计暴雨的空间分解研究就显得十分必要。我国 2014 版的《室外排水设计标准》（GB 50014—2021）规定，当汇水面积大于 $2km^2$ 时，应考虑区域降雨的时空分布不均匀性。考虑城市设计暴雨的空间差异性对城市设计暴雨的空间分解一般有两种方法：点面折减系数法和分区设计暴雨法。

点面折减系数法（李明财等，2012）通过一定系数将点设计暴雨修正得到空间面上的设计暴雨。该方法关键之一是计算面雨量，传统计算面雨量的方法包括算术平均法、泰森多边形法和等雨量线图法等，新型面雨量计算方法包括基于 GIS 网格的插值方法（距离平方倒数法、克里金插值法和趋势面法等）、遥感方法和雷达测雨法等。划定暴雨特性较为一致的分区，然后计算不同分区不同历时不同频率的暴雨点面关系，最后进行地区综合得到最终的点面折减系数成果，这种方法的局限性在于分区受人为因素影响较大。

分区设计暴雨法（刘成林等，2016）是在进行城市设计暴雨的推求之前，先对城市降雨进行分区，然后对不同分区分别推求城市设计暴雨的强度公式，这样就只需要对各分区的城市设计暴雨进行时程分解即可。例如，北京市将北京划分为山后背风区、山前区南部、山前区北部和南部平原区四个暴雨分区，张晓婧（2015）根据该分区分别选取了四个代表站推求了其城市设计暴雨的强度公式。分区设计暴雨法能够较好地考虑城市降雨的空间分布，但是同时成倍地增加了计算工作量，对数据特别是设站密度的要求也更高，因此更加适合在资料较为完整的地区使用。

4.1.3　数值降水预报

1. 数值天气预报模型的发展

数值天气预报（numerical weather prediction，NWP）的历史可以追溯到 20 世纪初期。Abbe（1901）和 Bjerknes（1904）指出，未来的天气状况可以通过求解给定初始条件的大气物理方程组得到；并且提供了用于描述大气过程的基本物理方程组。受到当时计算能力和观测技术的限制，直到 1949 年计算机的出现，才使用计算机求解大气物理方程组成为可能，并于同年出现了第一个真正意义上的 NWP 模型（Bauer et al.，2015）。之后 50 年，随着数值求解方法的不断更新和优化，物理参数化方案的不断丰富和完善，以及观测和数据同化技术的快速发展，通过数值求解模拟未来天气状况的能力得到了显著提升。20 世纪后半叶，国际上先后出现了一批可以用于全球或区域范围预报的中尺度 NWP 模型，如 MM5 模型（Reisner et al.，2010）、UKMO 模型（Heming and Radford，1998）、ETA 模型（Mesinger et al.，2012）、RAMS 模型（Mcqueen et al.，1997）等。

　　尽管这个时期的 NWP 模型在预报气温、气压等气象要素方面的能力有了显著提升，但是输出的降水产品无论是在准确性还是可靠性方面都相对较低（田济扬，2017）。一方面是因为降水过程的复杂性和天气过程的混沌属性增加了数值模拟和预报的难度；另一方面则是受限于计算机本身的运算能力，这个时期开发的 NWP 模型只能进行较大尺度的环流过程模拟，而不能较好地描述和求解对流尺度的降水过程。20 世纪 90 年代，高空探测技术的突飞猛进和计算机技术的飞速发展为 NWP 模型进行更高分辨率的模拟提供驱动数据的同时，也为分析处理这些数据用以完善发展更为复杂的物理过程参数化方案提供了依据。在此基础上发展起来的新一代 NWP 模型［如 The Weather Research and Forecasting Model，简称 WRF 模型（Skamarock et al.，2008）］能够对区域对流降水过程进行更为精细化的模拟，且在模拟和预报强降水方面表现出了很好的性能（Bauer et al.，2015）。众多研究表明，在区域对流尺度开展数值天气过程模拟（空间分辨率小于 5km）可以更好地描述云微物理过程，捕捉更多小尺度的对流降水过程和触发对流降水过程的因素（Klemp，2006；Prein et al.，2015）。在更短的时间周期内，相较于全球较粗分辨率的模拟（空间分辨率大于 10km），区域对流尺度的模拟可以更好地反映区域地表不均匀性、地形以及大气层中湍流输送过程对局地天气情况的影响（Miguez and Gonzalo，2004；Brömmel et al.，2015；Prein et al.，2015；Yucel et al.，2015）。

　　WRF 模型在降水尤其是强降水模拟和预报能力方面的快速提升，使得越来越多的机构和学者开始将其应用至区域暴雨灾害的模拟和预报中（Hong and Lee，2009；Richard and James，2010；Soares et al.，2012；Heinzeller et al.，2016；Sikder and Hossain，2016）。不过值得注意的是，由于数值天气预报实际上是对大气运动过程的近似模拟，人类对大气运动机理的认知和模型对次网格过程描述的不足，加上大气本身的非线性混沌属性对模型结构误差和初始误差的放大效应，使得采用 NWP 模型模拟和预测降水存在众多的不确定性（Bauer et al.，2015；Chu et al.，2018）。当运用 NWP 模型进行区域高分辨率模拟时，采用的嵌套技术等动力降尺度方法则会进一步增加这种不确定性（Warner，2011；Vrac et al.，2012；Liu et al.，2012）。举例来说，在对流尺度运行 WRF 模型意味着对流过程中更有可能通过更接近实际情况的显式方法对物理方程进行求解而非通过参数化方法进行求解；但是在求解过程中，也会因为采用的求解方案不同引入新的结构误差，或者因为可获得的初始化数据达不到对流尺度模拟对驱动数据的精度要求产生更多的初始误差。此外，由于 NWP 模型中各个物理参数化方案多是在某一个地区观测资料的基础上建立起来的，而各个地区的中尺度环流特征和对流过程存在显著差异，因而在一个地区模拟表现好的物理参数化方案组合不一定在另一个地区表现得也好（Done et al.，2004；Ruiz et al.，2010；Crétat et al.，2012；杨明祥，2015）。因此，在进行区域高分辨率的强降水模拟和预报时需要对 NWP 模型的基本设置和物理参数化方案进行重新评估和优选，以减小数值降水预报结果的不确定性，提高 NWP 模型模拟和预报降水的能力。

2. WRF 模型及其在暴雨模拟和预报中的研究和应用

WRF 模型是由美国国家大气研究中心（NCAR）、NOAA、美国天气预报系统实验室和俄克拉荷马大学共同参与和研发的新一代区域对流尺度 NWP 模型（马爨铫等，2007）。WRF 模型是建立在完全可压缩的非静力平衡方程组基础上的 NWP 模型，由前处理系统、内核系统、同化系统、后处理及可视化工具四部分组成。与其前身 MM5 模型（The FIfth Generation Mesoscale Model）相比，WRF 模型拥有更优越的模式框架和更复杂逼真的物理参数化方案，通过采用高度模块化的程序设计、动态内存分配和外包式的数据输入输出方案提高了模型的运算效率和模拟能力。在数值求解方法上，WRF 模型水平方向采用了 Arakawa-C 交错网格，垂直坐标采用了地形跟随的欧拉质量坐标，更适用于高分辨率（水平空间分辨率为 1～10km）的大气过程求解。在时间积分方案上，WRF 模型对声波尺度的方程项采用的是小步长时间分裂积分方案；非声波尺度的方程项则是通过二阶或三阶 Runge-Kutta 算法进行求解，并以通量形式参与方程求解，进一步提高了模型求解的运算效率和准确性（田济扬，2017）。

自 2000 年第一版 WRF 模型问世以来，通过十几年的数值模拟以及实际业务预报的检验、改进和优化，WRF 模型对降水尤其是强降水过程的模拟和预报能力显著提升（Bauer et al.，2015）。尽管模型本身不能完全准确地描述降水形成的整个物理过程，但是通过在物理方程中加入水汽等相关变量，引入一系列描述降水过程的诊断和控制方程，使得 WRF 模型对降水过程的描述更为真实可靠。研究表明，在模拟和预报不同地区、不同性质的强降水过程时，WRF 模型比 MM5 模型在模拟大气环流背景、降水落区和暴雨的分布状况方面更接近真实情况（孙健和赵平，2003；张芳华等，2004；Kusaka et al.，2005）。对气温场、风场、水汽通量场及垂直速度场等物理量的模拟效果也优于 MM5 模型（刘宁微和王奉安，2006）。和其他数值天气预报模型相比，WRF 模型在模拟和预报强降水方面也表现出了较好的性能，能够成功地再现对流降水过程中雨带的分布特征和天气系统的演变特征（田济扬，2017）。WRF 模型模拟和预报降水能力的提高，加上其自身良好的可移植性和扩充性，使其愈发广泛地应用于各个国家和地区暴雨过程的模拟研究和暴雨灾害的预警预报中。

尽管 WRF 模型在模拟区域尺度强降水方面的能力逐渐得到认可，但是受到模型结构误差、初始误差和天气系统混沌属性的影响，降水依然是 WRF 模型最难模拟和预报的变量之一。Rao 等（2012）采用 WRF 模型对南美洲圭亚那地区的一次强降水过程进行模拟，结果表明 WRF 模型能够捕捉这次降水过程的主要特征，但降水模拟值要小于实测值；Efstathiou 等（2013）基于 WRF 模型对希腊 Chalkidiki 地区的一次强降水过程进行了模拟，结果发现 WRF 模型能够很好地模拟这次强降水的过程和降雨范围，但输出的降水值偏大，暴雨落区范围和中心位置有些偏差。Kumar 等（2017）通过对比四种驱动 WRF 模型的全球再分析资料，指出驱动数据的误差是导致降水结果出现偏差的主要原因之一，发现采用空间分辨率更高、能更精确捕捉中尺度环流特征的 ECMWF 数据驱动 WRF 模型可以获得更准确的降水模拟结果；Liu 等（2012）的研究表明，选择合理的模型嵌套方案能够降低区域降尺度过程对模拟结果的影响，减小降水模拟值和观测值间的偏差；Fierro 等（2009）和 Aligo 等（2009）的研究证明，适当提高模拟的水平和垂直空间分辨率可以更精确地求解对流强降水过程，提升降水模拟结果的可靠性；Evans 等（2012）研究证明，由于各地区的极端降水有其独特的分布特征和演变规律，因而通过评选适合该区域的物理参数化方案能够明显改进 WRF 模型模拟降水的能力。结合以上研究可以看出，模型初始误差和结构误差对 WRF 模型模拟降水的能力有直接影响；但相应地，减小两类误差的来源可以明显提高降水结果的精度。因此，将 WRF 模型用于区域对流尺度强降水模拟和预报之前，需要尽量减少模型初始误差和结构误差的影响，从而减小 WRF 模型输出的降水结果的不确定性，提高其应用于区域暴雨洪涝预警预报和风险评估的能力。

4.2　城市产流过程模拟技术与方法

落至城市下垫面的降水经过植物截留、地表填洼、土壤下渗和陆面蒸发等过程之后，所形成的地表产流和地下产流是城市暴雨洪水汇流演算过程中各种径流成分输入的直接来源。近年来，由于受到人类活动的剧烈影响，城市地区产流规律和地表下垫面的性质相较于自然流域发生了显著变化（石怡，2014；杨龙，2014；赵刚等，2016）。与自然流域相比，城市下垫面的种类繁多且各种土地覆盖交错分布。观测数据的缺乏和量测技术水平的限制，使得人们对城市产流规律的认识存在众多盲区。虽然目前已有针对城市某些特定下垫面组合的产流规律研究（岑国平等，1997；刘慧娟，2016），但多是在实验室或者城市某局部点尺度开展的研究，与真实的下垫面情况仍存在较大的差距。因此，在城市暴雨洪涝过程模拟中，主要还是以简单的经验公式、数据统计分析方法或者简化的降雨径流模型对产流过程进行计算和模拟。实际应用中比较常见的方法包括 SCS（soil conservation service）法（Mishra and Singh，2007）、径流系数法和下渗曲线法。

SCS 法和径流系数法都属于数理统计分析方法。这类方法通过引入一个反映流域产流能力的变量来建立降水量和径流量之间的相关关系。这个变量和降水强度没有直接关系，而是由流域的下垫面种类、土壤类型、土壤性质或地形坡度等因素决定。其中，SCS 法由美国农业部水土保持局提出，通过引入径流曲线参数 CN 值对城市的径流量进行计算（Singh et al.，2010）。CN 的具体取值可以根据不同的土壤类型和土壤性质查表获得。由于该方法结构简单，所需输入的参数少，方便根据实际情况进行改进、参数修正和模型集成，被广泛应用于多个国家城市的产流计算中（张小娜，2007）。然而，由于缺乏相应的实验研究对 CN 值在中国本土的应用进行修正，因而实际应用中多采用径流系数法。应用径流系数法或根据实际观测资料为每种下垫面赋予不同的径流系数值，或通过加权平均为一个排水片区赋予一个综合径流系数值，然后用径流系数乘以降雨强度计算产流值（温会，2015）。该方法既可以根据不同区域的实测资料进行修正，也可以根据模型模拟的结果进行修正，因而在中国应用更为广泛。实际应用中通常将其和下渗曲线法配合使用，主要用于计算城市不透水区域或低渗透区域的产流量（张小娜，2007）。

　　和前两种方法有所不同，下渗曲线法中引入的下渗率等参数会随着时间和降雨强度发生变化（张小娜等，2008）。下渗曲线法假设下渗是城市透水表面主要的降雨损失来源，因此主要应用于城市透水表面的产流计算中。该方法根据入渗率计算方法的不同可以分为 GAML 入渗曲线法（Mein and Larson，1973）、Philip 入渗曲线法（Philip，1969）和 Horton 入渗曲线法（Horton，1942）。其中，GAML 方程是 Mein 和 Larson 在 Green-Ampt 下渗方程基础上提出的稳定降雨条件下，地表积水时的入渗方程；Philip 方程是由 Richards 方程经过 Bolman 变换简化后求得的，该方程假设在充分供水条件下，水力传导度和扩散度都是含水率的函数；Horton 方程是 Horton 基于降雨产流关系提出的经验公式，它假设下渗率是一个消退过程，消退速率与剩余量成正比（符素华等，2002）。相较于前两种方法，Horton 入渗曲线法需要输入的参数少，模型结构简单，且符合高强度降水时期时非蓄满便会产流的情况，因而多用于城市透水区域的产流计算中（张小娜等，2008）。

4.3　城市汇流过程模拟技术与方法

　　城市暴雨洪水汇流过程的模拟主要包括城市坡面汇流过程模拟、雨水管网汇流过程模拟以及河道汇流过程模拟，各个部分可以相互独立也可以进行耦合。根据计算方法的不同和各部分之间的关系大体可以将城市暴雨洪水汇流过程的模拟方法分为三类：水文学方法、水动力学方法以及水文水动力学方法（胡伟贤等，2010）。

　　水文学方法通常以一个集水区、一段河道或管道为计算单元，基于经验公式或者简化的物理方程建立每个计算单元输入和输出之间的关系，从而对汇流过程进行演算。相较于水动力学方法，水文学方法更多关注的是每个计算单元的汇流规律而不是水流的微观运动特征（张小娜，2007）。常见的计算方法包括坡面汇流计算中采用的推理公式法、单位线法、等流时线法、线性水库法和非线性水库法（夏军等，2018），管道和河道汇流计算中采用的马斯京根法和瞬时单位线法。基于这类方法构建的模型结构相对简单，参数类型较少，运算效率高，能够提供计算单元出口（如管网或河道汇流处）的水位、流速和流量等信息。缺陷是这类模型不能很好地描述实际的水流运动过程，只能得到计算单元出口处的相关信息，不能详尽反映城市地表因管道、河道溢流或者城市地表排水不畅导致的空间积涝状况，因此满足不了当下防涝减灾的要求。同时，由于每个计算单元所引入的参数都需要通过出口处的流量水位过程进行率定，在当前城市防洪排涝对研究区域划分要求越来越精细的情况下，率定和验证模型参数的工作量也会明显增加。

　　水动力学方法基于严格的物理机理，通过求解圣维南方程组或其简化形式，获取城市地表水流、管道或河道内水流的运动状态（胡伟贤等，2010）。由于水动力学模拟对初始条件、边界条件和用于率定、验证模型的观测数据要求较高，同时受计算机配置和计算方法的影响较大，因而该方法的发展和应用较晚（黄国如等，2013）。但随着城市对防洪决策资料要求的进一步提高，为了更好地模拟城市街道、广场和低洼区等区域的水流状况，基于水动力学方法构建的城市雨洪模型越来越受到研究者和管理者的重视和青睐。该方法不仅可以充分考虑城市地形和建筑物的空间分布特点，更好地模拟城区暴雨洪涝的成灾过程,并且可以提供动态详尽的积水深度、积水时间和淹没范围等信息,因而在城市暴雨洪涝过程模拟和预报中有很好的应用前景。缺点是需要大量的实测数据为模型构建和求解提供确切的初始和边界条件,同时模型为了保证运算稳定,通常会根据最小的计算单元设置模拟的时间步长,计算耗时较长,对计算机的运算性能和存储能力要求较高。

目前,在已有的城市暴雨洪涝研究和应用中,对雨水管网和河道汇流计算多采用的是运动波或动力波等水动力学方法。但是在坡面汇流计算中,考虑到运算的效率和城市下垫面分布的复杂性,通常会结合城市区域坡面汇流系统的特点,对主要关注的区域(如道路或河道周边洪泛区)采用水动力学方法求解,对其他区域仍采用水文学的方法求解,即水文学和水动力学相结合的方法(仇劲卫等,2000;王建鹏等,2008;骆丽楠等,2012)。采用此类方法可以提高运算的效率和运算的稳定性,能够用于所关注区域暴雨洪涝灾害的预警,在应用中取得了一定的防涝减灾效果。但是,人为对下垫面的分割导致采用水文学方法计算的计算单元和采用水动力学方法计算的计算单元间没有直接的水流交换,不符合实际的水流运动状况。尤其是针对短时期内出现强降水的情况,落至地面的雨水可能会因为局地排水不畅出现短期积水过深、流速过大的现象。城市地表建筑物对水流的阻碍作用也有可能改变地表径流原本的汇流路线,使得洪涝发生概率小的地区也出现洪涝。因此,在当前快速城市化和以短历时强降水为特征的突发性暴雨洪涝灾害事件增多的情况下,采用尽可能真实反映城市细部水流运动过程的水动力学方法更能满足当前暴雨洪涝预警预报的需求。

4.4　陆气耦合城市暴雨洪涝过程模拟技术与方法

随着大中型城市突发性暴雨洪涝事件的频频出现,未来降水的不易预知性逐渐成为城市暴雨洪涝灾害预报不确定性的主要来源(Cuo et al.,2011)。目前基于多源降水数据融合的短期预报方法虽然准确性高但预见期有限,而基于数理统计学的预报方法虽然能够提供中长期的降水预报结果但可靠性相对较低。因而,为解决当前因短历时强降水频发导致的突发性城市暴雨洪涝问题,亟须开展预见期更长且物理意义更为明确的数值天气预报方法研究。与此同时,快速城市化进程对城市自然和社会环境的改变显著增加了城市暴雨洪涝的致灾机率,对城市暴雨洪涝过程模拟和预报的准确性和精细化程度也提出了更高的要求。在这种背景下,基于 NWP 模型和城市暴雨洪水模型耦合的城市暴雨洪涝过程模拟技术因其可以有效提高城市暴雨洪涝灾害的预见期,更准确地描述和反映暴雨洪涝的整个致灾过程,而逐渐获得了相关科研机构和管理机构的关注和重视。

从 NWP 模型和城市暴雨洪水模型的耦合方式上来看,基于陆气耦合的城市暴雨洪涝过程模拟技术可以分为单向耦合和双向耦合两种方式(Givati et al.,2016)。单向耦合方式仅考虑降水对暴雨洪涝过程的影响,以 NWP 模型的输出作为陆面模型的输入,实现暴雨洪涝的模拟和预报。双向耦合方式不仅考虑降水对暴雨洪涝过程的影响,还同时考虑地表和大气边界层之间水汽、辐射以及风速等气象要素对天气过程的反馈作用。相较而言,双向耦合的物理意义更加明确,能更好地描述和反映气象与水文过程的相互作用机制。但相应地，模型结构也更为复杂，对陆面过程模拟的精细化程度要求更高，导致模型模拟效率降低的同时，也增加了模型参数率定和验证的难度。另外，由于运行过程中需要实时反馈耦合变量信息，双向调整水文水动力学模型和数值天气预报模型的边界条件，因而计算耗时更长，对计算机本身的运算能力和存储能力要求也更高。在现有量测技术和计算能力条件下，双向耦合方式目前主要应用于空间覆盖范围较大的流域，开展较低时间尺度的长历时暴雨洪涝灾害预报（Clark et al.，2016）。而单向耦合方式尽管耦合方式简单，但运算效率相对较高，能够较快地获得暴雨洪水模拟和预报的结果。因其不考虑地表对天气过程的反馈作用，因而现阶段更适合在空间范围相对较小的城市区域进行短历时突发性暴雨洪涝灾害的风险评估和预警预报（Novakovskaia et al.，2008；Cranston et al.，2015）。

从暴雨洪涝过程模拟所涉及的整个过程来看，陆气耦合城市暴雨洪涝过程模拟技术除了包括陆面产汇流过程模拟之外，还包括降水过程模拟以及降水过程和产汇流过程的耦合模拟等。Schellart等（2014）指出城市暴雨洪涝过程之所以很难模拟和预报是因为它涉及的物理过程多且极为复杂，无论是空间降水的时程分布，抑或是产汇流过程的区域特征，还是地表下垫面以及城市建筑物的分布情况都会影响暴雨洪涝的时空分布特征；因此，想要得到精确的预报结果需要尽量减小各个模拟过程中出现的误差。Blanc等（2012）采用MM5模型输出的高分辨率降水结果驱动InfoWorks CS水文水动力学模型对英国两个城市地区进行了暴雨洪涝过程模拟，发现适当提高数值降水预报结果的时空分辨率能够更好地模拟暴雨导致的洪涝积水情况。Yin等（2016）采用LiDAR解译获取的高分辨率地形和下垫面数据对上海地区的暴雨洪涝进行了模拟，结果指出通过采用更高分辨率的陆面信息驱动暴雨洪水模型可以更有效地捕捉暴雨洪涝的动态演变特征。Shih等（2014）用WRF模型输出的高分辨率数值降水预报结果作为WASH123D分布式水文水动力学模型的输入，对台湾某城市地区的暴雨洪涝过程进行了模拟，结果表明经过区域适用性评估和物理参数化过程优选的数值天气预报模型能够较好地预报出强降水的起始时间，在提供暴雨洪涝灾害的预警信息方面有很好的应用前景。Thorndahl等（2016）实现了WRF模型和城市一二维水动力学模型的单向耦合，对丹麦吕斯楚普城市地区2012年和2014年的暴雨洪涝过程进行了模拟分析，结果发现采用区域对流尺度数值天气预报模型输出的数值降水预报结果和观测降水的空间分布特征吻合度较高，可以将暴雨洪涝灾害的预见期延长至12h以上。

在国内，采用陆气耦合方式预报城市暴雨洪涝的理论研究和实际应用相对较少。目前已有的城市暴雨洪涝过程模拟试验大部分是基于中国水利水电科学研究院与天津市气象局等单位合作开发的城市暴雨洪涝动态仿真模型（Urban Flood Dynamic Simulation Model，UFDSM）（仇劲卫等，2000）展开的。该系统将WRF模型输出的降水数据通过Shepard逼近法插值到城市暴雨洪水模型的二维不规则网格（每个网格大小 $0.3\sim0.5km^2$）的计算中心来驱动UFDSM模型模拟城市暴雨洪涝过程（李娜等，2002）。在实际预报过程中以12 h后出现超过20 mm/h的短历时强降水为暴雨洪涝过程模拟系统的启动条件，进而对城市暴雨洪涝风险进行预报。试验最早在天津地区开展，结果表明UFDSM模型对天津市暴雨洪涝的模拟结果较为可靠（仇劲卫等，2000；李娜等，2002）。随后，解以扬等（2005）、邱绍伟等（2008）针对不同的研究区域对该模型进行了适用性评估和改进，验证结果表明模型对南京、南昌、上海、西安、湖州等城市也具有良好的适用性（解以扬等，2004，2005；王建鹏等，2008；骆丽楠等，2012）。不过，尽管陆气耦合模拟技术在延长城市暴雨洪涝灾害预见期方面有良好的应用前景，但以上研究和应用也指出当前的陆气耦合模拟技术距离实现城市暴雨洪涝灾害精确预报仍有一段距离；并指出在目前城市暴雨洪水模拟技术较为成熟的情况下，减小数值降水预报结果的不确定性和提高暴雨洪涝过程模拟的精细化程度是提高城市暴雨洪涝过程模拟和预报准确性的主要方式。

4.5　本 章 小 结

本章从城市暴雨过程模拟技术与方法、城市产流过程模拟技术与方法、城市汇流过程模拟技术与方法和陆气耦合城市暴雨洪涝过程模拟技术与方法四个方面介绍了国内外现有城市暴雨洪涝过程模拟技术与方法方面的研究进展。

在城市暴雨过程模拟技术与方法部分（本章第 1 节），研究首先概要介绍了城市暴雨过程模拟中常用的数据资料以及不同来源数据资料应用于城市暴雨洪涝风险评估和预警预报的优缺点；然后，从选样方法、频率分析、强度公式和时空分解四个方面介绍了城市设计暴雨的相关研究进展；最后，介绍了新一代对流尺度数值天气预报模型在暴雨模拟和预报中的研究和应用情况。本章第 2 节和第 3 节则分别介绍了城市产流过程模拟和城市汇流过程模拟在实际应用中采用的常见方法及其优缺点。在陆气耦合城市暴雨洪涝过程模拟技术与方法部分（本章第 4.4 节），通过分析数值降水预报技术应用于城市暴雨洪涝过程模拟的相关研究进展，总结了当前数值降水预报技术应用于城市暴雨洪涝过程模拟和预报需要解决的关键问题；指出在目前城市暴雨洪水模拟技术较为成熟的情况下，减小数值降水预报结果的不确定性和提高暴雨洪涝过程模拟的精细化程度是提高城市暴雨洪涝过程模拟和预报准确性的主要方式。

第5章 北京暴雨过程模拟

5.1 北京设计暴雨过程计算

5.1.1 设计暴雨强度计算

依据《北京市水文手册》暴雨图集中平原区24h设计暴雨强度公式，计算不同重现期（p=100%，p=20%，p=5%，p=2%，p=1%）的设计暴雨强度。平原区设计暴雨强度公式计算方法如式（5-1）所示。

$$H_{tp} = K_p \times \overline{H_t} \tag{5-1}$$

式中，$\overline{H_t}$为三个标准历时暴雨量均值；K_p为模比系数，查暴雨图集和皮尔逊Ⅲ型曲线表可得出；H_{tp}为某一标准历时（1h、6h、24h）的设计频率暴雨量。

根据式（5-2）计算最大3h设计暴雨量H_{3p}，即

$$H_{tp} = H_{6p} \times \left(\frac{t}{6}\right)^{1-n_3} \tag{5-2}$$

式中，t=3。

式（5-2）中，n_3按式（5-3）计算，即

$$n_3 = 1 + 1.285 \lg\left(\frac{H_{1p}}{H_{6p}}\right) \tag{5-3}$$

根据式（5-4）计算最大12h设计暴雨量H_{12p}，即

$$H_{tp} = H_{24p} \times \left(\frac{t}{24}\right)^{1-n_4} \tag{5-4}$$

式中，t=12。

式（5-4）中，n_4根据式（5-5）计算，即

$$n_4 = 1 + 1.661 \lg\left(\frac{H_{6p}}{H_{24p}}\right) \tag{5-5}$$

5.1.2 设计暴雨雨型计算

依据《北京市水文手册》暴雨图集中平原区24h设计暴雨雨型分配表，采用"长包短"的方法，计算不同重现期（p=100%，p=20%，p=5%，p=2%，p=1%）的设计暴雨过程。计算得到的北京平原区设计暴雨过程如图5-1所示。

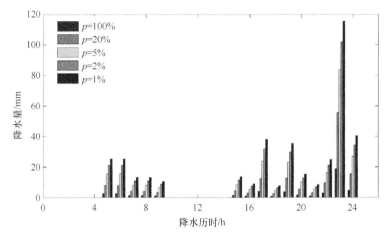

图 5-1　不同重现期情景下北京平原区 24h 设计暴雨过程

5.2　北京暴雨过程模拟与预报

5.2.1　北京对流尺度数值天气预报模型构建

　　以短历时强降水为特征的暴雨事件增多是北京近年来暴雨洪涝灾害频发的主要原因。按照国家气象中心的定义，短历时强降水通常是指降水强度超过 20 mm/h，降水历时小于或等于 24 h，且累积降水达到或超过 50 mm 的对流强降水事件（Chen et al.，2013）。相较于长历时连续性降水，短历时强降水过程发生的持续时间更短（小于或等于 24h），对流系统结构的空间分辨率更高（小于 5km）。因此，采用 WRF 模型模拟和预报短历时强降水过程时，通常需要借助网格嵌套等动力降尺度方法，用外层较粗分辨率的模式运行结果为内层高分辨率的降水过程模拟提供初始或边界条件。不过值得注意的是，动力降尺度过程中可能会因为物理参数化方案区域适用性等问题增加降水模拟结果的不确定性。此外，各层嵌套网格的模拟范围、空间分辨率以及预热时间等模型参数的设置也有可能通过改变模型初始和边界条件直接或间接影响降水模拟结果的准确性。

　　已有研究表明，在较粗分辨率尺度（大于 5km），物理参数化方案对强降水模拟结果的影响程度要明显大于上述模型参数配置对降水模拟结果的影响程度。因而，在更高分辨率尺度（如对流尺度）的模拟研究中，相较于物理参数化方案的改进或优选，较少有研究会对这类模型参数配置对降水模拟结果的影响开展定量评估或分析。多数研究会参照相关对流尺度强降水研究中推荐的常用配置或根据 WRF 模型官方网站提供的建议进行设置。然而，考虑到降水是对模型不确定性最为敏感的气象要素之一，而基于更高分辨率的数值天气模拟可能会通过引入新的或者放大原有的模型初始误差或边界条件误差降低降水模拟结果的可靠性。因此，在进行物理参数化方案优选前，本章首先对北京区域动力降尺度方案设置对短历时对流尺度强降水模拟结果的影响进行相关分析和评估。

　　评估试验由四组情景试验组合共 19 个试验方案构成，重点考虑嵌套网格模拟范围、水平分辨率、垂直分辨率和预热时间四类模型参数的设置对强降水模拟结果的影响。其中，初始试验方案中各项模型参数主要根据相关研究推荐的常用配置进行设置。四组情景试验组合按照上述四类模型参数的顺序，每组只对一项模型参数配置进行调整，以逐项评估各类模型参数配置对降水模拟结果的影响。为验证评估试验的效果，四组情景试验组合设计为连续递进式的，即前一组评选出的最优试验方案将作为下一组的初始对比基准试验方案。最终评选出的最优试验方案，通过和初始试验方案的模拟结果进行对比，可以定量评估在短历时对流尺度上对上述模型参数配置进行再评估和优选能在多大程度上提高强降水过程模拟结果的准确性。研究采用的模拟试验对象为2012年7月21日发生于北京的场次短历时强降水事件。该场降水属于降水强度高、降水总量大、致灾性强的短历时强降水事件。在同类型短历时强降水事件中，由于形成该场降水的对流系统发生和发展范围最广，因而评选出的模型参数配置组合方案可以考虑用于构建模拟和预测北京短历时强降水过程的区域对流尺度 NWP 模型。

1. 模型嵌套区域参数设置及组合试验设计

Advanced Research WRF（ARW-WRF）3.7.1 版本被选为本章评估试验采用的动力降尺度工具。由于相较于较粗分辨率的模拟，高分辨率大气运动过程的求解更为复杂，涉及的计算单元数量更多，而且对计算机性能或计算平台的要求更高，因此，研究采用英国布里斯托大学的 BlueCrystal 高性能计算系统作为计算平台。该系统计算节点采用的是 CPU+GPU 的架构，每个计算节点的 CPU（Intel E5-2670）核心数为 16 颗，内存容量为 64 GB。模型运行采用并行计算方式，通过 Shell 脚本自动控制整个模拟过程，以达到提高计算效率的目的。

1）区域对流尺度模拟常用的模型参数配置和预热时间设置

在 WRF 模型中，网格嵌套区域的大小决定着动力降尺度模拟中天气系统以及地表要素的影响范围，即模型模拟的大尺度特征；网格嵌套区域空间分辨率的大小决定着模型数值求解的精细化程度，即模型模拟的小尺度特征（Goswami et al.，2012）。两者共同限定数值天气过程模拟的尺度特征范围，从而对降水等气象要素模拟的结果（包括降水的时空分布等）产生影响。在区域对流尺度强降水模拟过程中，由于高分辨率求解对计算机的运算和存储能力要求较高，为节省计算成本，在保证一定降水模拟精度的情况下，研究中通常会选择较小的嵌套网格模拟范围（Leduc and Laprise，2009）。Seth 和 Rojas（2003）指出，嵌套网格模拟范围越小越容易通过边界条件校正局部虚假扰动对大尺度环流特征的影响。不过，模拟范围过小会阻碍所关注区域内中小尺度对流系统特征的充分发展。有关模拟范围的设置，WRF 模型官方网站建议最外层嵌套区域范围需要涵盖主导强降水过程的中尺度环流系统特征和地表边界层的扰动信息。同时建议相邻嵌套区域之间至少需要设置 5 个网格的水平距离以保证各层嵌套区域有足够的弛豫（Warner，2011）。

关于空间分辨率，一般认为模型模拟强降水过程时采用的空间分辨率越高，对中小尺度对流系统特征的描述就越接近实际情况，模拟得到的降水结果也会越准确。以上结论在较粗分辨率尺度的模拟试验中被证明是正确的。但是，当对比试验在对流尺度的模拟试验中展开时，以上结论则不一定成立。部分研究发现，尽管在更高水平分辨率开展的模拟试验能够捕捉到更多的对流尺度特征，但是在强降水模拟能力方面却有可能随着水平分辨率的进一步提高反而出现变差的情况（Roberts and Lean，2008；Kain et al.，2008；Schwartz et al.，2009）。Fierro 等（2009）的研究表明，这种情况的出现与高分辨率模拟环境中生成的某些对流尺度特征削弱触发暴雨过程的动力学结构有关。Aligo 等（2009）在研究垂直网格分辨率对强降水模拟结果的影响时，也发现了类似的现象并得出相同的结论。另外，值得注意的是，空间分辨率的提高会相应缩小用来求解小尺度对流过程的时间步长，显著增加计算成本。因此，为同时保证模拟的准确性和计算效率，相关区域尺度研究多推荐采用 4km 左右的水平网格间距和平均 1km 左右的垂直网格间距。

在区域动力降尺度过程中，预热时间的设置通常是为了解决模型初始化运行结果和驱动数据集提供的初始值或边界值不一致的问题（Luna et al.，2013）。合理的预热时间选择一方面取决于模型初始化所用时间，而模型初始化时间同时与模型模拟范围以及所在区域边界层的扰动特征有关（Warner et al.，1997；Kleczek et al.，2014）。另一方面，天气过程本身的混沌属性使数值天气模型模拟的能力随着模拟时间的延长而降低，这意味着预热时间的设置还有其合理的范围上限。因此，对实时预报这类要求较短预热时间的情况，预热时间的选择主要由模型模拟范围和区域初始边界条件决定。但是针对需要较长预热时间或预见期的情况，如极端降水的预警预报，混沌属性的影响就变得更大。在实际应用中，为减小混沌属性的影响以达到延长预见期的目的，通常会采用预报数据或再分析数据定期更新模型的边界条件以校正区域模拟的结果，使模型模拟的大尺度特征和更新的边界信息尽量一致。在这种情况下，预热时间或预见期更长的模拟试验也有可能取得很好的模拟效果。目前，在相关区域对流尺度的研究中，多推荐采用 12h 作为开展强降水过程模拟的初始预热时间值。不过，多数研究通常都将 12h 默认为最优的预热时间而缺少进一步的评估和验证。

2）模拟试验对象选择和 WRF 模型基本设置

A. 模拟试验对象选择

研究选择 2012 年 7 月 21 日发生在北京的短历时强降水事件（"7·21" 短历时强降水事件）作为模拟试验对象。该场短历时强降水属于降水范围广、降水强度高且降水总量大的第二类短历时强降水事件，也是北京过去 60 多年来致灾性最强的暴雨灾害事件。整个降水过程从 7 月 21 日早上 10 点一直持续到 7 月 22 日凌晨 2 点，连续降水历时达 16 个小时。暴雨中心出现在西南部的城市区域，最大站点观测降水强度超过 100mm/h。短时期内降水强度远远超出地区蓄排水能力使得北京多个区域出现突发性洪水和暴雨洪涝灾害。整场暴雨过程一共造成 79 人死亡，引起的直接经济损失超过 100 亿，受影响人数多达 160 万人。除北京以外，相邻的省份如河北省和辽宁省也受到此次强降水过程影响，出现了不同程度的暴雨洪涝灾害。

从中尺度环流特征来看，引发这场短历时强降水过程的主要天气系统包括低涡、垂直切变线、低槽冷锋和高低空急流等；暴雨发生前后，有中低层冷空气合并入侵，迫使暖湿大气抬升，触发对流过程强烈发展；西北冷气流和东南暖气流辐合形成持续时间较长的切变线；在低层辐合、低空急流和地形的共同作用下，切变线上持续有中尺度低涡生成并沿切变线移动至北京，造成北京出现持续性强降水（Sun et al.，2013；周玉淑等，2014）。整场降水过程根据主导的降水成因可以分为两个阶段：第一个阶段以西南部的暖区对流降水为主，持续时间为 7 月 21 日早上 10 时至晚上 10 时；第二个阶段则以锋面降水为主，持续时间为 7 月 21 日晚上 10 时至 7 月 22 日凌晨 2 时（Guo et al.，2015）。相较于后一阶段，前一阶段的降水过程雨量大、局部降水强度高且影响范围广，这主要和维持强对流过程的副热带高压辐合和地形抬升作用有关（周玉淑等，2014）。

B. WRF 模型基本设置

本研究采用欧洲中期天气预报中心（ECMWF）提供的 ERA-Interim 全球中尺度再分析数据集（Dee et al.，2011）和 30″分辨率的地面静态观测数据为 WRF 模型动力降尺度提供初始化信息。其中，ERA-Interim 是在 ECMWF 集成预报系统（integrated forecasting system，IFS）输出的预报结果基础上，采用四维变分方法同化高空和地表观测数据后生成的。数据集覆盖的时间范围从 1979 年 1 月起至今，时间分辨率为 6h，空间分辨率为 0.75°×0.75°（约 81km），基本涵盖数值天气预报模拟所需的高空和地表数据资料。该数据集目前可获取的产品形式主要有两种：一种是模式层数据集（model level data，简称 ML 数据集）；另一种是气压层数据集（pressure level data，简称 PL 数据集）。其中，PL 数据集是将 ML 数据集各模式层（60 层）数据插值至各指定气压层（38 层）后生成的，目的是方便各类数值天气模型模拟计算提取初始化信息。由于北京汛期对流层高度普遍较低，PL 数据集各相邻气压层的平均垂直间距满足小于 1km 的要求。该数据集在 500hPa 和 700hPa 高度上能够较好地捕捉形成此次降水过程的主要天气系统和局部环流特征（如副热带高压、低涡等）。因此，本研究选择 PL 数据集作为驱动 WRF 模型的初始化数据集。

为确保数值求解过程在对流尺度进行，试验设计采用的是三层网格嵌套方案（图 5-2）。其中最内层嵌套区域 Domain 3（D03）覆盖整个北京，网格空间分辨率最高。最外层嵌套区域 Domain 1（D01）范围最大，网格空间分辨率最低。中间层嵌套区域 Domain 2（D02）位于 D01 和 D03 之间，网格空间分辨率高于 D01 小于 D03。为保证对比的一致性，整个对比试验在 D03 范围内（对流尺度）展开，因而试验设计中所有试验方案均采用相同的 D03 范围。各相邻嵌套区域间采用的是双向反馈模式，即外层嵌套区域为内层嵌套区域提供边界条件的同时，内层嵌套区域的模拟结果也会反馈给外层嵌套区域。由于北京位于中纬度地区，评估试验采用兰勃特正形水平坐标投影方案，投影中心设为 42.25°N，114.0°E。垂直方向统一采用质量地形跟随坐标系，顶层气压值取 50hPa。关于物理参数化方案的设置，研究参照了同场次暴雨区域高分辨率模拟试验的结果（Wang et al.，2015；Di et al.，2015）。其中，云微物理过程采用 WSM6 方案（Single-Moment 6-Class Microphysics Scheme）（Hong and Lim，2006）求解。积云对流过程采用 GD 方案（Grell-Devenyi Cumulus Parameterization Scheme）（Grell and Dévényi，2002）求解。地表层方案选择的是 Revised MO 方案（Revised Monin-Obukhov Scheme）（Ek et al.，2003）。长波和短波辐射过程分别通过 RRTMG（Rapid Radiative Transfer Model for GCMs）长波和短波方案（Iacono et al.，2008）求解。行星边界层方案采用的是 YSU 方案（Yonsei University Scheme）（Hong et al.，2006）。

3）初始和对比试验方案设计

如前所述，整个评估试验由四组连续递进式的情景试验组合构成。每组情景试验组合按照嵌套区域模拟范围、水平分辨率、垂直分辨率和预热时间的顺序依次对各类模型参数配置对短历时强降水模拟结果的可能影响进行评估。根据对比评估结果逐步优选出每组情景试验组合中表现最好的模型参数配置组合试验方案。试验设计时，由于前一组情景试验组合中表现最好的试验方案会作为后一组情景试验组合的初始对比试验方案，因而最后一组试验组合评选出的试验方案也是整个评估试验的最优试验方案。通过对比最优试验方案的模拟结果和初始试验方案的模拟结果，能够从整体上量化评估上述动力降尺度方案设置对强降水模拟结果的影响程度，进而检验在区域对流尺度模拟过程中对此类模型参数配置进行再评估的必要性。

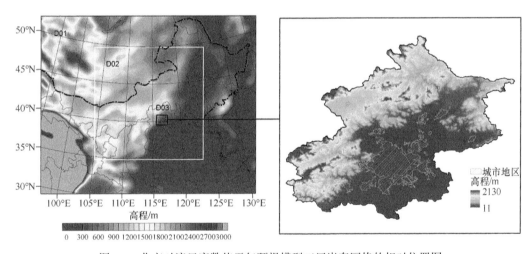

图 5-2　北京对流尺度数值天气预报模型三层嵌套网格的相对位置图

首先，研究参照 5.2.1 第 1）中推荐或常用的参数方案对初始试验方案（Case 0，简称 C0）进行设置。为减小初始化强迫数据插值到 Arakawa 格网带来的模型误差，研究采用的是奇数项（1∶3∶3）水平分辨率降尺度比例，并且在选择各嵌套区域的模拟范围时尽量使各区域边界线沿着 ERA-Interim PL 数据集的平面网格线进行布设。在 C0 中，最外层嵌套区域 D01 的水平格网距离最大，为 40.5km，空间上覆盖中国整个中部和北部地区。最内层嵌套区域 D03 的水平格网距离最小，为 4.5km，模拟范围覆盖整个北京。中间层嵌套区域 D02 位于 D01 和 D03 之间、水平格网距离为 13.5km。在相对位置上，D02 区域边界至 D01 区域边界的水平距离近似等于 D02 区域边界至 D03 区域边界的水平距离，且各相邻区域边界之间的格网数均大于 5（Case 1 和 Case 2 中的 D02 范围设置同样遵守上述规则）。各层嵌套区域在垂直方向统一采用质量地形跟随坐系，垂直层各层 ETA 值由 ERA-Interim PL 数据集垂直层各层的气压值计算得到，垂直分层为 29 层。初始预热时间设为 12h。为尽量延长预见期，各嵌套区域的边界条件采用 PL 数据集每 6h 更新一次；D02 和 D03 输出结果的时间间隔分别设置为 1h 和 3h。

表 5-1 列出了整个评估试验相关模型参数配置的具体信息。由表 5-1 可知，试验共设有 19 个试验方案，按照所评估的模型参数配置类型分别归属于不同的情景试验组合。第一组情景试验组合（S1）关注的是 WRF 模型嵌套区域模拟范围对降水模拟结果的影响。为提高计算效率，C0 中的 D01 范围没有完全涵盖引发"7·21"暴雨过程的中尺度环流系统，而是通过 ERA-Interim 再分析数据集提供的边界条件对各环流系统引起的天气特征和地表扰动信息进行补充。为检验该方案的模拟范围设置是否能够使所关注区域内中小尺度对流系统特征充分发展，模型分别设置了 Case 1（C1）和 Case 2（C2）两个对比试验方案。在 S1 的三个试验方案中，C2 采用的 D01 范围最大，基本涵盖引起该场暴雨事件的中尺度环流系统特征，空间大体覆盖东北半球所在区域。C1 采用的 D01 范围比 C0 大且比 C2 小，空间覆盖区域和 C2 中间层嵌套区域 D02 的覆盖区域相同。

表 5-1　WRF 模型动力降尺度参数化方案组合试验设计

情景编号 （评估对象）	试验编号	模型范围 （格点数量/个）	垂直分层 （数据集）	水平分辨率 （嵌套比例）	预热时间
S1 （模型范围）	Case 0（C0）	D01 40×40 D02 72×72 D03 90×90	29（PL）	D01 40.5km；D02 13.5km； D03 4.5km（1∶3∶3）	12 h
	Case 1（C1）	D01 80×64 D02 120×120	同 C0	同 C0	同 C0
	Case 2（C2）	D01 160×128 D02 240×192	同 C0	同 C0	同 C0
S2 （垂直分辨率）	S1 中的最优方案（OS1）	同 OS1	29	同 C0	同 C0
	Case 3（C3）	同 OS1	57	同 C0	同 C0
	Case 4（C4）	同 OS1	85	同 C0	同 C0
	Case 5（C5）	同 OS1	38（ML）	同 C0	同 C0
S3 （水平分辨率）	S2 中的最优方案（OS2）	同 OS1	同 OS2	（1∶3∶3）	同 C0
	Case 6（C6）	同 OS1	同 OS2	D01 40.5km；D02 8.1km； D03 1.62km（1∶5∶5）	同 C0
	Case 7（C7）	同 OS1	同 OS2	D01 40.5km；D02 5.785km； D03 0.826km（1∶7∶7）	同 C0
S4 （预热时间）	S3 中的最优方案（OS3）	同 OS1	同 OS2	同 OS3	12 h
	Case 8（C8）	同 OS1	同 OS2	同 OS3	0 h
	Case 9～Case 19 （C9～C19）	同 OS1	同 OS2	同 OS3	24～144 h 每 12 h

设置第二组情景试验组合（S2）的目的是检验 WRF 模型在更高垂直分辨率模拟情景下表现是否更优。在 S2 中，对比基准试验选用的是 S1 中评选出的最优试验方案（OS1）。该试验方案由 ERA-Interim 的 PL 数据集驱动，垂直分层为 29 层。Case 3（C3）和 Case 4（C4）同样采用 PL 数据集驱动，在垂直方向上分别采用 57 层和 85 层的分层方案。在北京汛期，PL 数据集各相邻气压层的平均距离满足小于 1km 的要求，但是在其他地区该条件则不一定能够满足。因此，研究在 S2 中增加了由 ML 数据集驱动的试验方案 Case 5（C5）。该方案在垂直方向分层为 38 层，用以对比分析采用 ERA-Interim 不同驱动数据集对降水模拟结果的可能影响。第三组情景试验组合（S3）由 OS2、Case 6（C6）和 Case 7（C7）组成，区别在于水平分辨率不同（或水平向嵌套比例不同）。三

个试验方案水平向嵌套比例依次为 1 : 3 : 3（D03 的水平格网间距为 4.5km）、1 : 5 : 5（1.62km）和 1 : 7 : 7（0.826km）。经过前三组情景试验组合优选，WRF 模型动力降尺度过程中与网格嵌套方案设置有关的不确定性得以降低。在此基础上，研究设置第四组情景试验组合（S4），目的是为识别出预见期最长且表现最好的试验方案。该组情景试验组合由 13 个试验方案组成，包括 S3 评选的最优试验（OS3）。其中，Case 8（C8）采用的预热时间为 0 h；Case 9（C9）～Case 19（C19）采用的预热时间从 24h 起算，每个试验方案采用的预热时间在前一个试验方案的基础上增加 12h。

4）评估方法和评价指标体系构建

研究选择 D03（图 5-2）作为评估区域，通过采用客观验证和主观验证相结合的方法，在短历时对流尺度对各组试验方案模拟结果进行对比分析。之所以选择 D03 作为评估区域，一方面是因为研究重点关注的区域位于北京，另一方面是因为在该区域范围内通过动力降尺度能够实现对中小尺度对流过程的显示求解。评估选用的对比基准数据有融合地面自动站观测数据和 CMORPH 卫星数据生成的 0.05° 3h 格点降水数据。ERA-Interim 再分析资料同样被选为对比基准数据，用于监测模型模拟值和驱动数据值之间的偏差。由于 ERA-Interim 没有直接提供短历时（小于 24h）降水数据，因而研究选用时间分辨率为 6h 的大气可降水量（precipitable water vapor，PW）作为对比变量。研究在 D02 区域同时开展了模拟试验间的对比评估，对比基准数据选用的是国家气象中心提供的 0.1° 1h 格点融合降水数据集。不过，基于 D02 区域范围评估得到的结果仅在本节中作为主观验证的辅助方法。之所以采用该方法是基于以下假设：在内层嵌套区域模拟效果较好的试验方案理应在外层嵌套区域表现得同样好；因为只有当外层嵌套区域提供越准确的初始和边界条件时，内层嵌套区域才能得到越准确且合理的模拟结果。

在客观验证指标的选择方面，由于目前还没有哪一种误差度量指标能够全面评估降水模拟的效果（Liu et al.，2012；Sikder and Hossain，2016；Tian et al.，2017），因此研究选用了 7 个误差度量指标描述降水的不同特征。7 个误差度量指标中，5 个误差度量指标和降水量有关。各指标值通过双线性插值法将模拟值插值到对比基准数据的格点中心后计算得到。

其中，累积降水量的度量评估采用的是比例指标 RE_{TP}，即同一区域上模拟的面累积雨量值和观测累积雨量值的比，计算方法如式（5-6）所示。

$$RE_{TP} = \frac{1}{N} \sum_{i=1}^{N} \frac{\sum\limits_{j=1}^{M}(f_j)}{\sum\limits_{j=1}^{M}(r_j)} \quad (5\text{-}6)$$

式中，f_j 和 r_j 分别代表在给定时间步长 i 内，各对比基准数据格点位置 j 上模拟得到的累积降水量和实测累积降水量；N 代表给定评估时段内时间步长的数量。

格点最大降水量的度量评估采用的是比例指标 RE_{PMAX}，即同一区域模拟得到的格点最大降水量和观测格点最大降水量的比，计算方法如式（5-7）所示。

$$\mathrm{RE_{PMAX}} = \frac{1}{N}\sum_{i=1}^{N}\frac{\max(f_j)}{\max(r_j)} \tag{5-7}$$

式中，f_j 和 r_j 分别代表在给定时间步长 i 内，各对比基准数据格点位置 j 上模拟得到的累积格点最大降水量和实测格点最大累积降水量。

分类评价指标选用的是准确率指标 POD，即正确模拟出超过降水阈值 a 的格点数量所占比例，计算方法如式（5-8）所示。本章降水阈值 a 选的是 0.1 mm，即 POD 值代表正确模拟出降水的格点数量（NA）占实测降水的格点数量（NA+NC）的比例（表 5-2）。

$$\mathrm{POD} = \frac{1}{N}\sum_{i=1}^{N}\frac{\sum_{j=1}^{M}\mathrm{NA}_j}{\sum_{j=1}^{M}\left(\mathrm{NA}_j + \mathrm{NC}_j\right)} \tag{5-8}$$

表 5-2　WRF 模型模拟/预报降雨评价指标

模拟值（f）	观测值（r）	
	$r \geqslant a$	$r < a$
$f \geqslant a$	NA	NB
$f < a$	NC	ND

定量评价指标选择的是空间降水评估中常采用的两个指标：均方根误差 RMSE 和皮尔逊相关系数 R。两个指标的计算方法如式（5-9）和式（5-10）所示。

$$\mathrm{RMSE} = \frac{1}{N}\sum_{i=1}^{N}\left(\sqrt{\frac{1}{M}\sum_{j=1}^{M}\left(f_j - r_j\right)}\right) \tag{5-9}$$

$$R = \frac{1}{N}\sum_{i=1}^{N}\left(\frac{\sum_{j=1}^{M}\left(f_j - \overline{f}\right)\left(r_j - \overline{r}\right)}{\sqrt{\sum_{j=1}^{M}\left(f_j - \overline{f}\right)^2\sum_{j=1}^{M}\left(r_j - \overline{r}\right)^2}}\right) \tag{5-10}$$

式中，f_j 和 r_j 分别代表在给定时间步长 i 内，各对比基准数据格点位置 j 上模拟得到的累积降水量和实测的累积降水量。

其余 2 个客观误差度量指标与大气可降水量有关，分别为度量大气可降水量的均方根误差 WRMSE 和皮尔逊相关系数 WR，计算公式同式（5-4）和式（5-5）。与度量降水量的五个指标不同，上述两个指标值是通过 WRF 模型的前处理工具 WPS 将 ERA-Interim 数据插值至各模拟值的中心格点后计算得到的。因而，式（5-4）和式（5-5）中 f_j 和 r_j 分别代表在给定时间步长 i 内，各模拟数据格点位置 j 上模拟得到的大气可降水量和实测大气可降水量值。在上述所有公式中，时间步长的选择和对比基准数据的时间分辨率有关，在 D03 评估区域内采用的是 3h，D02 区域采用的是 1h。另外，由于降水过程中各时段降水特征不同，为检验采用不同评估时段对降水评估结果的影响，研究选用了 4 个不同的评估时段（6h、12h、18h 和 24h）。各评估时段的起始计算时间节点统一设置为 2012 年 7 月 21 日早上 8 时。

此外，为便于评估，研究对上述误差度量指标进行了调整和再变换，使所有指标在取值为 1 时指示的降水模拟能力最好。本研究中需要调整和再变换的指标有度量降水的均方根误差 RMSE 和度量大气可降水量的均方根误差 WRMSE。进行指标调整和变换时，首先将各指标分别除以指定的调整阈值，保证各指标值落入 0～1 的范围区间；然后再用数值 1 减去调整后的指标值，使变换后的评价指标 RMSE′和 WRMSE′在取值为 1 时代表的空间累积误差最小，降水模拟结果的准确性最高。调整阈值根据各试验方案在不同评估时段每个指标计算所得的最大值进行设定。除 RMSE 和 WRMSE 以外，虽然没有对其他 5 个度量指标进行调整，物理含义也没有变化，但是为了和变换前的指标进行区别，统一采用新的标示符号。例如，RE_{PMAX} 经过变换后为 PMAX′，RE_{TP} 经过变换后为 TP′。表 5-3 列出了各个初始评价指标所代表的物理含义、初始评价指标和变换评价指标之间的对应关系以及进行调整变换时采用的调整阈值。考虑到各个指标描述的降水特征不同，且所有评价指标指示的最优试验方案有可能不是同一个试验方案，因此，研究同时采用主观验证方法，在客观验证指标的评价结果基础上进行校核和综合分析，进而评选出降水模拟准确性最高且物理上合理的网格嵌套模型参数配置组合，并识别出预见期最长且表现最好的模型试验方案。

表 5-3　初始和变换后的评价指标所代表的含义以及两者之间的转换关系

初始指标	初始指标代表含义	指标变换公式	调整阈值
POD	正确模拟的格点数所占比例	POD′=POD	n/a
RMSE	降水模拟值的均方根误差	RMSE′=1–RMSE/$RMSE_{max}$	+62.5 max
R	降水模拟值和观测值的相关系数	R′=R	n/a
WRMSE	大气可降水量模拟结果的均方根误差	WRMSE′=1–WRMSE/$WRMSE_{max}$	+8.3 max
WR	大气可降水量模拟结果的相关系数	WR′=WR	n/a
RE_{PMAX}	模拟的最大降水量值和观测值的比	PMAX′=RE_{PMAX}	n/a
RE_{TP}	模拟的面雨量值占观测值的比重	TP′=RE_{TP}	n/a

注：n/a 表示不适用；62.5max 指 $RMSE_{max}$ 取 62.5；8.3max 指 $WRMSE_{max}$ 取 8.3。

5）试验结果和分析

如 5.2.1 第 3）中所述，前三组情景试验组合均采用 12h 的预热时间，模拟时间从 2012 年 7 月 20 日晚上 8 时开始持续到 2012 年 7 月 22 日早上 8 时。评估在四个不同的评估时段展开，分别为 6h、12h、18h 和 24h；起算时间为 2012 年 7 月 21 日早上 8 时。每组情景试验组合中，各试验方案计算得到的客观验证指标值会在同一评估区域或者同一分辨率尺度进行对比。对比结果根据评估时段的不同在同一幅图中分别以四幅子图的形式呈现。只有当 D03 区域范围内评估的结果和 D02 区域范围内评估的结果出现明显差异时，会辅以 D02 区域的对比结果图用以检验 D03 区域范围内评估结果的可靠程度。接下来的结果分析过程将按照表 5-1 中所列的情景试验组合顺序，首先对模拟范围情景试验组合（S1）进行评估，随后对垂直分辨率情景试验组合（S2）和水平分辨率情景试验组合（S3）开展对比分析。

A. 模拟范围情景试验组合评估结果

图 5-3 给出了 S1 中三个试验方案在不同评估时段内各个客观验证指标的计算结果。由图 5-3 可以看出，各试验方案模拟降水的能力随着评估时段历时的增加而减弱。其中，降幅最明显的是定量评估指标。当评估时段从 6h 增加至 24h 时，反向均方根误差 RMSE′ 平均减小幅度为 0.8 左右，相当于空间格点累积误差增加了 6 倍；观测格点降水量和模拟格点降水量之间的空间相关系数 R' 平均降低了 0.3 左右。尽管准确率指标 POD′在前 18h 内呈现出微弱增加的趋势，但当评估时段增至 24h 时，POD′值迅速减小，减小幅度约为 14%。从模拟的累积面雨量和观测累积面雨量的比值 TP′可以看出，在 D03 区域范围内，各试验方案在不同评估时段模拟的面雨量均小于实际面雨量。同样被低估的还有格点最大降水量（PMAX′）。其在对流强降水过程主导的评估时段内（12h）负向偏差最大。从与大气可降水量（PW）相关的误差指标方面来看，尽管反向均方根误差 WMSE′ 呈现出微弱减小的趋势，空间相关系数 WR′却增加了 5%～9%。出现这种现象的原因与试验采用 ERA-Interim 数据更新模型运行的边界条件有一定关系；因为更新的边界条件信息可以修正嵌套区域模拟的大尺度特征。

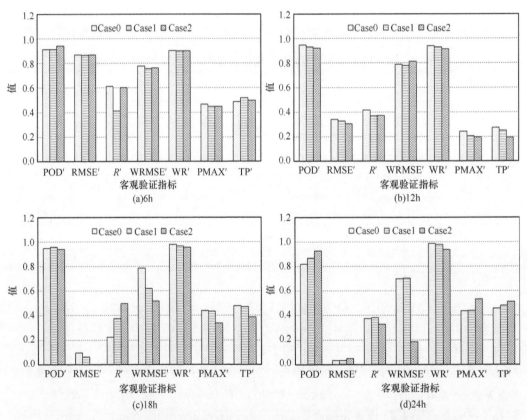

图 5-3　模拟范围情景试验组合中各方案在 D03 区域不同评估时段的对比结果

通过对比四幅子图可以发现：在某一指定的评估时段，没有哪个试验方案的所有客观验证指标值均优于其他试验方案；且对某一指定的评估指标，在不同评估时段指示的最优试验方案也不相同。例如，在第一个评估时段（6h），C0 方案在 RMSE′、R'和 PMAX′

等指标方面的表现优于 C1 方案和 C2 方案；但在模拟降水落区的准确率和累积面降水量方面表现较差。在第二个评估时段（12h），C0 方案无论是在描述区域降水量的特征方面，还是在捕捉降水的空间分布特征方面，均优于其余两个试验方案。然而，当评估时段由 12h 增至 18h 时，C0 方案模拟降水的能力显著下降。尤其是相关系数 R'，下降了近 50 个百分点，在三个试验方案中降幅最为明显。与此同时，采用中等嵌套区域模拟范围的 C1 方案，无论是在描述降水落区的准确性方面还是在降水的空间分布特征方面均优于 C0 方案。C2 方案的嵌套区域范围最大，但计算结果显示，尽管该方案在评估时段为 24h 时表现最好，但在其他三个评估时段的表现却最差。从大气可降水量相关的误差度量指标可以看出，模拟值和观测值最为接近的是 C0 方案，差别最大的是 C2 方案。这个结果间接证明了 Seth 和 Rojas（2003）的结论，即采用越小的嵌套区域越容易通过边界条件校正局部虚假扰动对大尺度环流特征的影响。

在本组情景试验组合中，如果仅根据 D03 区域范围内的对比结果，可能会得到 C0 方案相对更优的结论。但是，从 D02 区域范围内的对比结果中却发现，C0 方案模拟得到的降水结果无论是空间分布特征还是降水强度均与观测降水存在明显差异。图 5-4 给出了各试验方案在 D02 区域的逐 6h 累积降水空间分布图。由图 5-4 可以看出，C0 方案中强降水雨带离开北京的时刻最早，降水历时最短，在整个降水过程中强降水雨带每小

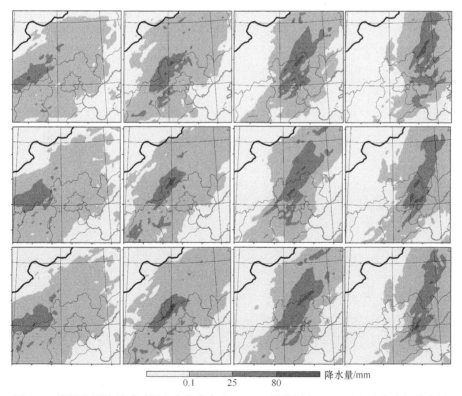

降水量/mm
0.1　　25　　80

图 5-4　模拟范围情景试验组合中各方案在 D02 区域范围内逐 6h 累积降水空间分布图

此处 D02 区域范围选取的是 C0 方案采用的 D02 区域范围；从上至下每排分别显示的是 C0 方案、C1 方案和 C2 方案的逐 6h 的累积降水空间分布图；各排从左至右分别代表 0～6h、6～12h、12～18h 和 18～24h 的 6h 累积降水空间分布图；模拟起始时刻统一设置为 2012 年 7 月 21 日早上 8 时

时的移动速度比 C1 方案和 C2 方案快几千米左右。这可以解释为什么 C0 方案模拟降水的能力在降水接近结束的时段（12～18h）出现明显下降。

此外，在降水开始时段（0～6h），C0 方案中强降水雨带的中轴线角度比 C1 方案和 C2 方案的中轴线角度向北偏移 10° 左右，且在对流强降水时期（6～12h），C0 模拟的降水强度和暴雨中心范围也明显小于其他两个方案。这意味着 C0 方案采用的嵌套区域范围偏小，使得模型求解不能完全捕捉有利于强降水过程发生发展的中小尺度对流系统特征。随后，通过对比 C1 方案和 C2 方案，可以发现两个试验方案的空间降水特征大体相似。但是无论是在 D02 区域范围内还是在 D03 区域范围内，C1 方案在各个误差度量指标方面的表现均优于 C2 方案。之所以出现这样的结果，可能是因为 C2 方案采用的嵌套区域范围过大，相较于 C1 方案未能有效利用边界条件信息修正模拟过程中产生的虚假扰动信息。综上，C1 方案模拟强降水的能力相对优于其他两个试验方案，且物理意义上更为合理。因此，C1 方案最终被选择为 S1 情景试验组合的最优试验方案 OS1。

B. 垂直分辨率情景试验组合评估结果

基于上节评估结果，C1 方案被选为垂直分辨率情景试验组合（S2）的对比基准试验方案。如前所述，S2 由四个试验方案组成。其中，C1 方案由 ERA-Interim 的 PL 数据集驱动，垂直分层为 29 层；C3 方案和 C4 方案同样由 PL 数据集驱动，垂直分层分别为 57 层和 85 层；C5 方案采用的是 ERA-Interim 的 ML 数据集驱动，垂直分层为 38 层。

图 5-5 给出了 S2 中四个试验方案在不同评估时段内各个客观验证指标的计算结果。

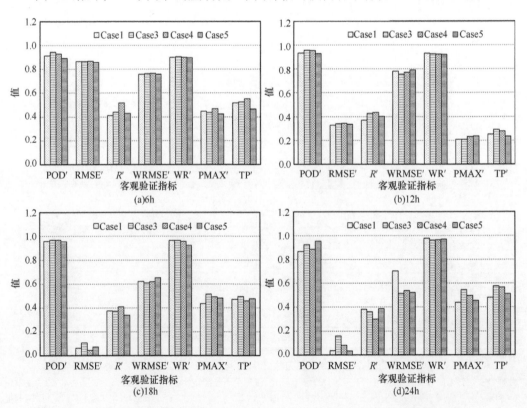

图 5-5　垂直分辨率情景试验组合中各方案在 D03 区域不同评估时段的对比结果

与 S1 类似,S2 中各试验方案模拟降水的能力同样会随着评估时段历时的增加而降低。在与降水量相关的误差指标中,RMSE′的降幅最大;其在 6h 和 24h 评估时段的计算值平均相差 0.82 左右。尽管 S2 中各试验方案模拟的 TP′和 PMAX′大于 S1 中各试验方案的模拟值,但仍旧小于观测值面降水量值和格点最大降水量值。当评估时段由 18h 增加至 24h 时,准确率指标 POD′虽然呈现出下降趋势,但下降的幅度和 S1 相比平均减小了 50%左右。在误差度量指标的敏感性方面,S2 和 S1 最显著的差别体现在空间相关系数 R′上;随着评估时段历时的增加,S2 中各试验方案的 R′值虽然呈现出略微下降的趋势,但下降的幅度比 S1 中各试验方案的 R′值要低。通过对比图 5-3 和图 5-5 可知,图 5-5 中 WRMSE′和 WR′值的变化幅度相对较小,说明边界条件对 S2 中各试验方案的影响程度要小于其对 S1 中各试验方案的影响程度。

不仅如此,和 S1 相比,S2 中和降水量有关的误差指标值在不同试验方案之间的差异相对较小,尤其是从降水过程开始到对流强降水过程主导的时期(0~12h)。在前两个评估时段,C4 方案在 S2 所有试验方案中模拟的降水值和观测降水值拟合程度最高,在 RMSE′和 R′指标方面表现最好。然而,当降水历时增加到 18h 和 24h 时,POD′、RMSE′、PMAX′、TP′等大部分指标值均指示 C3 方案在模拟降水方面的表现更优。通过对比 C3 方案和 C1 方案可以看出,采用更高的垂直分辨率有可能通过增加模型用显示方法求解中小尺度物理过程的概率从而提高降水模拟的准确性。然而,C3 方案和 C4 方案的对比结果显示,尽管 C4 方案模拟降水的能力在前 12h 稍优于 C3 方案,但是随着模拟时间的增加,C4 方案模拟降水的能力明显劣于 C3 方案。这种现象会出现部分是因为垂直空间分辨率提高的同时会加强地表扰动在大气层垂直方向的扩散和传播,削弱维持强降水过程的潜在动力结构。通过分析 WRMSE′和 WR′的计算结果可以发现,C3 方案和 C4 方案模拟的 PW 值和再分析数据集的 PW 值差异明显大于 C1 方案。这一方面可能是因为将驱动数据插值至 Arakawa 格网的过程中增加了模型初始误差;另一方面则可能是因为受到当前初始化数据分辨率和准确度的限制,模拟过程中引入了更多的虚假扰动信息。C5 方案相较于 C1 方案在不同评估时段以及不同评价指标方面的表现有好有坏,这和驱动数据集各相邻垂直分层间的距离不同有关。但是和 C3 方案相比,在大部分的评估时段,C3 方案的表现均优于 C5 方案。因此,综合以上评估结果,C3 方案被选为 S2 情景试验组合的最优试验方案 OS2。

C. 水平分辨率情景试验组合评估结果

C3 为水平分辨率情景试验组合(S3)的对比基准试验方案。由图 5-5 和图 5-6 可以看出,S3 中各试验方案的模拟能力在时间尺度的变化趋势和 S2 基本类似。但是在误差度量指标的敏感性方面,随着降水历时的增加,S3 中各项指标值的变化幅度明显高于 S2 中各项指标值的变化幅度。在大部分评估时段内,C6 方案(D03 水平网格间距为 1.62km)模拟降水的表现明显优于 C3 方案(4.5km)和 C7 方案(0.826km)。通过对比 C3 方案和 C6 方案中各项与降水量相关的评价指标值,可以看出 C6 方案在捕捉强降水的空间分布特征方面的能力更强。从两个试验方案的 WRMSE′值对比结果可知,采用更高水平分辨率的试验方案更能有效利用边界条件信息以修正模型误差。不仅如此,C6 方案在 PMAX′和 TP′方面的表现同样优于 C3 方案。部分是因为 WRF 模型在更高水平分辨率的模拟情景下更有可能采用显式方法求解对流强降水过程的云微物理方案而非用隐式方法的物理参数化方案。这可以解释为什么基于 C7 方案计算的 PMAX′值在大多数评估时段高于基于 C6 方案计算的 PMAX′值。不过，C7 方案和 S2 中的 C4 方案类似，当评估时段超过 12h 时，其模拟降水的能力快速减弱。在 18h 和 24h 的评估时段，基于 C7 方案计算的 POD′值和 R′值在所有 S3 的方案中最低，即描述降水落区范围和降水空间分布特征的能力最差。通过观察 WRMSE′值可知，C7 方案模拟的大气可降水量值和对比基准数据集提供的大气可降水量值的偏差最大。综上，采用最高水平分辨率的 C7 方案在强降水过程模拟中表现得最差。理论上，这种现象的出现可以归因于求解对流强降水过程的模拟参数化方案不够完善导致模型结构误差增加或当前驱动数据集精度有限使得初始化插值过程中引入更多的模型初始误差，而且上述两类误差还会受到大气混沌属性的影响，随着模拟时间的增加被进一步放大。因而，结合上述结果可以看出，在 S3 中 C6 方案和观测格点降水数据集的吻合度最高且物理意义更为合理，因而该方案被选为 S3 中表现最好的试验方案 OS3。

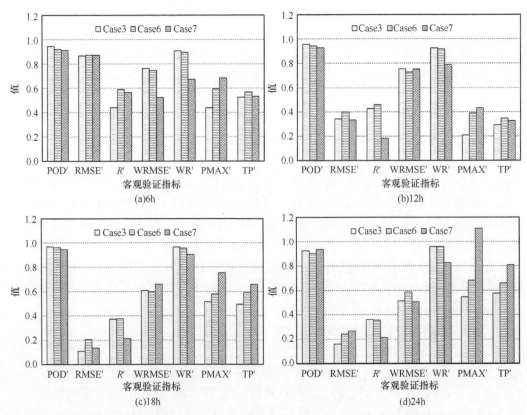

图 5-6　水平分辨率情景试验组合中各方案在 D03 区域不同评估时段的对比结果

D. 最优预热时间试验方案评选

经过前三组情景试验组合评估，WRF 模型动力降尺度过程中与网格嵌套方案设置有关的模型初始误差和结构误差得以逐步减小。在此基础上，研究将预热时间情景试验组合（S4）放置在三组情景试验组合之后，不仅可以降低大气混沌属性对降水模拟结果的影响，也可以有效延长暴雨灾害的预见期。在 S4 中，C6 为整个情景试验组合的对比基准试验方案。和前三组情景试验组合不同，S4 中各项指标值在不同评估时段指示的试验方案排序基本相同。因此，图 5-7 仅给出各试验方案在评估时段为 18h 的对比结果图。由图 5-7 可以看出，模型模拟降水的能力随着预热时间的变化呈现出明显的差异。大多数客观评价指标在 0～60h 预热时间范围内，表现出规律性的昼夜变化特征；紧接着，在 60～72h 预热时间区间出现短暂下降；随后则呈现出无规律或随机性的变化。由于在 72h 之前，无论是与降水量相关的指标还是与大气降水量相关的指标在变化趋势上基本保持一致，因而可以认为在该预热时间范围内评选出的最优试验方案在物理意义上是合理的。在该预热时间范围内各试验方案（C6、C8～C13）模拟降水表现的差异则很有可能与模拟起始时刻各类初始化条件（例如，模拟起始时刻的水汽含量等）的准确程度有关。

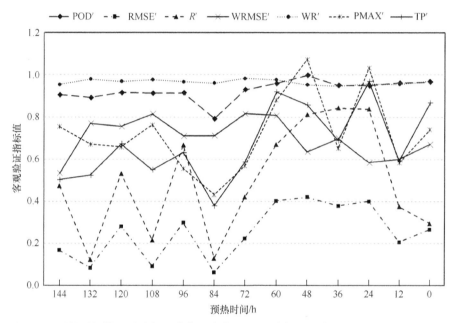

图 5-7　预热时间情景试验组合中各方案在 D03 区域的对比结果（评估时段为 18h）

　　从 TP′可以看出，S4 中各试验方案模拟的面雨量值均小于观测的面雨量值。在各项与降水量相关的评价指标中，POD′对预热时间变化的敏感程度相对较低，说明对于区域对流强降水事件,选用以 0.1 mm 为阈值的 POD′值对降水模拟效果的指示作用相对较差。从变化趋势的角度来看，POD′和 PMAX′，R′和 RMSE′的变化趋势在 72h（C13 方案）之前基本保持一致。POD′的最大值出现在预热时间为 48h 的 C11 方案。从 PMAX′指标来看，只有 C9 方案（预热时间为 24h）和 C11 方案模拟的格点最大降水量大于实际观测的格点最大降水量。通过对比 S4 中各试验方案在同一模拟时段内的大气 PW 值，可以发现 C9 方案和 C11 方案在 18h 评估时段以及其他各时段中（包括模拟的起始时刻）模拟的 PW 值也高于其他方案。由于大气可降水量的多寡一定程度上决定着最大降水量值的大小，因此可以解释为何 C9 方案和 C11 方案模拟的 PMAX′值略高于其他方案模拟的 PMAX′值。C12 方案（预热时间为 60h）在 PMAX′指标方面排序第三，但是从 TP′、WRMSE′

和 WR′等指标来看，该方案优于 C9 方案和 C11 方案。图 5-8 给出了 D02 区域范围的对比结果。由图 5-8 可以看出，C9 方案、C11 方案和 C12 方案在 D02 区域范围内各指标值的排序依然位列前三。不过，在 D02 区域范围内，C12 方案计算的 WRMSE′和 WR′和对比基准值之间的偏差明显小于 C9 方案和 C11 方案；且其他与降水量相关的误差度量指标也同样指示其优于其余两个方案。因而，综合 D02 和 D03 区域范围的分析结果可知，在模拟北京"7·21"短历时强降水过程时，C12 方案能够提供预见期最长且准确性最高的降水结果。

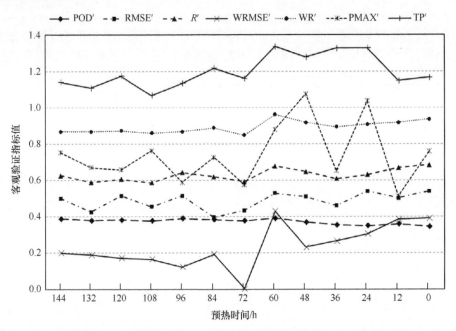

图 5-8　预热时间情景试验组合中各方案在 D02 区域的对比结果（评估时段为 18h）

E. 对比试验结果分析

综合上述结果可得，采用推荐或常用模型参数配置方案设置的初始试验方案，在描述短历时对流尺度强降水的时间和空间特征方面并非表现最好的试验方案。S1 的评估结果表明，C0 方案采用的嵌套区域范围偏小，模型求解时不能够完全捕捉有利于强降水过程发生发展的中小尺度对流系统结构特征，导致模拟降水的能力随着模拟时间的增加逐步减弱。S2 和 S3 的评估结果表明，通过适当提高 WRF 模型对流尺度模拟的垂直和水平空间分辨率，可以增加 WRF 模型采用显式方案求解对流降水过程的概率进而提高降水模拟的准确性。而 S4 的分析结果则表明，合理的预热时间选择不仅取决于模型初始化所用的时间，也取决于模拟初始时刻各类初始条件和实际大气状况以及地表扰动情况的吻合程度。与此同时，研究发现在当前理论认知、计算能力和量测技术水平条件下，采用过大的模拟范围、过高的空间分辨率以及过长的预热时间（或预见期），同样会降低 WRF 模型模拟短历时对流尺度强降水的能力。因此，在运用 WRF 模型进行区域暴雨洪涝预警预报之前，最好对上述模型参数配置设置的合理性进行检验或评估。

　　除了评估区域短历时强降水模拟中上述模型参数配置对降水模拟结果的可能影响之外，研究通过对比每组情景试验组合中最优试验方案和初始试验方案的模拟结果，对优选嵌套区域模型参数配置和预热时间在提高降水模拟的能力方面进行了量化评估。表 5-4 列出了每组情景试验组合中最优试验方案和初始试验方案中各项评价指标在同一评估区域（D03 区域）和同一评估时段（18h）的对比结果。这里之所以选择 18h 的预热时间进行对比分析，是因为该时段基本涵盖北京"7·21"短历时强降水过程，同时各项指标在该评估时段内识别最优试验方案以及指示降水模拟能力方面的表现最好。不过也有例外，在 S1 情景试验组合中，C0 方案的降水模拟能力在 18h 开始呈现显著下降趋势，但是 C1 方案相对于 C0 方案的优势在评估时段为 24h 时表现得最为明显。

　　如表 5-4 所示，在 18h 的评估时段内，C1 方案优于 C0 方案主要体现在其描述降水空间特征的能力（POD′和 R′值）相对较高。通过对比 C3 方案和 C1 方案的结果可以看出，采用更高垂直分辨率的 C3 方案在降水相关的指标方面均优于 C1 方案，但是 WRMSE′的减小可能和垂直方向插值过程增加了模型的初始误差有关。和 C3 方案相比，C6 方案无论是在 POD′、RMSE′、R′，还是 PMAX′等方面的表现均明显优于前者；这意味着通过适当增加水平分辨率可以提高 WRF 模型模拟短历时强降水的能力。通过对比 C12 方案和 C6 方案可以看出，预热时间的优选对降水模拟能力的提升影响程度最大；间接说明除了预热时间长短会对降水模拟能力有影响之外，模拟初始时刻驱动数据提供的初始化场和实际大气以及地表状况的吻合程度也决定着降水模拟的实际效果。因此，开展数值天气模拟或预报时，需要结合实际情况进行预热时间方案的优选。

表 5-4　每组情景试验组合中最优试验方案模拟结果和初始试验方案模拟结果的对比简表

试验编号	POD′	RMSE′	R′	WRMSE′	WR′	PMAX′	TP′
Case 0（C0）	0.950	0.098	0.226	0.789	0.980	0.440	0.478
Case 1（C1）	0.960	0.064	0.376	0.622	0.967	0.436	0.471
Case 3（C3）	0.969	0.110	0.373	0.610	0.967	0.515	0.496
Case 6（C6）	0.963	0.205	0.375	0.600	0.956	0.582	0.592
Case 12（C12）	0.959	0.402	0.670	0.807	0.977	0.883	0.920

　　总体来看，尽管表 5-4 中各项降水评价指标值增加的幅度不同，但是通过对比 C12 方案和 C0 方案可以看出，在区域对流尺度强降水过程模拟中，对嵌套区域模拟范围、空间分辨率和预热时间等模型参数配置进行再评估和优选可以很大程度上提高降水模拟的准确性。经过优选，R′由 0.226（C0）增至 0.670（C12），RMSE′由 0.098 增至 0.402，PMAX′由 0.440 增至 0.883。因此，在进行区域对流强降水过程模拟时，对上述模型参数配置优选是值得而且是很有必要的。从评估指标在不同评估时段的指示效果来看，如果仅采用某类指标或者只将某一评估时段的对比结果作为评估标准，评估的结果也可能会出现偏差。此外，研究发现采用不同来源或类型的对比基准数据有助于增加分析结果的可靠性。例如，本章采用 WRMSE′和 WR′描述大气可降水量的模拟值和观测值之间的

偏移程度,用以分析模型模拟的局部扰动特征对大尺度天气特征的影响状况。同时,在进行嵌套区域模型参数配置评估时,采用不同的评估区域有助于客观评价指标指数的试验方案在物理机理方面的合理性。例如,本章对嵌套区域模拟范围进行优选时采用了该方法。

5.2.2　北京对流尺度数值天气预报模型参数化方案优选

1. 数据资料

研究采用欧洲中尺度天气预报中心提供的 ERA-Interim 全球中尺度再分析数据集(Dee et al., 2011)和 30″分辨率的地面静态观测数据为 WRF 模型动力降尺度提供初始化信息。其中,ERA-Interim 是在 ECMWF 集成预报系统(integrated forecasting system, IFS)输出的预报结果基础上,采用四维变分方法同化高空和地表观测数据后生成的。数据集覆盖的时间范围为 1979 年至今,时间分辨率为 6h,空间分辨率为 0.75°×0.75°(约81km),基本涵盖数值天气预报所需的高空和地表数据资料。该数据集的准确性和可靠性相对较高,广泛应用于各类数值天气预报模型评估、物理参数化方案改进、气象灾害成因分析等研究中。地面静态观测数据集由 WRF 模型官方网站提供更新和下载,包括模型驱动所需的植被和土壤数据。研究进行物理参数化方案评估选用的对比基准数据为空间格点降水数据,时间分辨率为 1h,空间分辨率为 0.1°×0.1°。该数据集可以通过国家气象科学数据中心下载获得。

2. 模拟试验方案设计

1)模型基本设置

模拟试验基于 WRF 模型 3.7.1 版本展开,模型的基本参数配置和动力降尺度方案设置基于 5.2.1 节,具体设置参照 Chu 等(2018)。整个模拟试验采用三层网格嵌套方案,各相邻嵌套区域间采用双向反馈模式。三层嵌套区域中,最内层嵌套区域的空间范围最小,空间分辨率最高,覆盖整个北京。最外层嵌套区域的空间范围最大,空间分辨率最低,基本覆盖整个华北平原地区。中间层嵌套区域位于最内层和最外层嵌套区域之间,空间分辨率为 8.1km。嵌套区域从最外层到最内层水平向网格间距分别为 40.5km、8.1km 和 1.62km,网格格点数依次为 80×64、200×200 和 250×250。水平向采用 Lambert Conformal 坐标投影方案,投影中心设置为(42.25°N, 114.0°E)。垂直方向采用质量地形跟随坐标系,垂直分层为 57 层,顶层边界气压值取 50hPa。模型求解积分步长为90s,边界条件更新频率为 6h。物理参数化方案评估在最内层嵌套区域展开,模型输出结果的时间分辨率为 1h。

2)模拟试验对象选择

基于同一地区降水成因在短期内不会发生明显变化这一前提假设,研究根据近10 年北京短历时强降水事件中尺度环流系统的特点(初祁,2018;孙继松等,2015),

将发生于北京 2008～2013 年的 8 场短历时强降水事件划分成两大类共三小类。各场短历时强降水事件的选取符合国家气象中心给出的定义，即局部区域降水强度超过 20mm/h，降水历时小于或等于 24h，且 24h 累积降水量超过 50mm 的对流强降水事件。8 场短历时强降水事件的基本信息详见表 5-5。各场短历时强降水事件的模拟时间统一设置为 24h。

表5-5　北京 2008～2013 年 8 场短历时强降水事件基本信息表

降水场次	降水类型	降水开始时间	降水历时/h	模拟开始时间	模拟结束时间
I	第一类	2008/7/30 20:00	24	2008/7/30 20:00	2008/7/31 20:00
II	混合对流型	2010/7/9 14:00	16	2010/7/9 14:00	2010/7/10 14:00
III	第一类	2011/6/23 15:00	8	2011/6/23 14:00	2011/6/24 14:00
IV	深对流型	2011/8/26 2:00	11	2011/8/26 0:00	2011/8/27 0:00
V		2008/7/4 17:00	7	2008/7/4 14:00	2008/7/5 14:00
VI	第二类	2011/7/24 14:00	23	2011/7/24 14:00	2011/7/25 14:00
VII		2012/7/21 10:00	16	2012/7/21 8:00	2012/7/22 8:00
VIII		2013/7/14 21:00	21	2013/7/14 20:00	2013/7/15 20:00

3）模拟试验方案设计

WRF 模型中，对降水过程影响较为明显的物理参数化方案包括云微物理方案、积云对流方案和行星边界层方案。云微物理方案描述的是云粒子和降水粒子的形成、转化和聚合增长等微观物理过程。该方案通过调整温度场和湿度场的结构特征，影响对流系统发生发展的条件，从而对降水过程产生影响（黄海波等，2011）。积云对流方案关注的则是云团和云系整体的宏观结构特征、热力过程及其演变的规律（林惠娟和冀春晓，2010）。该方案能弥补网格湿度没有达到饱和湿度时产生的次网格降水，因而在模拟具有稳定层结和中性层结特征的对流降水过程时对降水结果的影响较大。行星边界层方案则主要描述对流层下层的大气运动。该方案可以通过调整对流层下层气体的垂直运动影响对流层中高层温度、湿度和风速场的分布特征，进而对降水结果产生影响。

研究结合当前北京汛期短历时强降水过程的特点，在已有研究基础上选取区域高分辨率强降水过程模拟中表现较好且应用较广的 LIN 和 WSM6 云微物理方案（陈赛男，2013；张宁，2016），KF、BMJ 和 GD 积云对流方案（张兵等，2007；屠妮妮等，2011；伍华平等，2008），MYJ 和 YSU 行星边界层方案（王子谦等，2014；吴遥等，2015），组成 12 种不同的物理参数化方案组合，分别对所选的 8 场短历时强降水过程开展模拟试验。12 种物理参数化方案组合的具体组成详见表 5-6。所有的物理参数化方案组合中，短波/长波辐射方案和陆面方案统一采用 RRTMG 短波/长波辐射方案和 Noah 陆面方案，两者均为区域强降水模拟中常用的方案。地表方案根据所选行星边界层方案相应选用的是 MO 方案（对应 MYJ 方案）和 Revised MO 方案（对应 YSU 方案）。

表 5-6　WRF 模型物理参数化方案组合试验设计

方案组合	云微物理方案	积云对流方案	行星边界层方案	地表方案	陆面方案	短波/长波辐射方案
1	LIN	KF	MYJ	MO	Noah	RRTMG
2	WSM6	KF	MYJ	MO	Noah	RRTMG
3	LIN	KF	YSU	Revised MO	Noah	RRTMG
4	WSM6	KF	YSU	Revised MO	Noah	RRTMG
5	LIN	BMJ	MYJ	MO	Noah	RRTMG
6	WSM6	BMJ	MYJ	MO	Noah	RRTMG
7	LIN	BMJ	YSU	Revised MO	Noah	RRTMG
8	WSM6	BMJ	YSU	Revised MO	Noah	RRTMG
9	LIN	GD	MYJ	MO	Noah	RRTMG
10	WSM6	GD	MYJ	MO	Noah	RRTMG
11	LIN	GD	YSU	Revised MO	Noah	RRTMG
12	WSM6	GD	YSU	Revised MO	Noah	RRTMG

4）评价指标体系构建

研究选用 7 个误差度量指标评估模型模拟降水不同方面特征的能力。其中，连续性度量指标选用的是"反向"均方根误差 RRMSE 和皮尔逊相关系数 R，计算方法详见式（5-11）和式（5-12）。"反向"指的是该指标代表的物理含义和原对应指标代表的物理含义相反。

$$RRMSE = 1 - \frac{1}{b}\sqrt{\frac{1}{M}\sum_{j=1}^{M}\left(f_j - r_j\right)} \tag{5-11}$$

$$R = \frac{\sum_{j=1}^{M}\left(f_j - \overline{f}\right)\left(r_j - \overline{r}\right)}{\sqrt{\sum_{j=1}^{M}\left(f_j - \overline{f}\right)^2 \sum_{j=1}^{M}\left(r_j - \overline{r}\right)^2}} \tag{5-12}$$

式中，f_j 和 r_j 分别代表在给定时间步长 i 内，各对比基准数据格点位置 j 上模拟得到的模拟值和对比基准值；M 代表给定评估时段内时间步长的数量，这里统一取为 24；RRMSE 的调整阈值 b 取的是所有模拟试验方案（共 96 组）中 RRMSE 的最大值，这里取为 65。特征性度量指标采用的是度量区域面累积降水量和格点最大降水量的"反向"相对误差指标 TP 和 PMAX，计算方法详见式（5-13）。

$$TP / PMAX = \frac{1}{M}\sum_{j=1}^{M}\left(1 - \left|\frac{f_j - r_j}{r_j}\right|\right) \tag{5-13}$$

度量不同量级降水模拟效果的分类评价指标选用的是临界成功率指数 CSI，计算方法和参数取值参见式（5-14）和表 5-7。研究通过调整计算 CSI 的降水阈值 a，实现对不同量级降水模拟能力的评估。此处采用的降水阈值分别为 10mm、20mm 和 50mm，对应度量指标依次为 CSI10、CSI20 和 CSI50。

$$CSI = \frac{\sum_{j=1}^{M} NA_j}{\sum_{j=1}^{M} \left(NA_j + NB_j + NC_j \right)}$$　　　　　（5-14）

表 5-7　WRF 模型模拟/预报降雨评价列表

模拟值 (*f*)	观测值（*r*）	
	$r \geqslant a$	$r < a$
$f \geqslant a$	NA	NB
$f < a$	NC	ND

考虑到尽管各度量指标能够反映物理参数化方案组合描述不同降水特征的能力，但是不同的度量指标在物理参数化方案优选时所指示的最优组合方案往往不同。因此，研究采用综合评价指标 US 评估各参数方案模拟北京短历时强降水过程的综合表现。指标计算方法详见式（5-15）。表 5-8 列出了各指标所属的类型、取值范围及其对应的物理含义，所有指标的最优值均为 1。

$$US = \frac{1}{7} \left(CSI10 + CSI20 + CSI50 + R + RRMSE + PMAX + TP \right)$$　　（5-15）

表 5-8　降水特征评价指标的取值范围及物理含义

指标类型	评价指标	取值范围	最优值	物理含义
分类评价指标	CSI10	0～1	1	降水阈值为 10 mm 的临界成功率指数
	CSI20	0～1	1	降水阈值为 20 mm 的临界成功率指数
	CSI50	0～1	1	降水阈值为 50 mm 的临界成功率指数
连续性评价指标	RRMSE	0～1	1	调整阈值为 *b* 的"反向"累积均方根误差
	R	0～1	1	观测降水值和模拟降水值的空间相关系数
特征性评价指标	TP	$-\infty \sim 1$	1	模拟累积降水量和观测值的"反向"相对误差
	PMAX	$-\infty \sim 1$	1	模拟最大降水量和观测值的"反向"相对误差
综合评价指标	US	0～1	1	降水特征综合度量评价指标

3. 模拟试验结果分析

表 5-9～表 5-11 分别列出了各类物理参数化方案模拟第一类混合对流型强降水过程，第一类深对流型强降水过程以及第二类强降水过程的评价结果。对比评价结果对各类参数化方案的敏感程度可知，积云对流方案对各类型短历时强降水模拟结果的影响最大，云微物理方案次之，行星边界层方案最小。从同种类物理参数化方案在不同类型强降水过程模拟中的整体表现来看，模拟能力较好且较稳定的方案分别为 WSM6 云微物理方案、GD 积云对流方案和 MYJ 行星边界层方案。

表 5-9　第一类混合对流型强降水过程中各种类物理参数化方案的评价结果

所属类型	方案名称	CSI10	CSI20	CSI50	RRMSE	R	TP	PMAX	US
云微物理方案	LIN	0.55	0.34	0.04	0.64	0.48	0.27	0.00	0.39
	WSM6	0.53	0.32	0.06	0.67	0.46	0.39	0.25	0.40
积云对流方案	KF	0.53	0.35	0.03	0.65	0.44	0.34	−0.32	0.39
	BMJ	0.58	0.29	0.02	0.62	0.47	0.11	0.14	0.35
	GD	0.50	0.36	0.10	0.70	0.50	0.53	0.56	0.45
行星边界层方案	MYJ	0.53	0.33	0.06	0.67	0.47	0.35	0.16	0.39
	YSU	0.54	0.34	0.04	0.64	0.46	0.30	0.10	0.38

表 5-10　第一类深对流型强降水过程中各种类物理参数化方案的评价结果

所属类型	方案名称	CSI10	CSI20	CSI50	RRMSE	R	TP	PMAX	US
云微物理方案	LIN	0.46	0.38	0.12	0.87	0.21	−0.05	0.16	0.26
	WSM6	0.46	0.36	0.12	0.86	0.21	0.04	0.21	0.28
积云对流方案	KF	0.47	0.39	0.12	0.86	0.24	0.03	0.27	0.29
	BMJ	0.41	0.35	0.12	0.84	0.10	0.24	0.26	0.29
	GD	0.50	0.36	0.13	0.89	0.29	−0.28	0.04	0.26
行星边界层方案	MYJ	0.47	0.38	0.12	0.88	0.24	0.00	0.16	0.28
	YSU	0.46	0.35	0.12	0.84	0.18	−0.01	0.22	0.26

表 5-11　第二类强降水过程中各种类物理参数化方案的评价结果

所属类型	方案名称	CSI10	CSI20	CSI50	RRMSE	R	TP	PMAX	US
云微物理方案	LIN	0.73	0.58	0.32	0.43	0.10	0.67	0.69	0.47
	WSM6	0.75	0.61	0.33	0.45	0.15	0.64	0.65	0.49
积云对流方案	KF	0.73	0.59	0.28	0.40	0.06	0.60	0.71	0.44
	BMJ	0.75	0.62	0.32	0.41	0.11	0.69	0.67	0.49
	GD	0.75	0.58	0.36	0.50	0.21	0.67	0.64	0.51
行星边界层方案	MYJ	0.73	0.60	0.33	0.45	0.14	0.64	0.68	0.48
	YSU	0.75	0.59	0.31	0.42	0.11	0.67	0.66	0.47

在云微物理参数化方案中，尽管 LIN 方案在第一类强降水过程中模拟中雨和大雨空间分布的能力略优于 WSM6 方案，但其在捕捉各类型强降水过程中尤其是第一类混合对流型强降水过程中暴雨级别降水空间分布特征和区域降水量空间特征方面的能力不如 WSM6 方案。这是因为北京汛期短历时强降水过程中水汽凝结体间转换和混合过程相对复杂，WSM6 方案相较于 LIN 方案在雹及其与其他水汽凝结体间转换的过程考虑得更为详细，且该方案在求解云微物理过程时可取的时间步长相对更小，因而其在干湿混合对流过程中能够更合理且有效地模拟出暴雨中心落区以及区域降水量的时空分布等特征。

在积云对流参数化方案中，GD 方案模拟第一类混合对流型强降水过程降水空间分布和区域典型降水特征的能力明显优于 KF 方案和 BMJ 方案。在第一类深对流型和第二类强降水过程模拟中，虽然 KF 方案模拟的区域最大降水量和观测值的吻合程度最高，BMJ 方案捕捉中小级别降水空间范围方面的表现更优，但上述两方案捕捉暴雨级别降水空间分布范围和降水量空间连续性分布特征方面的能力不如 GD 方案。从模拟 8 场强降水过程的平均表现来看（表 5-12），GD 方案捕捉降水时间分布特征的综合能力优于另外两个方案，说明集成并采用多种积云参数化方案描述积云对流过程的 GD 方案在模拟北京这类具有不同降水量级和降水成因的强降水过程时更有优势。

表 5-12　全部降水过程中各种类参数化方案的评价结果

所属类型	方案名称	CSI10	CSI20	CSI50	RRMSE	R	TP	PMAX	US
云微物理方案	LIN	0.58	0.43	0.16	0.64	0.26	0.29	0.29	0.37
	WSM6	0.58	0.43	0.17	0.66	0.27	0.36	0.37	0.39
积云对流方案	KF	0.58	0.44	0.14	0.64	0.24	0.32	0.22	0.37
	BMJ	0.58	0.42	0.15	0.62	0.23	0.35	0.35	0.37
	GD	0.58	0.43	0.20	0.70	0.33	0.31	0.41	0.40
行星边界层方案	MYJ	0.58	0.43	0.17	0.67	0.28	0.33	0.33	0.38
	YSU	0.58	0.43	0.16	0.64	0.25	0.32	0.33	0.37

相较于前两类物理参数化方案，行星边界层方案对降水模拟结果的影响最小。可能与该方案不直接参与降水过程的模拟，仅通过调整对流层下层气体的垂直运动影响对流层中高层温度场以及湿度场和风速场的分布特征，进而对降水结果产生影响有关。在选用的行星边界层方案中，MYJ 方案除了在降水空间分布范围方面的模拟能力略逊于 YSU 方案外，其模拟各类型强降水过程中降水空间分布和区域降水空间特征的综合表现均优于 YSU 方案。结果表明采用局地闭合参数化方案的 MYJ 方案在模拟北京短历时强降水过程时略优于采用非局地闭合参数化方案的 YSU 方案。

综合上述结果，采用 WSM6 方案、GD 方案和 MYJ 方案的参数化方案组合 10，被评选为模拟和预报北京短历时强降水的最优物理参数化方案组合。

5.2.3　北京对流尺度数值天气预报模型模拟效果分析

图 5-9 给出模型在各场次短历时强降水过程中模拟的面累积降水量时程分布图。由图 5-9 可以看出，模型能够准确捕捉 8 场强降水过程开始的时间。虽然模型在部分强降水过程中模拟的小时最大雨强的出现时间相比于观测最大雨强的出现时间有所滞后，但是在面累积降水量时程分布曲线整体走势上和观测累积降水量基本一致。从模型模拟不同类型强降水过程中面累积降水量时程分布特征的能力来看，模型在第一类混合对流型强降水过程中的表现最好，在第二类强降水过程中的表现次之，在第一类深对流型强降水过程中的表现相对最差（表 5-9～表 5-11）。这意味着相较于具有局地间歇性降水特点的强降水过程（深对流型），模型更适合模拟具有区域连续性降水特点的强降水过程（混合对流型和第二类强降水）。

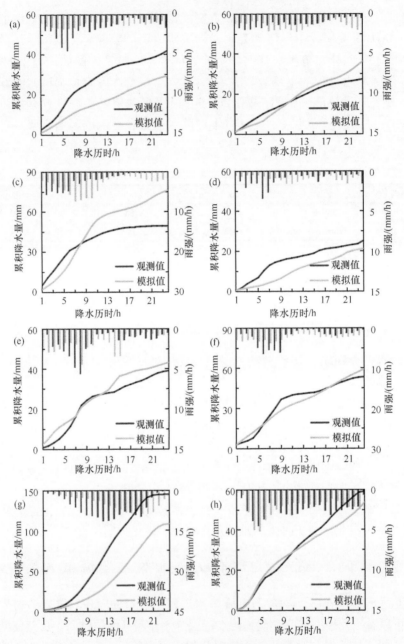

图 5-9　面累积降水量时程分布图

（a）～（h）依次为降雨场次 I 至场次Ⅷ的观测值和模拟值对比结果

图 5-10～图 5-17 分别给出模型在 8 场短历时强降水过程中 24h 累积降水量的空间分布图。由图可以看出，模型基本能够准确模拟出各场次强降水过程中雨带的走向和空间范围。结合表 5-9～表 5-12 的评估结果可知，虽然模型在部分强降水过程中模拟的降水量值域范围和观测降水量值域范围存在偏差，但在各量级降水空间分布范围上和观测降水基本一致。

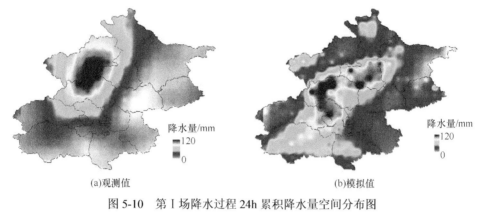

(a)观测值　　　　　　　　　　　　(b)模拟值

图 5-10　第 I 场降水过程 24h 累积降水量空间分布图

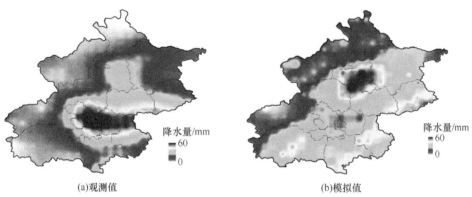

(a)观测值　　　　　　　　　　　　(b)模拟值

图 5-11　第 II 场降水过程 24h 累积降水量空间分布图

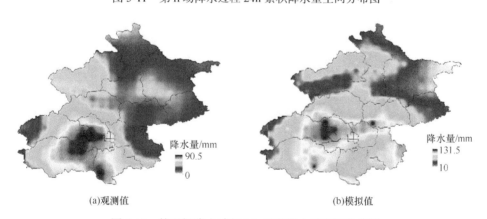

(a)观测值　　　　　　　　　　　　(b)模拟值

图 5-12　第III场降水过程 24h 累积降水量空间分布图

从模型模拟不同类型强降水过程中降水量空间分布特征的综合能力来看，模型在第二类强降水过程中的表现最好，在第一类混合对流型强降水过程中的表现次之，在第一类深对流型强降水过程中的表现相对最差（表 5-9 和表 5-10）。通过分析表 5-9～表 5-11 中云微物理方案和积云对流方案在各类型降水中的评估结果可知，模型描述深对流系统中湿物理过程的能力相对较差。不过值得注意的是，虽然模拟试验对第IV场强降水过程（降水过程的间歇性更为明显）降水空间分布特征的模拟表现较差，但是在对第III

场强降水过程（降水过程相对集中）的模拟中，无论是在降水空间分布范围还是在降水量空间连续性特征的捕捉方面表现均相对较好。此外，结合表5-9和表5-11中各类行星边界层方案的评估结果可知，模型对受地形抬升作用影响相对较小的第二类强降水过程的模拟能力要明显高于对第一类混合对流型强降水过程的模拟能力。

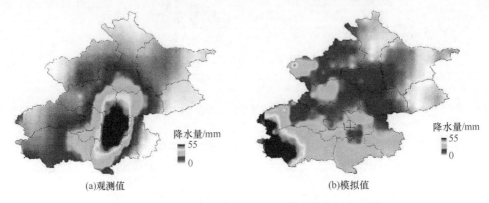

图 5-13 第IV场降水过程 24h 累积降水量空间分布图

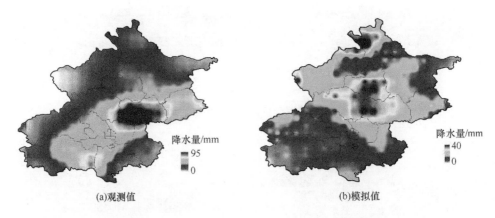

图 5-14 第V场降水过程 24h 累积降水量空间分布图

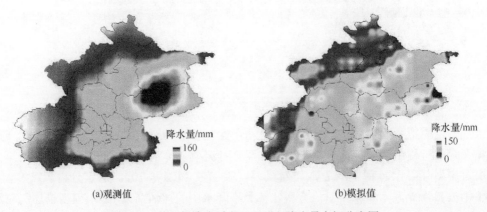

图 5-15 第VI场降水过程 24h 累积降水量空间分布图

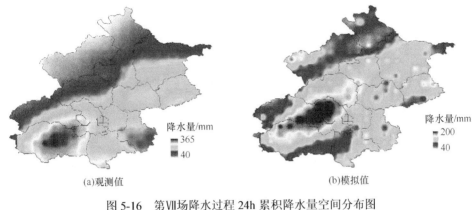

图 5-16　第Ⅶ场降水过程 24h 累积降水量空间分布图

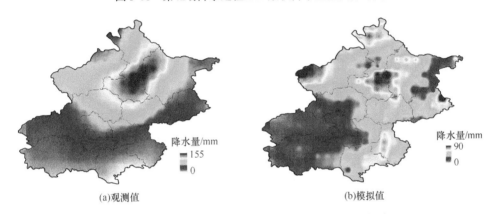

图 5-17　第Ⅷ场降水过程 24h 累积降水量空间分布图

5.3　本　章　小　结

本章介绍了北京设计暴雨过程的计算方法和对流尺度数值天气预报模型的构建方法。5.1 节主要介绍了北京设计暴雨强度和设计暴雨雨型的计算方法。5.2.1 节基于 WRF 模型建立北京对流尺度数值天气预报模型，构建了用于动力降尺度方案优选的综合评价指标体系，确定了适用于北京短历时强降雨模拟和预报的动力降尺度方案。5.2.2 节进一步对比评估了不同物理参数化方案组合模拟北京不同类型短历时强降水的能力，在此基础上评选出了最优的物理参数化方案组合，用以构建北京对流尺度数值天气预报模型。研究结果表明：

（1）在区域对流尺度强降水模拟中，针对动力降尺度方案进行再评估和优选可显著提高模型模拟短历时强降水过程的能力。在评估过程中，采用不同来源和类型的对比基准数据以及采用不同的评估区域有助于提高模型模拟结果的准确性，保证模拟结果在物理上更合理。

（2）在短历时强降水模拟过程中，积云对流参数化方案对降水模拟结果的影响最大，云微物理方案次之，行星边界层方案对模拟结果的影响相对较小。综合来看，模型采用 WSM6 云微物理方案，GD 积云对流方案和 MYJ 行星边界层方案时，对北京短历时强降水的时空分布特征模拟效果最好。

（3）从模型模拟不同类型短历时强降水过程的整体表现来看，模型能够准确捕捉各场次短历时强降水过程开始的时间以及各场次短历时强降水过程中雨带的走向和空间范围。在所选研究区域中，模型对具有连续性降水特点且受地形抬升作用影响相对较小的第二类强降水过程的模拟效果最好；对具有间歇性降水特点的第一类深对流型强降水过程及其相关的湿物理过程的模拟效果较差。

第 6 章　设计暴雨条件下北京暴雨洪涝过程模拟

6.1　北京主城区暴雨洪涝过程模拟

北京主城区位于中部山下平原区域，易受到洪涝灾害威胁。据统计，北京城区年降水量约 500mm，汛期雨量占全年降水量的 85%，且汛期降水多集中在 7 月下旬和 8 月上旬的几场大暴雨上，因此城市的排水系统往往在短时内承受较大压力，如 2012 年 7 月 21 日大暴雨，北京局部区域小时降水量超过 50mm，房山区日降水量超过 400mm，达 500 年一遇标准，给人民生命财产造成了重大损失。

为应对像"7·21"这样的暴雨洪涝灾害，北京提出了"西蓄东排、南北分洪"的总体防洪排涝规划；"西蓄"即利用西郊的一些砂石坑，还有如玉渊潭公园等一些蓄水湖面，缓解西部山区短历时、高洪峰的洪水进城，起到错峰或调峰的作用，最终向东排。"东排"指的是凉水河、通惠河、坝河和清河最终都东排入北运河。"南北分洪"是指通过护城河上闸坝的控制，让洪水分别通过右安门、安河闸、东护城河闸将北京中心城区的雨水排向凉水河、清河和坝河，最终所有来水通过北运河经天津入海。

北京主城区的排水格局如图 6-1 所示，主要由凉水河、通惠河、清河和坝河四个

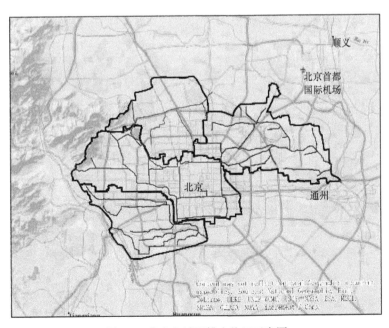

图 6-1　北京主城区排水格局示意图

流域组成。其中，通惠河流域覆盖了北京核心区域，其中有多处政府职能机关，以及天安门广场、故宫博物院等重要文化遗产，是北京市防洪排涝的核心区域（图2-2）。通惠河流域也是北京市防洪排涝系统的枢纽，其间水系复杂，其中内外护城河有多处暗渠与湖泊，河道上有多处分洪闸，可沟通凉水河、清河和坝河流域。主城区近十年经历了快速的城市化作用，不透水面积均达到流域面积的70%以上，属于典型城市化流域。

由于"城市看海"现象频繁发生，构建城市雨洪模型，对城市暴雨洪涝过程进行模拟和预报，在此基础上开展雨洪管理，制定应急管理方案越发得到重视。本节采用当前城市暴雨洪涝过程模拟应用较多的SWMM，分别构建北京主城区内凉水河流域大红门排水区、通惠河流域乐家花园排水区、清河流域羊坊排水区、坝河流域楼梓庄排水区的雨洪模型。

6.1.1　北京主城区各排水区雨洪模型构建

1. 凉水河流域大红门排水区雨洪模型构建

大红门排水区是北京主城区内资料较为翔实的流域，研究将大红门排水区划分为大小不同的80个子排水区，由右安门、大红门、石景山三个雨量站控制。以大红门闸出口断面的洪水摘录数据对模型参数进行校正。大红门排水区雨洪模型结构如图6-2所示。

图6-2　大红门排水区雨洪模型结构示意图

2. 通惠河流域乐家花园排水区雨洪模型构建

乐家花园排水区是北京市防洪排涝格局的核心区域。研究将乐家花园排水区划分为大小不同的60个排水片区，由石景山、天安门、龙潭闸、东直门、乐家花园5个雨量站控制，以乐家花园闸出口断面的洪水摘录数据对模型参数进行校正。乐家花园排水区模型结构如图6-3所示。

3. 清河流域羊坊排水区雨洪模型构建

羊坊排水区属于北京市北分洪的通道之一，也是北京市发展最快的区域。研究将排水区划分为大小不同的 62 个排水片区，由羊坊闸、石景山、海淀、松林闸 4 个雨量站控制，以羊坊闸出口断面的洪水摘录数据对模型参数进行校正。羊坊排水区模型结构如图 6-4 所示。

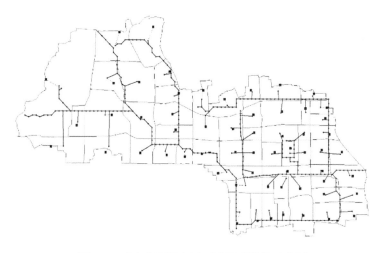

图 6-3　乐家花园排水区雨洪模型结构示意图

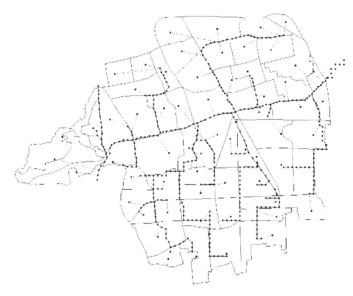

图 6-4　羊坊排水区雨洪模型结构示意图

4. 坝河流域楼梓庄排水区雨洪模型构建

楼梓庄排水区属于缺资料区域，近年排水区才陆续设立雨量站与流量站。研究将排水区划分为大小不同的 79 个排水片区，由通县和天竺两个雨量站控制，以楼梓庄闸出口断面 2012 年 7 月 21 日大暴雨洪水资料对模型参数进行校正。楼梓庄排水区雨洪模型结构如图 6-5 所示。

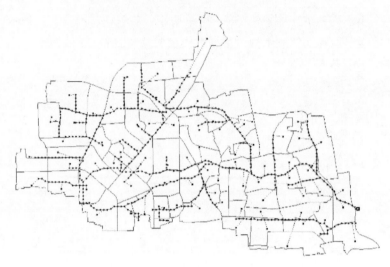

图 6-5 楼梓庄排水区雨洪模型结构示意图

6.1.2 各排水区雨洪模型参数率定与验证

1. 模型参数初始值取值范围确定

SWMM 参数多具有物理意义，按确定方法可分为几何参数和率定参数两类。几何参数包括子排水区面积、特征宽度、平均坡度等，可采用 GIS 直接计算获得。不透水区面积比例采用 Landsat 卫星数据 2011 年产品计算的城镇用地指数（urban land-use index，ULI）进行计算。率定参数，如曼宁系数、洼蓄量、下渗模型相关参数等通常需要进行优化获得。模型参数初始值的取值范围应在其符合物理意义的范围内。根据相关成果和文献资料，得出 SWMM 参数在大红门排水区的取值范围，如表 6-1 所示。

表 6-1 SWMM 率定参数取值范围

参数名称	参数物理意义	参数取值范围
N-Imperv	不透水区曼宁系数	0.01～0.04
N-Perv	透水区曼宁系数	0.1～0.35
Dstore-imperv	不透水区洼蓄量/mm	0.1～10
Dstore-perv	透水区洼蓄量/mm	0.1～15
MaxRate	最大入渗率/（mm/h）	50～150
MinRate	最小入渗率/（mm/h）	0～50
decay	衰减系数	1～10
N-river	河道曼宁系数	0.01～0.09
N-pipe	管道曼宁系数	0.01～0.09

2. 模型参数率定与验证目标函数设置

目标函数需衡量模拟数据与实测数据的差异，研究采用纳什效率系数 R_{NS} 为目标函数对模型进行优化。R_{NS} 的计算方法如式（6-1）所示。

$$R_{NS} = 1 - \frac{\sum_{i=1}^{N}\left(q_t^{obs} - q_t^{sim}\right)^2}{\sum_{i=1}^{N}\left(q_t^{obs} - \overline{q}^{obs}\right)^2} \tag{6-1}$$

式中，q_t^{obs} 为实测流量序列；q_t^{sim} 为模拟流量序列；N 为实测流量数据个数；$\overline{q}^{obs}$ 为实测流量均值。

城市区域暴雨的模拟是以场次暴雨洪涝过程进行的，故在目标函数设置中，宜采用 n 场次暴雨洪涝过程 R_{NS} 的最小值为目标函数，如式（6-2）所示。

$$R_{NS} = \min\left\{R_{NS}^1, R_{NS}^2, \cdots, R_{NS}^n\right\} \tag{6-2}$$

依据《水文情报预报规范》（GB/T 22482—2008）要求，洪水预报精度评定项目还应包括洪峰流量、峰现时间等，研究还采用洪峰流量相对误差和峰现时间误差衡量模型模拟精度。

洪峰流量相对误差 RE_p 的计算方法如式（6-3）所示。

$$RE_p = \frac{\left|q_p^{obs} - q_p^{sim}\right|}{q_p^{obs}} \times 100\% \tag{6-3}$$

式中，q_p^{obs} 为实测洪峰流量；q_p^{sim} 为模拟洪峰流量；其余符号意义同前。

峰现时间绝对误差 AE_T 的计算方法如式（6-4）所示。

$$AE_T = T_p^{obs} - T_p^{sim} \tag{6-4}$$

式中，T_p^{obs} 为实测峰现时间；T_p^{sim} 为模拟峰现时间。

3. 模型参数率定与验证方法

研究采用改进布谷鸟算法对 SWMM 参数进行率定，该算法保留了原算法结构简单的优点，且莱维飞行步长 λ 可随迭代次数的增加而逐步减小。通过对优化算法参数的设置可以协调全局寻优能力和寻优精度的关系，并采用 SCE-UA 算法和 GA 算法参数优化结果进行比较。由于 GA 算法与 SCE-UA 算法的结果同样受随机性影响，研究比较了重复计算 50 次的目标函数在率定期和验证期的均值，当率定期和验证期目标函数均大于 0.7 时，算作一次有效计算。有效率即有效计算次数占总计算次数的比例，结果如表 6-2 所示。

表 6-2　不同模型参数率定与验证算法优化性能比较结果

优化方法	率定期	验证期	有效率/%
MCS	0.83	0.92	86
SCE-UA	0.84	0.91	88
GA	0.74	0.87	66

可以看出，在种群规模和迭代次数相同的条件下，改进布谷鸟算法和 SCE-UA 算法都能快速收敛到全局搜索能力，率定期目标函数值均大于 0.85，已达到要求。

此时再进行优化一方面增大了计算量，另一方面对验证期效果和实际应用作用不大。遗传算法在相同求解代数上率定期函数值仅达到 0.75，验证期为 0.8，识别能力低于两种算法。改进布谷鸟算法结构简单、参数识别效率高，可为模型参数识别提供新思路。

4. 模型参数率定与验证效果

城市区域多缺少用于率定与验证模型参数的长序列小时降水资料，且城市区域高频降水受人类活动影响复杂，一致性较差。通过对实测资料的整理，在大红门排水区收集了四场暴雨洪涝过程，两场用于率定，两场用于预报；在乐家花园和羊坊闸排水区分别收集了三场暴雨洪涝过程，两场用于率定，一场用于率定。楼梓庄排水区缺少长序列的率定验证资料，目前仅收集到了"7·21"暴雨洪涝过程。研究采用参数移植的方法，选择楼梓庄排水区邻近流域参数，并采用"7·21"暴雨洪水资料对模型进行验证。模型参数率定和验证结果如表 6-3 和表 6-4 所示。图 6-6 为大红门排水区各场次暴雨洪涝过程的模拟结果。

表 6-3　大红门排水区雨洪模型参数率定和验证结果

排水区名称	目的	场次名称	纳什效率系数	洪峰流量误差/%	峰现时间误差
大红门	率定	20110623	0.85	1	0
		20110726	0.82	15	0
	验证	20110814	0.82	11	1
		20120721	0.92	3	0
乐家花园	率定	20110623	0.87	3	0
		20110814	0.68	4	0
	验证	20120721	0.92	1	0
羊坊	率定	20120721	0.80	16	0
		20060709	0.57	31	0
	验证	20020604	0.51	45	0
楼梓庄	验证	20120721	0.89	2	1h

表 6-4　大红门排水区雨洪模型率定参数取值

参数		大红门	乐家花园	羊坊	楼梓庄
曼宁系数	透水区	0.36	0.4	0.2	0.2
	不透水区	0.04	0.01	0.02	0.02
	河道	0.048	0.001	0.03	0.03
	管道	0.02	0.04	0.02	0.02
Horton 模型系数	最大下渗率	142.4	200	191	191
	最小下渗率	89.6	100	72	72
	衰减系数	23.2	8	35	35

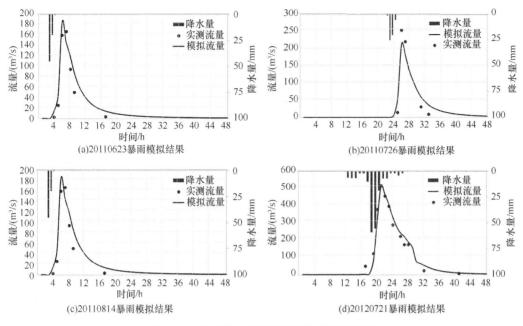

图 6-6　大红门排水区暴雨洪涝过程模拟结果

由上述结果可以看出，采用模型构建方法以及模型参数率定自动寻优方法能够快速有效地构建流域尺度城市雨洪模型。楼梓庄的模拟结果表明，当研究区缺少模型参数率定所需的实测资料时，可以通过参数移植的方法构建该区域的雨洪模型。

6.1.3　主城区"7·21"暴雨洪涝过程模拟结果分析

2012 年 7 月 21 日，北京普降大暴雨，主城区日降水量超过 200mm，最大 1h 降水量超过 50mm，给人民生命财产造成了巨大损失。采用 6.1.2 节构建的主城区 SWMM，对主城区四个流域暴雨洪涝过程进行还原。模拟得到的暴雨洪涝过程如图 6-7 所示。

由图 6-7 可以看出，北京主城区各排水区之间的分洪作用能有效降低像"7·21"暴雨这样的稀遇降雨情景下城市核心区的洪涝风险。同时由模拟结果也可以看出，北京主城区现有排水系统无法抵御稀遇降雨过程，因而有必要对现有的排水系统设计标准进行重新复核，在此基础上进行提标改造。

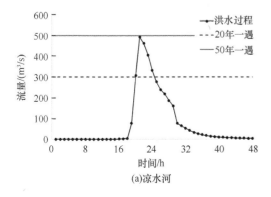

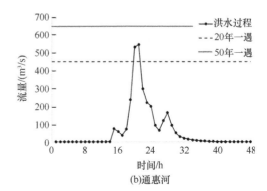

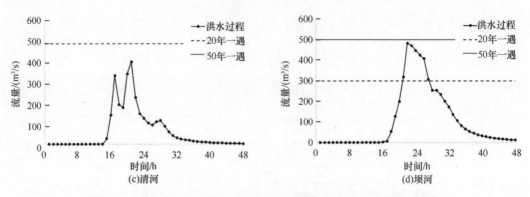

图 6-7　20120721 场次暴雨过程中北京主城区暴雨洪涝过程模拟结果

6.2　北京海绵城市试点区暴雨洪涝过程模拟

6.2.1　通州新城排水区雨洪模型构建

　　研究选择通州区两河建设区通州新城部分作为研究对象（图 2-5）。通州新城排水区北起运潮减河，南至北运河，东至东六环路，区内面积为 8.33km² 左右（图 6-8）。通州新城排水区是一个相对独立的汇水区域，无外来客水，区域内大部分涝水通过排水泵站排入北运河。

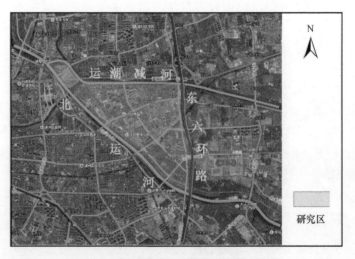

图 6-8　通州新城排水区地理位置示意图

1. 数据资料

1）地形数据

本次模拟所需输入的地形数据主要通过 1：10000 实测地形数据和 DEM 数据综合形成。其中，DEM 数据分辨率为 30m×30m。

2）降水数据

本节所需不同重现期降水数据采用《北京市水文手册》暴雨图集中平原区 24h 雨型分配表与设计雨量公式，采用"长包短"的方法，计算不同重现期内（p =5%，2%，1%）的设计暴雨过程，不同频率 24h 设计暴雨过程如图 5-1 所示。

3）边界条件设置

A. 北运河流量与运潮减河分洪流量

根据《海河流域防洪规划》，温榆河北关拦河闸上段 20 年一遇洪峰流量值为 1870m³/s，50 年一遇洪峰流量值为 2666m³/s，100 年一遇洪峰流量值为 3230m³/s。运潮减河 20 年一遇分洪流量为 600m³/s，50 年一遇分洪流量为 900m³/s，100 年一遇分洪流量为 1200m³/s。北运河上边界为温榆河北关拦河闸，模型计算中北运河上边界为不同频率下的流量，经计算，北运河北关拦河闸至凉水河口段 20 年一遇流量为 1270m³/s，50 年一遇流量为 1766m³/s，100 年一遇流量为 2030m³/s。

B. 北运河下边界水位

北运河下边界为潞阳桥，根据北运河设计断面流量过程，采用 HEC-RAS 模型计算北运河牛牧屯闸至潞阳桥段之间河道的水面线。依据《北三河防洪规划》《北运河通州段河道治理规划》综合确定横、纵断面参数：甘棠闸底板高程为 14.0m；榆林庄闸的闸底板高程为 11.7m；杨洼闸设计底板高程为 9.40m；河道底宽为 140m；河槽主槽边坡为 1∶4；河道河底高程及纵坡如表 6-5 所示。

表 6-5　北运河河道断面设计参数值

河段	河底高程/m	纵坡度/‰
甘棠闸～榆林庄闸上	14.00～11.70	0.25
榆林庄闸下～杨洼闸	11.70～9.40	0.15
杨洼闸～牛牧屯	9.40～8.40	0.26

经计算，潞阳桥处的水位值如表 6-6 所示，潞阳桥处 10 年一遇的水位为 19.21m，20 年一遇的水位为 20.45m，50 年一遇的水位为 21.46m，100 年一遇的水位为 21.68m。

表 6-6　北运河水面线计算成果表

桩号	设计河底高程/m	设计洪水位/m				备注
		10 年	20 年	50 年	100 年	
4+941	15.63	19.21	20.45	21.46	21.68	潞阳桥
5+441	15.50	19.10	20.36	21.36	21.59	—
5+941	15.38	18.99	20.26	21.26	21.51	—
6+441	15.25	18.89	20.17	21.17	21.43	—
6+941	15.13	18.79	20.08	21.08	21.35	—
7+441	15.00	18.69	19.99	20.99	21.27	—
7+941	14.88	18.59	19.9	20.9	21.19	—

续表

桩号	设计河底高程/m	设计洪水位/m				备注
		10 年	20 年	50 年	100 年	
8+441	14.75	18.49	19.82	20.81	21.12	—
8+941	14.63	18.4	19.74	20.72	21.05	—
9+441	14.50	18.31	19.66	20.64	20.98	—
9+941	14.38	18.23	19.58	20.56	20.92	—
10+441	14.25	18.15	19.51	20.48	20.85	—
10+941	14.13	18.07	19.44	20.4	20.79	—
11+441	14.00	17.99	19.37	20.33	20.73	甘棠闸
13+446	13.54	17.71	19.03	19.93	20.35	武窑桥
17+825	12.52	17.24	18.58	19.45	19.87	通香路桥
20+754	11.7	16.84	17.98	18.62	18.90	榆林庄闸
27+568	10.54	15.26	16.22	16.84	17.12	胡郎路桥
33+396	9.83	14.82	15.70	16.24	16.48	觅西路桥
36+424	9.4	14.46	15.24	15.65	15.80	杨洼闸
40+181	8.4	13.88	14.45	14.84	14.99	牛牧屯

2. 模型构建

1）MIKE 11 模型构建

可利用 MIKE 11 模型对河道水体流动情况进行模拟计算，可以较准确地模拟河网的流向、河道截面的形状和面积、水工建筑物以及河流的上下游边界条件对水位的影响等。河道模型构建的主要工作包括河道断面设置、河道上游流量过程线文件的制作、河道下游水位过程线文件的制作等，模型构建如图 6-9 所示。

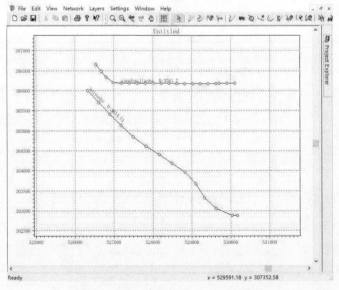

图 6-9 通州新城排水区一维河道模型

2）MIKE 21FM 模型构建

A. 网格剖分

　　模拟计算采用三角形不规则网格，为了研究不同尺度的网格对城市暴雨洪涝过程模拟结果的影响，本节将通州新城排水区划分为 5 类不同尺寸的网格，分别为边长为 5m、10m、20m、30m 和 50m 的三角形网格，图 6-10 和图 6-11 分别为 5m 和 50m 的网格示意图。

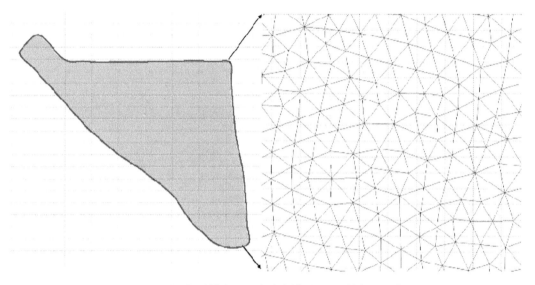

图 6-10　通州新城排水区二维地表模型 5m 网格剖分示意图

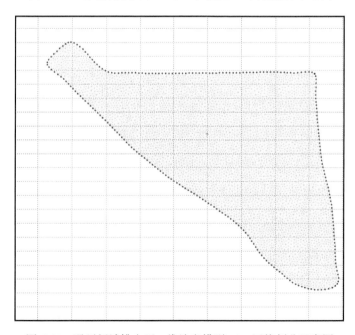

图 6-11　通州新城排水区二维地表模型 50m 网格剖分示意图

B. 地形高程数据处理

本研究所需地形高程数据综合 1∶10000 实测地形图和 DEM 数据，其中 DEM 数据的精度为 30m×30m。本次计算对建筑群进行拔高处理，修正后的地形高程如图 6-12 所示。

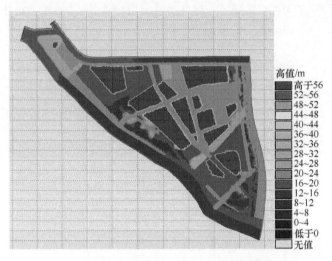

图 6-12　通州新城排水区数字高程地形概化图

C. 糙率值设置

模型计算区域内大部分区域为混凝土路面，部分区域为公园绿地，根据《水力计算手册》确定通州新城排水区糙率值：混凝土路面的糙率值取 0.02；绿地糙率值取 0.03。

6.2.2　通州新城排水区暴雨洪涝风险分析

通州区位于北京东南郊，区内地势低凹，多河汇聚，自古有"九河之梢"之称，区内水系众多，而当发生强降雨时，河道洪水对区域内涝有着至关重要的影响。因此，本节将研究区不同重现期的降雨与不同频率河道洪水进行组合，形成不同的洪涝遭遇方式，研究北运河及运潮减河出现不同重现期的洪水过程时对研究区洪涝风险的影响。研究采用 MIKE 模型中 MIKE FLOOD 模块对所建 MIKE 11 河道模块和 MIKE 21FM 模块进行耦合，耦合界面如图 6-13 所示，并对不同的组合方式进行模拟计算。

在实际降雨过程中，研究区降雨与北运河和运潮减河流域上游降雨存在时间差。通常情况下，河道的洪峰值滞后于区域降雨的峰值。据此，本次计算对研究区不同重现期设计暴雨与北运河及运潮减河不同频率的洪水进行组合。计算组合分别为：①研究区 50 年一遇设计暴雨+北运河和运潮减河 20 年一遇设计洪水；②研究区 50 年一遇设计暴雨+北运河和运潮减河 50 年一遇设计洪水；③研究区 100 年一遇设计暴雨+北运河和运潮减河 20 年一遇设计洪水；④研究区 100 年一遇设计暴雨+北运河和运潮减河 50 年一遇设计洪水；⑤研究区 100 年一遇设计暴雨+北运河和运潮减河 100 年一遇设计洪水。计算结果如图 6-14～图 6-18 所示。

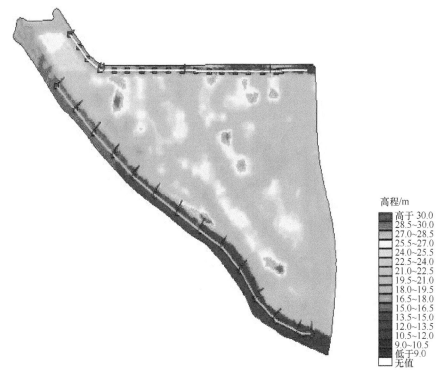

高程/m
高于 30.0
28.5~30.0
27.0~28.5
25.5~27.0
24.0~25.5
22.5~24.0
21.0~22.5
19.5~21.0
18.0~19.5
16.5~18.0
15.0~16.5
13.5~15.0
12.0~13.5
10.5~12.0
9.0~10.5
低于 9.0
无值

图 6-13　通州新城排水区一维河道和二维地表模型耦合界面示意图

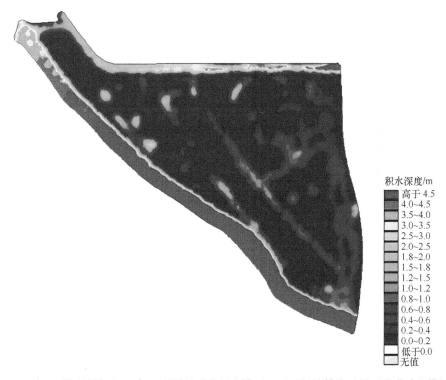

积水深度/m
高于 4.5
4.0~4.5
3.5~4.0
3.0~3.5
2.5~3.0
2.0~2.5
1.8~2.0
1.5~1.8
1.2~1.5
1.0~1.2
0.8~1.0
0.6~0.8
0.4~0.6
0.2~0.4
0.0~0.2
低于 0.0
无值

图 6-14　50 年一遇设计暴雨+20 年一遇设计洪水组合情景下通州新城排水区暴雨洪涝过程模拟结果

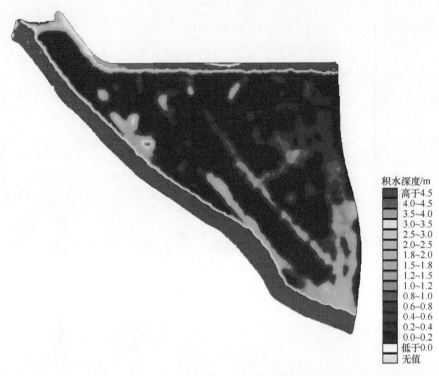

图 6-15　50 年一遇设计暴雨+50 年一遇设计洪水组合情景下通州新城排水区暴雨洪涝过程模拟结果

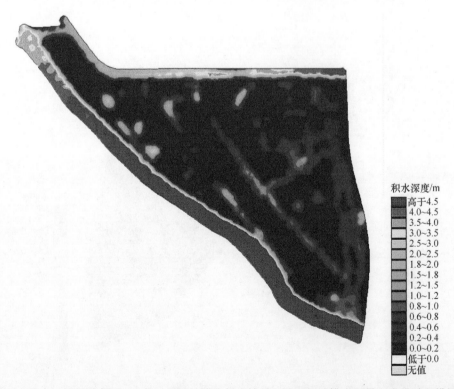

图 6-16　100 年一遇设计暴雨+20 年一遇设计洪水组合情景下通州新城排水区暴雨洪涝过程模拟结果

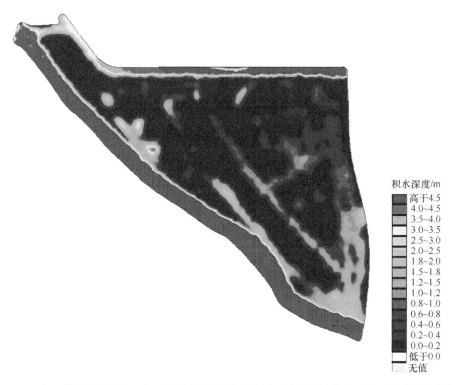

积水深度/m
高于4.5
4.0~4.5
3.5~4.0
3.0~3.5
2.5~3.0
2.0~2.5
1.8~2.0
1.5~1.8
1.2~1.5
1.0~1.2
0.8~1.0
0.6~0.8
0.4~0.6
0.2~0.4
0.0~0.2
低于0.0
无值

图 6-17 100 年一遇设计暴雨+50 年一遇设计洪水组合情景下通州新城排水区暴雨洪涝过程模拟结果

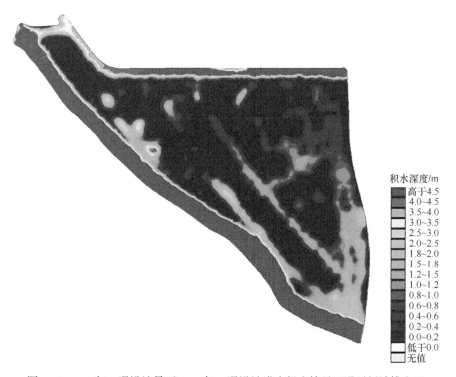

积水深度/m
高于4.5
4.0~4.5
3.5~4.0
3.0~3.5
2.5~3.0
2.0~2.5
1.8~2.0
1.5~1.8
1.2~1.5
1.0~1.2
0.8~1.0
0.6~0.8
0.4~0.6
0.2~0.4
0.0~0.2
低于0.0
无值

图 6-18 100 年一遇设计暴雨+100 年一遇设计洪水组合情景下通州新城排水区
暴雨洪涝过程模拟结果

　　根据模拟计算结果，在不同重现期设计暴雨情景下，研究区内积水主要发生在紫运中路、潞通大街和北运河东滨河路上，为了更加直观地反映出计算结果之间的差异，研究在紫运中路、潞通大街和北运河东滨河路上布设了 12 个节点，提取并对比该 12 个节点的计算结果。

　　计算结果显示，发生强降雨时，区域河道水位及流量对区域内涝的影响较为显著。当区域 50 年一遇设计暴雨遭遇河道 20 年一遇外来洪水时，研究区所选 12 个节点的积水深度范围为 0.142～1.342m。相比之下，当区域 50 年一遇设计暴雨遭遇河道 50 年一遇外来洪水时，研究区所选 12 个节点的积水深度范围为 0.143～2.164m。其中，位于紫运中路东南部的节点 5、6、7 和北运河东滨河路的节点 10、11、12 受北运河河道洪水顶托的影响最为严重；而位于紫运中路下穿京哈铁路下凹桥区下的积水（节点 4）主要是由该处地势低洼造成的，与北运河及运潮减河河道水位关系不大。同样，区域百年一遇设计暴雨遭遇河道 50 年一遇外来洪水比区域百年一遇设计暴雨遭遇河道 20 年一遇外来洪水的内涝水深显著增加；而区域百年一遇设计暴雨遭遇百年一遇外来洪水与区域百年一遇设计暴雨遭遇 50 年一遇外来洪水的内涝情况相比，研究区所选 12 个节点的内涝深度相差不是很大。

6.3　本章小结

　　本章以北京主城区和海绵城市试点区内典型排水区为例，介绍了设计暴雨条件下各排水区雨洪模型结构选择、模型参数率定与验证以及模型模拟结果可靠性分析等城市雨洪模型构建的一般过程。在北京通州新城排水区雨洪模型构建的案例里，还考虑了模型计算网格尺寸以及河道洪水过程对暴雨洪涝过程模拟结果的影响。研究结果表明：

　　（1）在种群规模和迭代次数相同的条件下，改进布谷鸟算法和 SCE-UA 算法都能快速收敛到全局搜索能力。遗传算法计算的率定期目标函数值、模型参数识别能力低于前两种算法。相较而言，改进布谷鸟算法结构简单、参数识别效率高，可为模型参数识别提供新思路。

　　（2）当研究区缺少模型参数率定与验证所需的实测资料时，可选取和研究区产汇流特性相似的邻近区域，构建模型并进行模型参数率定。然后将其模型参数移植至研究区，在此基础上构建该区域的雨洪模型。

　　（3）稀遇降雨情景下，研究区内河河道洪水过程会对区域暴雨洪涝过程模拟结果产生显著影响。因此开展区域洪涝风险评估时，应考虑内河河道水位或流量过程对研究区洪水过程和积涝过程的影响。

　　（4）合理利用城市区域内各排水区之间的分洪作用，能有效降低稀遇降水情景下城市区域的洪涝风险。对于已建排水系统，建议对其设计标准进行重新复核，在此基础上进行提标改造。

第7章 基于数值降水预报的
北京暴雨洪涝过程模拟

考虑到大红门排水区遭遇暴雨洪涝灾害的高风险性以及该区域暴雨洪涝致灾特点的代表性，本章选择大红门排水区作为开展基于数值降水预报的暴雨洪涝过程模拟研究的典型研究区。

7.1 北京大红门排水区雨洪模型构建

7.1.1 大红门排水区雨洪模型构建

1. 大红门排水区排水系统现状及模型结构选择

1）大红门排水区排水系统现状

如图 7-1 所示，大红门排水区地处凉水河流域的上游区域，西临永定河，北靠永定河引水渠，区域面积约 130km²。整体地势西北高东南低，区域内的主要排水通道包括大红门闸以上的凉水河干流以及上游至下游的支流新开渠、水衔沟、莲花河、丰草河、造玉沟、马草河和旱河等，大多沿地势走向分布。作为北京中心城市区域之一，大红门

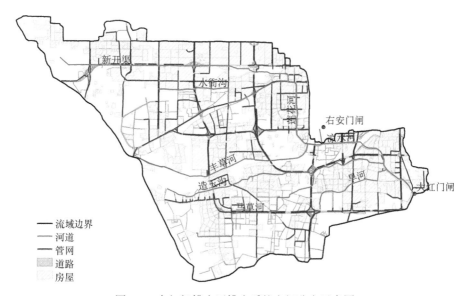

图 7-1 大红门排水区排水系统空间分布示意图

排水区在经历近 30 年快速城市化发展后，截至 2012 年末区域内硬化地表面积达到 111km²，占据区域总面积的 80% 以上，相应配套区域雨水管网覆盖面积达到 60% 以上。当前区域内雨水排水系统以合流制为主，排水管网主要沿城市道路铺设，管中水流依靠重力作用自排入最近的河道或蓄滞洪区（如湖泊湿地等）。除下凹式立交桥等重点区域外，区域范围内雨水管网系统排水设计重现期大多为 1 年一遇至 3 年一遇。当遭遇暴雨时，大红门排水区东部的山前洪水一部分会经由永定河排至永定河蓄滞洪区，另一部分则由永定河引水渠排至通惠河。由于凉水河干流及各支流均起源于大红门排水区，仅在汛期通过右安门处分洪闸接纳来自北京核心城区通惠河乐家花园排水区的流量，因此该区域可以看作独立的排水区，主要承担大红门区域内的排水任务。

2) 大红门排水区雨洪模型结构选择

尽管大红门排水区不承担来自区域东部的山前洪水以及来自西部永定河的分洪任务，但由于区域本身地势起伏不大、房屋等建设用地覆盖范围广且多为不透水或低渗透性地表，加上当前区域排水系统的设计标准也相对较低，因而，当区域发生短历时高强度的降水过程时，容易因排水能力不足或建筑物的阻挡导致局地排水不畅而出现多点或连片状的空间淹没情况。与此同时，道路以及地势较低的低渗透地表都会成为临时的排水通道或蓄滞水区。所以，在该区域开展暴雨洪涝模拟时，不能仅考虑因河道和管网溢流造成的河道周边洪泛区或道路及周边地表的局部淹没情况，而且需要将整个区域地表、管网和河网的汇流过程联结成整体，考虑整个区域内各种因素可能导致的空间内涝积水状况。此外，由于区域地表下垫面种类较多且不同种类地表下垫面对产汇流过程的影响不同，在进行暴雨洪涝过程模拟时还应当有区别地考虑其对暴雨洪涝过程演算造成的影响。在这种情况下，相较于采用水文学方法将地表划分为集总式子流域进行求解或采用水文水动力学方法将地表不透水区和透水区水流运动进行分割单独求解，采用水动力学方法对研究区不同种类地表下垫面的水流运动及相互间的水流交换过程进行描述和求解更为合理。

DHI MIKE 系列模型可以通过 MIKE FLOOD 模型实现一维管网水流运动、一维河道水流运动和二维地表水流运动过程的动态耦合模拟，因此被选为模拟大红门区域暴雨洪涝过程的模型基础。在网格划分方式的选择方面，当前 MIKE 模型提供的网格划分方式主要包括不规则网格和规则网格两种。由于研究区地表下垫面种类多且零散交替式分布，且模拟过程同时考虑二维地表水流漫流至河道以及河道水流溢流至二维地表的情况，因而采用不规则网格对地表下垫面进行划分时，会因局部网格过小而出现整体计算耗时较长或计算不稳定的情况。另外，由于模型会根据最小计算网格的大小计算时间步长，进行网格划分方式和计算网格分辨率的选择时，还需要结合计算效率和实际模拟精度的要求，根据模拟区域范围大小和模型初始化数据的分辨率尺度做出合理选择。大红门排水区空间范围约 130km²，河道过水断面宽度在 9~36m，城市道路宽度在 10~60m，用于陆气耦合的对流尺度 WRF 模型提供的降水数据空间分辨率误差在 1km 左右。综合考虑上述因素，研究最终选择采用 10m 分辨率的矩形结构网格作为计算单元对大红门排水区的暴雨洪涝过程进行模拟。

2. 大红门排水区雨洪模型基础数据收集与处理

研究选择采用 MIKE URBAN CS、MIKE 11 HD 和 MIKE 21 HD 模块分别模拟大红门排水区一维管网水流运动、一维河网水流运动和二维地表水流运动。随后采用 MIKE FLOOD 集成平台，通过设置各个基础模块间的耦合方式实现各部分水体间的水流交换，从而对区域遭遇短历时暴雨时的空间淹没状况进行模拟。在模型构建前，需要根据各模块运行对数据资料的要求进行基础数据资料的收集和校核，然后按照模型输入数据的格式要求对校核后的数据资料进行处理。在 MIKE 模型中，所需的基础数据大致分为三类：一是描述管网、河网和二维地表间空间拓扑关系的空间地理数据；二是为模型提供初始和边界条件的观测数据（如降水径流资料等）；三是用于确定物理参数化方案中的模型参数需要的实测或模拟试验数据。前两类数据可以通过收集实测资料或对遥感影像资料提取或解译后获得，第三类数据在缺乏实测资料的情况下通常借助经验或通过重复模拟试验对模型参数进行设置，即对参数取值进行率定。根据以上基础数据分类，本节将依次简要介绍大红门雨洪模型构建过程中管网、河网及二维地表模块所需的基础数据及相应的处理方式。关于模型参数的取值、率定和验证会在 7.2 节进行介绍。

1）雨水管网数据收集与处理

研究选用 MIKE URBAN CS 模块模拟雨水管网的一维非恒定水流状态，所需收集的主要信息包括：排水节点信息（包括节点类型、地理位置、直径、地面标高等），管网信息（包括管段长度、起始连接节点、坡度、管材、管径、管顶标高等），雨水管网各自的排水范围以及出水口处受纳水体的基本信息等。本节可获取的排水节点信息和管网信息来自北京市城市规划设计研究院，主要包括雨水管网干管的空间分布情况以及各排水管网入口和出口处的空间地理位置。由于获取的排水资料精度有限，研究选择根据已有的雨水管网空间布设信息对管网进行适当概化，保留主要排水管网信息的同时对部分短的管段进行合并。各排水节点的空间位置则主要根据大红门区域内主要道路和建筑物的分布情况，结合高分辨率影像图进行设置并进行相应调整。排水节点埋深、直径以及管道的直径、坡度和断面形状等属性数据参照部分街道排水管网设计资料以及文献资料进行设置；缺乏资料的区域主要依照《室外排水设计标准》（GB 50014—2021）的要求确定。基础数据准备完毕后，研究对排水节点的地面标高，管道的空间拓扑关系、走向和最小埋深（覆土厚度不小于 0.7m）等进行校核，并对各排水节点和管道间的连接关系进行检查以确保每段雨水管网都有对应的排水出口。最终布设的雨水管网如图 7-2 所示，共包括排水节点 1078 个，管段 1022 个。管道采用的断面形式包括圆管和矩形管，管网管径主要为 D300～D800，各管段间采取管顶平接方式。

2）河网数据收集与处理

研究选用 MIKE 11 HD 模块模拟河网的一维非恒定水流状态，需要收集的基本信息包括河道信息（包括河道及渠系的空间走向、干流和支流间的连接关系、河道横断面信息等）、水工建筑物信息（包括闸门的空间位置、启闭条件等）以及降水、入流和出流

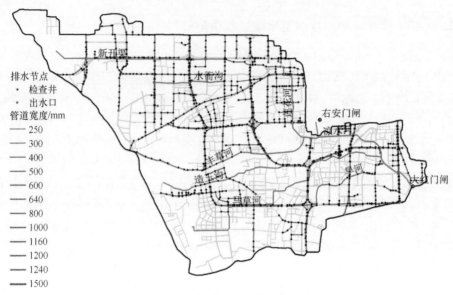

图 7-2　大红门排水区雨水管网空间分布图

等边界条件信息。本节可获取的河网信息主要来自北京市水文总站,包括河道大致走向、主要排水河道的横断面信息以及入流和出流等边界条件信息。由于区域内部分人工河道和农田渠系未经过衬砌且排水能力较低,因而研究根据其空间分布状况对该部分河网进行概化,对主要的排水河道信息进行保留。对于缺资料的河段,除采用高分辨率影像资料和数字高程信息对河道或渠系走向进行数字化和修正外,还通过实地调研、查阅相关设计及文献资料等方式对河网信息进行进一步完善。概化后的河网由 8 条河渠组成,包括 1 条干流(凉水河)、7 条支流(图 7-1 和表 7-1)。为保证计算的稳定性,研究在河道或渠底断面宽度和形式变化明显处,河渠中心线曲率和坡降变化明显处,各河段连接支流和管网出水口附近都适当增加了计算节点和横断面信息。经过调整,最终沿河道和渠系布设有 601 个计算节点和 141 个横断面。除河网信息外,研究从凉水河流域管理局收集到 2010～2012 年汛期来自右安门闸处的侧向入流流量资料以及大红门闸出口处的水位流量资料。其中,大红门闸和右安门闸的地理位置由北京市水文总站提供。在降水资料的选择方面,由于可获得的区域内同期观测站点小时降水资料仅来自靠近右安门闸和

表 7-1　大红门区域内主要河道及渠系基本信息统计表

河道及渠系名称	长度/km	水面宽度/m	计算节点数/个	横断面数/个
凉水河干流	7.91	38～60	112	20
新开渠	8.86	8～15	80	29
水衙沟	7.69	12～16	62	19
莲花河	6.33	15～38	49	21
丰草河	9.45	12～32	62	16
造玉沟	8.04	9～15	66	13
马草河	12.8	12～30	121	16
旱河	4.81	8～12	49	8

大红门闸的两个雨量站，空间代表性较差。因此，研究选择中央气象台提供的大红门排水区同期 0.1°1h 分辨率的空间格点降水资料为模块运行提供降水边界条件。

3）二维地表数据收集与处理

研究选用 MIKE 21 HD 模块对二维地表坡面汇流过程进行模拟，需要收集的信息包括地表高程信息、土地利用信息以及降水、入流和出流等边界条件信息。本节地表高程信息来源有两个，一是由北京市城市规划设计研究院提供的 30m 分辨率的高程数据，另一个提取自 Google Earth 提供的区域范围内 7.29m 分辨率的遥感影像资料。土地利用信息通过解译北京高分影像资料并结合实地调研数据获得，空间分辨率为 1m。根据城市区域下垫面的不同产汇流特点，研究将解译后的土地利用信息归类为道路（城市道路）、房屋（楼房、平房、工况用地和其他建设用地）、硬化铺装（广场和未利用地）、植被（林地和草地）、裸土（耕地）和水域面（河流、沟渠等）共六种。如前所述，研究采用 10m 分辨率的矩形网格作为计算单元对大红门排水区地表二维水流运动进行求解。在借助空间分析软件对地表高程信息和土地利用信息进行重采样前，研究在指定投影坐标系（WGS_1984_UTM_ZONE_50N）下根据流域边界范围将研究区划分为 2145 个×1336 个 10m 分辨率大小的矩形网格。随后利用 ArcGIS 软件将 Google Earth 提供的高程信息和重分类的土地利用信息转换至同一投影坐标系进行重采样以生成同样网格大小的栅格文件。由于重采样过程中的插值会造成局部高程失真，因而研究根据 30m 分辨率的高程数据结合土地利用信息对研究区尤其是河道、道路及房屋周边地区的高程数据进行再次检查和修正。

大红门排水区在遭遇暴雨时可以看作独立的排水区，主要承担来自地区内部的雨洪流量以及汛期由右安门闸处分泄的来自乐家花园排水区的洪峰流量，且大红门区域内排水通道大多沿地势走向分布，所有排水通道最终统一汇入凉水河干渠并从大红门闸出口处排出。因而在进行二维地表汇流模拟时，可以将整个大红门排水区看成闭合流域，只在右安门闸和大红门闸流域出口所在的边界网格处分别考虑添加侧向入流和出流边界条件信息。由于本节进行耦合模拟时考虑到二维地表和一维河网之间的水流交换过程，因此只在一维河网模块中添加了上述入流和出流边界条件信息。不过，为保证模拟结果的合理性，需要校核一维河网模块中入流和出流计算节点以及二维地表模块中计算网格的拓扑关系，确保计算节点位于相应二维地表边界网格单元内。降水资料选用的是中央气象台提供的 0.1°1h 分辨率的空间格点降水数据，通过编写 MATLAB 程序获得其在大红门排水区 1h 的面平均降水时间序列。由于研究区缺乏相关实测试验资料确定用于描述不同地表下垫面种类产流和汇流特征的模型物理参数，因此研究选择参照同地区或邻近区域的模拟试验结果和已有排水设计规范对这类模型物理参数（包括径流系数和地表曼宁糙率系数）进行预估并赋予初始值。随后借助 ArcGIS 工具将其插值生成 10m 网格分辨率的二维平面数据，用于模拟运行和参数率定。

3. 大红门排水区雨洪模型建立

经过上述模型基础数据收集和处理后，根据各模块对基础数据资料的输入要求，研究分别建立用于模拟大红门排水区一维管网、一维河网和二维地表水流过程的模块。在各模块中，除需要率定的部分模型物理参数外，其余物理参数（如干湿系数、涡粘系数、风阻等）主要依据 DHI MIKE 系列模型手册的推荐值域范围进行设置。采用 MIKE FLOOD 模型集成各模块前，需要使各模块进行单独试运行以确保其能够正常运行且其模拟运行结果具有物理上的合理性。各模块试运行成功后，研究结合研究区域在汛期的实际排水状况对各模块间的耦合方式进行设置。其中，MIKE 11 HD 和 MIKE 21 HD 模块的耦合方式采用的是侧向连接，具体连接方法为 CELL TO CELL，即对两个模块中每个计算节点都进行水流计算，计算后的水位和流量信息再重新分配至各个计算节点。MIKE URBAN CS 和 MIKE 11 HD 模块的耦合采用的是排水管道通过排水出口连接至河道或渠系的方式。MIKE URBAN CS 和 MIKE 21 HD 模块的耦合方式采用的是排水节点和二维地表网格计算节点连接的方式；这意味着各排水节点的汇水区是由受城市建筑物分布格局影响的局部地形条件来划分的，而不是通过集总式的面积–水位曲线或人为划分等方式来确定的。

在确定各模块间的耦合方式后，研究对管网、河网及各类型下垫面间的空间拓扑关系进行了再次校核，以确保各部分在相同投影坐标系的水平和垂直空间上不发生重叠或出现空隙。此外，还对用于连接各模块的计算节点和网格单元的属性和相互间的连接情况进行检查，以保证模拟结果在物理上的合理性。由于各模块计算达到收敛所需的时间步长不同，因此在完成上述步骤后需要对各模块的时间步长和模拟时间范围进行统一调整和设置，取各模块计算稳定所需的最小时间步长作为耦合模拟采用的时间步长。本节模拟时间步长取 2s，模拟时间范围则根据模拟暴雨洪涝事件的空间淹没情况具体确定。另外，由于各模块的边界条件输入信息在进行耦合模拟时会出现重叠，因此进行耦合模拟之前需要确定具体在哪个模块中添加相应边界条件信息。例如，对降水资料的输入，本节考虑的是全流域降水经过产汇流过程后在整个区域范围内造成的空间积水状况，因而选择在二维地表汇流模块中添加降水边界条件信息。对于模型初始运行条件的设置，例如对管网、河道和二维地表网格初始水位和流量的设置，虽然缺乏相应资料，但考虑到大红门排水区汛期各场次强降水过程之间间隔时间较长，而且区域内各排水通道在非汛期时流量和水位较小，因而研究仅在各排水通道分别添加初始水深以保证模型初始化运行过程的计算稳定。

7.1.2　大红门排水区雨洪模型参数率定与验证

1. 模型参数取值预估及初始值设置

如前所述，在 MIKE 模型中，有部分模型物理参数通常需要依据研究区实测试验资料进行确定。但是当缺乏相应实测资料时，则可以参照已有文献或设计规范对这类参数的取值进行预估，然后通过调整参数取值不断重复模拟试验直到模拟值和观测值误差处于允许的误差范围内，再最终确定参数的取值，这一过程称为模型参数率定过程，这类模型参数则通常被称为模型率定参数。本节考虑到研究区不透水或低渗透性地表硬化面积比例相对较高（80%以上），且在短历时强降水过程中容易出现下垫面土壤湿度未达到饱和便产流的情况，因而研究采用径流系数法对不同土地利用下垫面的下渗情况进行描述。在这种情下，研究需要率定的模型参数包括以下四类，分别为排水管渠曼宁糙率系数、河道及明渠曼宁系数以及不同种类地表下垫面的径流系数和曼宁系数。通过查阅相关文献（刘兴昌，2006；黄国如等，2013）和设计规范《城镇雨水系统规划设计暴雨径流计算标准》（DB11/T 969—2016），研究获取的各类模型率定参数的推荐取值范围如表 7-2～表 7-5 所示。

表 7-2　不同地表下垫面种类径流系数表

地表下垫面种类	径流系数
耕地、草地及林地	0.15～0.40
屋面、混凝土、沥青路面及广场	0.85～0.95
大块石铺砌路面及广场	0.55～0.70
沥青敷面的碎石路面及广场	0.55～0.65
级配碎石路面及广场	0.40～0.50
干砌砖石或碎石路面及广场	0.35～0.40
未铺砌土路面	0.25～0.35

表 7-3　不同地表下垫面种类曼宁系数表

地表下垫面种类	曼宁系数	地表下垫面种类	曼宁系数
草地	0.035～0.15	城市道路	0.01～0.02
耕地	0.03～0.04	铁路	0.01～0.025
林地	0.05～0.15	房屋等建设用地	0.01～0.02
河流、沟渠	0.012～0.025	广场及未利用地	0.02～0.025

表 7-4　不同排水管渠种类曼宁系数表

管渠种类	曼宁系数	管渠种类	曼宁系数
混凝土管（块体）	0.012～0.017	水泥砂浆抹面渠道	0.013～0.014
钢筋混凝土管	0.011～0.015	浆砌砖渠道	0.013～0.015
石棉水泥管	0.012～0.015	浆砌块石渠道	0.015～0.017
铸铁管	0.013～0.015	干砌块石渠道	0.020～0.03
金属管	0.011～0.026	土渠	0.025～0.03
陶土管	0.013～0.017	土槽	0.012～0.014

表 7-5　不同河道及明渠种类曼宁系数表

河道及明渠种类	曼宁系数	河道及明渠种类	曼宁系数
具有规则断面的天然河道	0.03～0.07	具有不规则断面的天然河道	0.04～0.10
沥青衬砌河道或渠道	0.013～0.017	沿渠线断面均匀变化的土渠	0.02～0.03
砖砌体河道或渠道	0.012～0.018	沿渠线断面变化较大的土渠	0.025～0.04
混凝土衬砌河道或渠道	0.011～0.2	石渠	0.03～0.045
未衬砌河道或渠道	0.03～0.04	未维护渠道	0.05～0.14

为缩短模型参数率定的时间，提高参数率定的效率，在上述推荐的各类模型参数取值范围区间内，研究根据近年来在北京邻近排水区或周边城市地区 MIKE 模拟试验中采用的各类参数取值，对需要率定的模型参数初始值进行设置。其中，MIKE URBAN CS 模块中排水管渠曼宁系数取值为 0.012；MIKE 11 HD 模块中河道及明渠曼宁系数取值为

0.025；MIKE 21 HD 模块中草地和林地的径流系数和曼宁系数分别取 0.30 和 0.05；耕地的径流系数和曼宁系数分别取 0.40 和 0.04；河道沟渠的径流系数和曼宁系数分别取 0.85 和 0.025；城市道路和房屋等建设用地的径流系数和曼宁系数分别取 0.85 和 0.016；广场及未利用地的径流系数和曼宁系数分别取 0.65 和 0.025。

2. 模型参数率定方案

确定各类模型率定参数的初始值后，需要开展多次模拟试验对各类模型参数进行调整，使模拟值和观测值的误差达到允许误差范围。在模型参数率定过程中，由于各模型参数是根据模拟试验结果进行调整和确定的，因而影响各模型参数最终取值的因素除了误差度量指标的选择外，还有模拟试验对象的选择。而误差度量指标和模拟试验对象的确定一方面与实际可获得的观测数据资料的详细程度、时空覆盖范围和分辨率尺度等有关，另一方面则与研究的目的紧密相关。

本节构建大红门排水区雨洪模型的出发点是模拟该区域遭遇短时暴雨时出现的空间洪涝状况，探索采用陆气耦合方式进行暴雨洪涝模拟的可能性，以期为区域防涝减灾提供技术和理论支持。因而，研究选取了该区致灾性较强并且数据资料较完备的三场暴雨洪涝事件作为模拟试验对象进行模型参数率定。在三场暴雨洪涝事件中，由于 20120721 场次暴雨洪涝灾害事件可获取的观测资料相对更为全面，因而该事件被选为模型参数验证期的模拟试验对象。率定期模拟试验对象选择的分别是 20110623 场次暴雨洪涝灾害事件和 20110724 场次暴雨洪涝灾害事件。由于形成这两场暴雨洪涝事件的短历时强降水类型不同，造成的局地暴雨洪涝时空分布特征也存在明显差异，因而选择这两场暴雨洪涝事件作为模拟试验对象可以一定程度上保证经过模型参数率定的结果具有合理性和代表性。在模拟时段的选择方面，本研究中模拟试验采用的模型结构较为复杂，计算单元相对较多且采用的计算时间步长较短，使得各场次暴雨洪涝过程模拟计算的耗时相对较长。与此同时，由于研究获取的汛期流量序列的时间覆盖范围相对较短，所以研究分别选择各场次暴雨洪涝事件中降水开始的时刻和洪水消退的时刻作为率定期和验证期模拟时段的起始时刻。

关于误差度量指标的选择，当前研究可获取的实测验证资料包括来自凉水河流域管理局提供的凉水河干流大红门闸处实测的汛期场次暴雨洪水流量过程曲线，通过新闻及网络渠道收集的 20120721 场次暴雨洪涝事件中各主要城市道路的积水深度数据以及后期调研获取的该场次暴雨洪涝事件中局部严重积涝地区的淹没情况资料。结合以上验证资料的收集情况，研究根据《水文情报预报规范》（GB/T 22482—2018）的要求选择了度量暴雨洪涝过程模拟精度的纳什效率系数 R_{NS}，度量模拟洪峰流量和观测洪峰流量相对误差的指标 RE_p，度量洪峰出现时间和观测洪峰出现时间误差的指标 AE_T，对率定期和验证期模型模拟试验结果进行评估和模型参数优选。各误差度量指标（或评估指标）的计算方法参见式（7-1）～式（7-3）。

$$R_{NS} = 1 - \frac{\sum_{i=1}^{N}\left(q_i^{obs} - q_i^{sim}\right)^2}{\sum_{i=1}^{N}\left(q_i^{obs} - \overline{q}^{obs}\right)^2} \tag{7-1}$$

$$RE_p = \frac{\left| q_p^{\mathrm{obs}} - q_p^{\mathrm{sim}} \right|}{q_p^{\mathrm{obs}}} \times 100\% \tag{7-2}$$

$$AE_T = T_p^{\mathrm{obs}} - T_p^{\mathrm{sim}} \tag{7-3}$$

式中，q_i^{obs} 为模拟时段内 i 时刻的观测流量值；q_i^{sim} 为 i 时刻的模拟流量值；N 为模拟时段内观测流量序列的个数；$\bar{q}^{\mathrm{obs}}$ 为观测流量序列的平均值；q_p^{obs} 为观测的洪峰流量值；q_p^{sim} 为模拟的洪峰流量值；T_p^{obs} 为观测的洪峰出现时间；T_p^{sim} 为模拟的洪峰出现时间。由于本节模型结果输出的时间步长为 20min，因此 AE_T 指标的计算结果以分钟计量。

模型参数调整的原则是优先保证模拟暴雨洪涝过程曲线和观测暴雨洪涝过程曲线的分布特征相似（即纳什效率系数相对较高），即使模拟和观测的洪水总量误差较小；然后保证洪峰流量值和洪峰出现时间和观测值尽量吻合。同时采用主观验证方法进行校核以保证模拟结果的合理性，例如，不能因为模拟出的洪峰流量小于观测洪峰流量，持续减小河道渠系和管道的曼宁系数以达到两者间误差最小，从而导致局部河段或管段空载而在河段下游或管道出口处出现局部雍水或流速过大的现象，抑或引起模拟计算不稳定导致整个模拟结果失真。除采用上述客观评价指标和主观验证方法对模拟结果进行评估和校核外，研究还通过观察和对比局部淹没水深的模拟值和观测值的方式对模拟结果的可靠性和合理性进行评估。

3. 模型参数率定与验证

在进行模型率定参数调整时，研究发现不同类型模型率定参数的调整对耦合模拟结果的影响程度和方式不同。在 MIKE URBAN CS 模块中，管道曼宁系数的取值主要对各排水节点周边地表积水深度、管道排水出口处河段流量过程以及流域出口处洪水流量过程产生影响。管道曼宁系数取值过小会使得管网水流流速加快，增加局部管段压力，在各管段下游或出口处容易因局部水头过高而出现地面积水深度过高或连接河段处短时雍水的情况，同时容易引起计算不稳定或出现计算不收敛的情况。但取值过大会使得管网水流汇入河道的时间延后，使得沿管网布设的各排水出口处周边地表出现积水深度过大的情况。在 MIKE 11 HD 模块中，河道或渠系曼宁系数的取值更大程度上会影响流域出口处的洪水流量过程。当河道或渠系曼宁系数取值较小时出口处流量过程曲线会呈现尖瘦的分布特点，模拟出的洪峰流量较大且模拟的峰现时间会相对提前。同时在河道中心线弯曲曲率较大或河道断面变化较大的河段会因短期水头过高而出现局部河段雍水的现象，河道水位超出河岸高程还会使得周边地表出现较大范围积水。

在 MIKE 21 HD 模块中，地表径流系数的选择对耦合模拟结果的影响体现在两方面，一是流域出口处流量的大小，二是局部积水深度。径流系数取值较小则会使得流域出口处的洪水总量和洪峰流量减小，同时增加相应地表区域的积水深度。不过，不同的地表下垫面类型的径流系数的取值对模拟结果的影响程度不同。由于大红门排水区草地和林地等植被用地占地面积较小，因而对草地和林地径流系数的调整主要影响的是该区域及周边的地表积水深度，相较而言对流域出口处的洪水总量和峰值影响不大。而对于占地面积较大的低渗透性地表下垫面,尤其是道路以及管网排水出口周边地表下垫面,其径流系数的选择则对河道沿程和出水口处的洪水总量和峰值造成的影响相对较大。地表曼宁系数的选择则会对流域出口处洪水流量过程曲线的分布特征、洪峰出现的具体时间以及空间积水时间和深度产生影响。类似地,在所有的地表下垫面种类中,草地及林地的曼宁系数取值主要影响的是局部区域的积水时间和深度。而低渗透性地表下垫面曼宁系数的取值除了对局部积水时间和深度有影响外,对流域出口处洪水流量过程曲线分布特征和洪峰出现时间也有明显影响。若该类地表下垫面曼宁系数取值较小则会使得洪水流量过程曲线呈现尖瘦的特点,洪峰出现时间也会提前。

模拟结果显示,在两场率定期洪水模拟过程中,采用率定参数初始值的模拟试验模拟出的洪水总量和洪峰流量要小于实测值。在洪峰出现时间上,模型在两场率定期暴雨洪涝事件中模拟出的洪峰出现时间相较于观测峰现时间均有提前。因而,研究结合上述各类模型参数调整对模拟结果的影响,选择适当增大管网和河道渠系的曼宁系数,同时适当提高河道沟渠、城市道路及房屋等建设用地的径流系数和曼宁系数。经过参数调整后模拟得到的大红门排水区出口处洪水流量过程曲线如图 7-3 和图 7-4 所示。

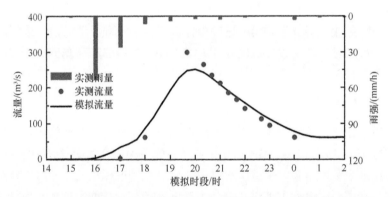

图 7-3　20110623 场次暴雨过程中大红门排水区出口处流量过程曲线图

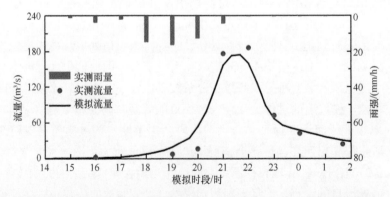

图 7-4　20110724 场次暴雨过程中大红门排水区出口处流量过程曲线图

由图 7-3 和图 7-4 可以看出,模拟的洪水流量和观测的洪水流量时程分布特征基本一致,模拟结果基本能够捕捉到洪水过程开始和消退的时间,且模拟的洪峰流量和峰现时间与观测值差距较小。通过计算各误差度量指标值可知(表 7-6),两场暴雨洪涝过程的模拟结果和观测结果的纳什效率系数 R_{NS} 均达到 0.9 以上，洪峰流量相对误差 RE_p 在 20%以内，洪峰出现时间误差 AE_T 在 20min 以内，满足《水文情报预报规范》（GB/T 22482 —2008）规定的精度要求。对主要干管和各条河道渠系的水位和流量过程以及积涝区地表的空间积水状况进行校核后，结果表明模型模拟结果具有一定合理性。因此研究选择调整后的率定参数组合作为模型参数率定结果。其中，MIKE URBAN CS 模块中管网曼宁系数由 0.012 调整至 0.013；MIKE 11 HD 模块中河道渠系曼宁系数由 0.025 调整至 0.03125；MIKE 21 HD 模块中河道沟渠径流系数和曼宁系数分别由 0.85 和 0.025 调整至 0.9 和 0.03125；城市道路和房屋等建设用地径流系数和曼宁系数分别由 0.85 和 0.016 调整至 0.9 和 0.02。其他模型率定参数的取值不变。

表 7-6　不同场次暴雨过程中大红门排水区出口处流量过程模拟结果误差统计表

评估指标	率定期		验证期
	20110623	20110724	20120721
R_{NS}	0.94	0.92	0.92
RE_p/%	15.9	6.33	7.86
AE_T/min	−20	20	0

经过模型参数率定后，研究采用率定的模型对 20120721 场次暴雨洪涝过程进行模拟，各评估指标的计算值如表 7-6 所示。由表 7-6 可知，模型对验证期场次暴雨洪涝过程模拟的结果和观测值误差均在允许误差范围内，模拟洪水流量和观测洪水流量纳什效率系数达到 0.92，模拟洪峰流量和观测洪峰流量误差在 10%以内，模拟的洪峰出现时间和观测的洪峰出现时间基本一致。通过和验证期观测洪水流量过程曲线进行对比（图 7-5）可以发现，模拟的验证期洪水流量和观测的验证期洪水流量的时程分布特征较为吻合。另外，通过对比模拟和观测的主要城市道路的局部淹没水深（图 7-6 和表 7-7）可知，模型在几个观测积水点处模拟的积水深度和观测的积水深度基本一致，且空间模拟的积涝较为严重的地区和调研收集的情况吻合程度较高，这说明经过率定后的模型能够较好地捕捉 20120721 场次暴雨洪涝过程中的空间淹没积水状况。综合以上模型参数率定和验证的结果，可以认为模型模拟的结果具有一定的准确性和可靠性，且能够合理地反映大红门排水区遭遇短时强降水时的空间积涝状况，因而能够作为大红门排水区陆气耦合暴雨洪涝模型的水动力学模型基础。

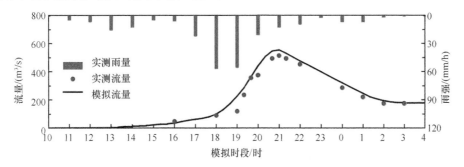

图 7-5　20120721 场次暴雨过程中大红门排水区出口处流量过程曲线图

横轴数字表示 20120721 场次暴雨过程的模拟时段从 2012 年 7 月 21 日 10 时持续至 2012 年 7 月 22 日 4 时

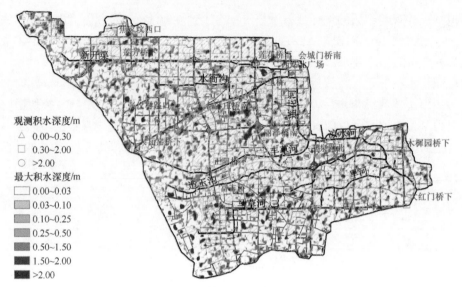

图 7-6　20120721 场次暴雨过程中大红门排水区积水深度空间分布图

表 7-7　20120721 场次暴雨过程中大红门排水区观测积水点处积水深度统计表

观测积水点	积水深度/m		观测积水点	积水深度/m	
	观测值	模拟值		观测值	模拟值
焦家坟西口	0.0～0.3	0.105	富丰桥下	0.3～2.0	0.891
莲芳桥下	0.0～0.3	0.123	大红门桥下	0.3～2.0	0.793
丽泽桥南	0.0～0.3	0.123	木樨园桥下	0.3～2.0	0.879
张仪村路口	0.0～0.3	0.113	西站北广场	0.3～2.0	0.562
岳各庄桥南	0.3～2.0	0.545	会城门桥南	0.3～2.0	0.323
六里桥	0.3～2.0	0.808	莲花桥下	>2.0	2.536
大瓦窑桥下	0.3～2.0	1.184	玉泉营北	>2.0	1.691
正阳桥下	0.3～2.0	1.134			

7.1.3　大红门排水区暴雨洪涝过程模拟结果分析

　　通过分析上述模拟结果可知，模型能够较好地捕捉率定期和验证期暴雨洪涝过程中流域出口处洪水流量的时间分布特征以及验证期暴雨洪涝过程中区域内的空间积涝状况，说明模型能够合理地描述并反映大红门排水区的暴雨洪涝特点。另外，通过观察验证期各管网和河道渠系的水位和流量过程并结合验证期模拟的空间积涝结果，可以看出当区域遭遇短历时强降水时，除在河道渠系和管道各排水出口周边地表会出现因河道或管道溢流引起的空间积水外，城市低洼地区、密集的低渗透性建筑物和非主要城市道路及周边也会出现大范围的空间积涝状况。这说明相较于采用集总式子流域求解的水文学方法和将地表不透水区和透水区水流运动分割单独求解的水文水动力学方法，采用描述地表和地下水流运动及两者间水流交换过程的水动力学方法来模拟大红门排水区的暴雨洪涝状况更为合理。

不过，尽管模型的模拟结果能够满足规定的精度要求，但是总的来看模型模拟的暴雨洪水总量和洪峰流量无论是在率定期还是在验证期都与观测的暴雨洪水总量和洪峰流量存在一定偏差，且两场率定期暴雨洪涝过程中模型模拟峰现时间较观测峰现时间略有提前或延后。通过分析认为产生误差的原因可能包括以下几点。

（1）管网和河网概化。由于缺乏详细的实测管道和河道渠系信息，研究根据已有资料对管网排水系统和河网进行调整和概化，仅保留主要管网和河网的信息。在对管道排水节点布设时，为保证计算效率，研究根据模拟计算网格大小对排水节点数量进行了适当调整和缩减。以上概化可能导致模型模拟的管网和河网汇水面积与真实的管网和河网汇水情况存在差异，使得大红门流域出水口处的洪水总量和洪峰流量出现偏差。

（2）观测数据资料误差。研究获取的实测降水序列时间间隔为 1h，而流域出水口处实测流量序列的时间间隔最小为 20min，降水输入数据和出口处流量数据时间尺度的不匹配会使模拟的洪水流量过程和模拟峰现时间出现偏差。此外，右安门闸处汛期观测记录的侧向入流流量序列时间覆盖范围较短并且时间间隔相对较长，也有可能导致模型模拟的洪峰流量出现误差。

（3）模型计算网格误差。进行模拟运算时，考虑到可获得数据的时空分辨率以及计算效率和稳定性的要求，研究通常会采用相对较大的计算网格或规则网格对水流运动过程进行求解。这意味着在模型建立前需要对地形和下垫面等信息进行再处理，而再处理过程会导致局部地形和地表状况失真，从而对流域出口处的洪峰流量和峰现时间产生影响。

（4）暴雨行洪过程本身的复杂性及人为因素影响。尽管模型构建过程中会尽可能考虑还原真实的暴雨洪涝过程，但是受到现有认知程度、观测资料及计算能力的限制，当前的模型还不能完全描述和反映暴雨洪涝过程中的真实情况。而行洪过程中管道的堵塞状况、地下设施（如地下室、地铁等）的蓄滞排水状况、排水泵站的实际运作情况、人为设置的阻水设施等都会在一定程度上改变原有汇水路径，影响洪水总量和洪峰流量，使得峰现时间提前或延后。

7.2　基于数值降水预报的城市暴雨洪涝过程模拟

研究通过第 5 章数值天气预报模型动力降尺度方案和物理参数化方案的再评估和优选，构建了适合模拟和预报北京短时强降水的对流尺度数值天气预报模型。7.1 节通过雨洪模型结构优选及相关模型物理参数的率定和验证，建立了能够反映大红门排水区遭遇短时暴雨时空积涝特点的高分辨率雨洪模型。本节则是在构建的区域对流尺度数值天气预报模型和高分辨率雨洪模型基础上，通过评估数值降水预报和暴雨洪涝过程模拟的效果，选择合适的陆面和天气过程耦合方案，进而构建适用于模拟和预报大红门排水区暴雨洪涝状况的陆气耦合模型；基于陆气耦合雨洪模型模拟的结果评估陆气耦合的效果和采用陆气耦合方法进行城市暴雨洪涝预警预报的可行性。

由于预见期的选择对数值降水预报结果影响较为显著，因此在进行降水预报模拟结果评估前，研究首先对采用不同预见期的模型试验方案在大红门排水区的模拟效果进行对比分析，优选出合适的集合降水预报方案。在陆气耦合方式的选择上，研究选择采用模型结构相对简单且运算效率较高的单向耦合方式进行数值天气预报过程和暴雨洪涝过程的耦合模拟。为解决降水预报结果和暴雨洪涝过程模拟结果时空尺度和数据格式不匹配的问题，研究根据雨洪模型降水输入数据的格式要求，通过 NCL 和 MATLAB 编码实现降水数据处理和输入格式转换。在进行陆气耦合模拟效果的评估时，研究根据降水集成预报的模拟精度和实际暴雨洪涝预警预报的需求，不仅对采用区域平均降水预报序列作为陆气耦合模型降水输入时的模拟效果进行了分析，同时基于该评估结果选择观测数据资料较为完备的 20120721 场次暴雨过程作为模拟试验对象，对比分析采用区域平均降水预报序列和格点降水预报序列作为陆气耦合模型降水输入时的模拟效果差异。在此基础上，综合评估采用陆气耦合方式对城市区域暴雨洪涝过程模拟和预警预报的效果。

7.2.1　大红门排水区陆气耦合雨洪模型构建

如前所述，研究在已构建的北京数值天气预报模型和大红门排水区雨洪模型的基础上，选择采用单向耦合方式对大红门排水区遭遇短时暴雨的空间积涝状况进行模拟。根据第 5 章的评估结果可知，在一定预见时间范围内，数值天气预报的模拟效果随预见期的增加既有可能出现减弱也有可能出现增强的情况。这是因为除大气的混沌属性对降水模拟能力有影响之外，模拟初始时刻驱动数据提供的初始化场和实际大气以及地表状况的吻合程度也会决定降水模拟的实际效果。因此，进行陆气耦合方案选择和雨洪模型构建之前，研究在已建立的北京对流尺度数值天气预报模型基础上，设置具有不同预见期的模拟试验方案分别对所选的三场强降水过程进行模拟。通过对比评估不同模拟试验方案模拟大红门排水区短时强降水的能力，评选出合适的集成预报方案。再结合降水集成预报和雨洪模型的模拟效果对陆气耦合方案进行设置，进而构建大红门排水区的陆气耦合雨洪模型。

1. 大红门排水区陆气耦合雨洪模型结构基础

1）区域对流尺度数值天气预报模型

研究选择 WRF 模型 3.7.1 版本作为构建北京对流尺度数值天气预报模型的基础。经过 5.2.1 节动力降尺度方案的再评估和优选后，模型采用的基本设置和动力降尺度方案参见表 7-8。模型采用三层嵌套网格方案（图 5-2）。根据 5.2.2 节云微物理方案的评估结果，云微物理过程采用 WSM6 方案求解；积云对流过程采用 GD 方案求解；行星边界层过程采用 MYJ 方案求解；地表方案选择 MO 方案；短波/长波辐射方案分别采用 RRTMG 短波/长波辐射方案；陆面方案选择 Noah 方案。

表 7-8　WRF 模型基本模型参数配置和动力降尺度方案设计

WRF 模型参数配置类别	设置方案
模型初始化数据集	ERA-Interim PL 数据集
边界条件更新周期	6h
模型求解积分步长	90s
模型输出时间间隔	1h
模型嵌套区域方案	三层双向嵌套网格方案
嵌套区域网格中心	42.25°N，114.0°E
嵌套区域网格划分	最外层嵌套区域 D01：80×64
	中间层嵌套区域 D02：200×200
	最内层嵌套区域 D03：250×250
各层网格嵌套比例	1：5：5
嵌套区域水平网格间距	D01：40.5km
	D02：8.10km
	D03：1.62km
垂直方向坐标系统	质量地形跟随坐标系
垂直方向计算分层	57 层
垂直向顶层气压值	50hPa
水平方向投影方式	Lambert Mercator 投影坐标系

2）区域高分辨率雨洪模型

通过分析大红门排水区遭遇短历时强降水时的排水状况和空间积涝特点，研究选择能够耦合模拟城市管网、河网和二维地表水流运动的 DHI MIKE 水动力学系列模型作为构建大红门排水区雨洪模型的基础。其中，MIKE URBAN CS 模块用以描述和模拟雨水管网的一维水流运动状态；MIKE 11 HD 模块用以描述和模拟河网的一维水流运动状态；MIKE 21 HD 模块用以描述和模拟二维地表水流运动状态。并通过 MIKE FLOOD 设置各模块间的耦合方式以实现管网和河网、管网和二维地表、河网和二维地表之间的水流交换。在具体耦合方式上，MIKE 11 HD 和 MIKE 21 HD 模块间的耦合方式采用的是侧向连接，连接方法为 CELL TO CELL；MIKE URBAN CS 和 MIKE 11 HD 模块间的耦合采用的是排水管道通过排水出口连接至河道或渠系的方式。MIKE URBAN CS 和 MIKE 21 HD 模块间的耦合采用的是排水节点和二维地表网格计算节点连接的方式。进行耦合模拟时，所有模块的投影坐标系设置为 WGS_1984_UTM_ZONE_50N，模拟时间步长为 2s，模型输出结果的时间间隔为 20min。

根据不同种类城市地表下垫面的产汇流特点，研究根据解译获得的高分辨率土地利用信息将二维地表下垫面分为道路、房屋、硬化铺装、植被、裸土和水域面共六种。同时选择采用 10m 分辨率的矩形网格对二维地表进行划分，共生成 2145 个×1336 个网格计算单元对二维水流运动状态进行求解。考虑到研究区不透水或低渗透性地表硬化面积比例相对较高（超过 80%），且在短历时强降水过程中容易出现下垫面土壤湿度未达到饱和便产流的情况，研究选择采用径流系数法对不同地表下垫面的下渗情况进行描述。在已选择的模型结构基础上，需要率定的模型参数包括排水管渠曼宁系数、河道及明渠曼宁系数以及不同种类地表下垫面的径流系数和曼宁系数。在相关文献和设计规范推荐的各类模型率定参数取值范围内，研究通过模型参数率定对预估的率定参数初始值进行调整和修正，选择适合模拟大红门排水区的模型参数取值。经过模型参数率定和验证后，MIKE URBAN CS 模块中排水管渠曼宁系数取值为 0.013；MIKE 11 HD 模块中河道及明渠曼宁系数取值为 0.03125；MIKE 21 HD 模块中草地和林地的径流系数和曼宁系数分别取 0.30 和 0.05；耕地的径流系数和曼宁系数分别取 0.40 和 0.04；河道沟渠的径流系数和曼宁系数分别取 0.9 和 0.03125；城市道路和房屋等建设用地的径流系数和曼宁系数分别取 0.9 和 0.02；广场及未利用地的径流系数和曼宁系数分别取 0.65 和 0.025。其余物理参数（如干湿系数、涡粘系数、风阻等）主要依据 DHI MIKE 系列模型手册的推荐值域范围进行设置。

2. 数值降水预报和暴雨洪涝过程模拟精度评估

1）大红门排水区数值降水集成预报方案选择

由 5.2.1 节的评估结果可知，受大气混沌属性和驱动数据集提供的初始和边界条件误差影响，预见期的选择对区域对流尺度数值天气预报模型模拟降水的能力影响较为显著。其中，大气混沌属性会随着预见期的增加放大原有的模型初始误差和结构误差，使得模拟效果逐渐变差。驱动数据集则是因为在不同时刻提供的气象要素场和实际大气状况的吻合程度不同，由其引起的模型初始误差的差异性会使得模型预报效果在一定预见期范围内随着预见期的增加出现波动。

具体来说，在相同短历时强降水过程中驱动数据集在不同初始时刻引起的模型误差不同，且在不同短历时强降水过程中驱动数据集在相同初始时刻引起的模型误差也有可能出现差异。这意味着，对不同短历时强降水过程进行降水预报时，如果仅采用指定的预见期情景对降水结果进行预报可能会使得降水预报结果出现时好时坏的情况。因此，在确定具体的陆气耦合方案前，研究对所选的三场短历时强降水过程分别采用不同的预见期模拟试验进行模拟，用以评估预见期对不同强降水过程预报结果的可能影响，并基于评估结果选择适合模拟和预报大红门排水区短历时强降水过程的集成预报方案。由于数值天气预报结果相较于其他降水预报结果的优势主要体现在 12h 及更长的预见期内，结合第 3 章的评估结果，研究对每场降水过程均采用 12h、24h、36h、48h、60h 和 72h 六种不同的预见期进行模拟（共 18 组模拟试验）。考虑到研究重点关注的是大红门区域降水预报的准确性和可靠性，基于对比基准数据在大红门排水区的时空分辨率尺度，研究选择采用度量面累积降水量时程分布特征的误差度量指标对预报结果进行评估并进行集成预报方案的优选。

图 7-7～图 7-9 分别给出第Ⅲ场（20110623）、第Ⅵ场（20110724）和第Ⅶ场（20120721）强降水过程中不同预见期模拟试验在大红门排水区模拟的区域面平均累积降水量时程分布图。各场次强降水过程采用的模拟时段参见表 5-5。

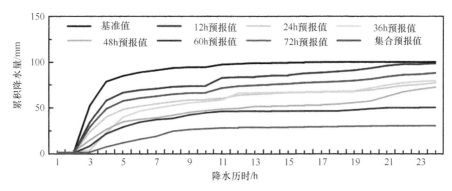

图 7-7　第Ⅲ场强降水过程中不同预见期模拟试验在大红门排水区模拟的面累积降水量分布图

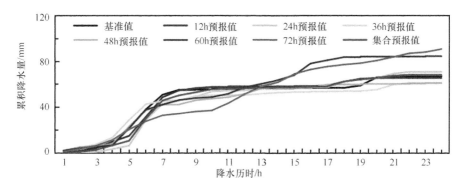

图 7-8　第Ⅵ场强降水过程中不同预见期模拟试验在大红门排水区模拟的面累积降水量分布图

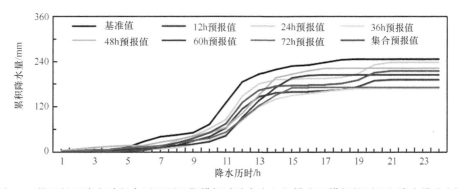

图 7-9　第Ⅶ场强降水过程中不同预见期模拟试验在大红门排水区模拟的面累积降水量分布图

　　结合表 7-9 中各预见期模拟试验在不同场次强降水过程中的评估结果，可以发现经过动力降尺度方案和物理参数化方案优选后，模型在大红门排水区模拟的最大降水强度出现时间和观测的最大降水强度出现时间相对误差在±2h 以内。整体来看，当预见期超过 60h 时，模型模拟各场次强降水过程的能力均出现明显下降。不过对于不同场次强降水过程，在 60h 预见期范围内，模型模拟短时强降水的能力随着预见期的变化呈现出明显的差异。在第Ⅲ场强降水过程（属于第一类深对流型强降水）中，随着预见期的增加，模型模拟短时强降水的能力逐渐下降。在第Ⅵ场和第Ⅶ场强降水过程（属于第二类强降水）中，模型模拟的效果则呈现出规律性的昼夜变化特征。这可能与两类短历时强降水事件中触发和维持降水的动力机制不同（中尺度环流特点和水汽来源不同）有关。

表 7-9　不同预见期模拟试验在不同场次强降水过程中的评估结果

降水场次	预见期	评估指标			
		纳什效率系数	降水总量误差/%	降水峰值误差/%	峰现时间误差/h
III	12h	0.93	1.63	35.08	0
	24h	0.83	22.73	55.11	0
	36h	0.51	20.45	63.42	−1
	48h	0.67	27.63	75.71	0
	60h	0.61	49.30	74.80	−1
	72h	0.44	69.65	89.12	−1
	集合值	0.89	12.18	45.09	0
VI	12h	0.66	1.21	−6.32	−1
	24h	0.50	−7.01	−36.10	0
	36h	0.63	8.64	4.73	1
	48h	0.64	9.05	4.84	1
	60h	0.41	−26.30	0.21	0
	72h	0.16	−34.98	43.42	1
	集合值	0.63	−2.90	−18.67	0
VII	12h	0.62	22.41	10.75	−1
	24h	0.54	3.78	−9.70	−1
	36h	0.49	31.40	33.04	−1
	48h	0.17	10.07	14.88	−2
	60h	0.32	17.16	14.82	−1
	72h	0.40	30.65	37.01	−2
	集合值	0.60	13.10	0.53	−1

　　通过对比分析不同预见期模拟试验的模拟结果可以看出，采用 12h 预见期的模拟试验方案和采用 24h 预见期的模拟试验方案在各场次强降水过程中模拟的累积降水量在时程分布特征方面较为一致。在第III场和第VI场强降水过程中，采用 12h 的模拟试验方案在模拟降水总量和降水强度峰值方面的能力均优于采用 24h 预见期的模拟试验方案。但在第VI场强降水过程中，采用 24h 预见期的模拟试验方案模拟的降水峰值出现时间和观测降水峰值出现时间吻合度更高。在第VII场强降水过程中，采用 24h 预见期的模拟试验方案除了模拟的降水量和观测降水量纳什效率系数低于采用 12h 预见期的模拟试验方案外，其模拟降水总量和降水峰值的能力均优于后者。当预见期大于 24h 时，不同场次强降水过程中模型模拟的效果差异较为明显，且在第III场强降水过程中模型模拟强降水的能力在预见期超过 24h 后明显下降。综合上述结果，研究选择采用 12h 和 24h 预见期模型试验方案的预报结果的平均值作为大红门排水区降水集成预报的结果。

2）降水集成预报和暴雨洪涝过程模拟精度评估

　　经过 5.2.1 节和 5.2.2 节动力降尺度方案和物理参数化方案评估和优选后，WRF 模型动力降尺度过程中与网格嵌套方案设置有关的模型误差和物理参数化方案区域适用性问题引起的模型误差得以减小。在此基础上，研究建立了北京对流尺度数值天气预报模型，并通过对比模型在不同预见期情景的模拟结果确定适合模拟和预报大红门排水区短历时强降水的降水集成预报方案。由表 7-9 的评估结果可知，在三场强降水过程中，采用降水集成预报方案模拟的区域面累积降水量和观测累积降水量的纳什效率系数均达到 0.6 以上，模拟的降水总量误差和降水强度峰值相对误差在 ±20% 以内，模拟的降水强度峰值出现时间和观测降水强度峰值出现时间误差在 ±1h 以内。评估结果表明构建的北京对流尺度数值天气预报模型可以较好地捕捉大红门排水区面累积降水量的时间分布特点，且在保证一定预报精度的情况下，采用该模型可以将大红门排水区强降水事件的预见期延长至 24h 及以上。因此，模型可以用于模拟和预报大红门排水区的汛期强降水过程，也可以作为大红门排水区陆气耦合暴雨洪涝过程模拟的数值天气预报模型基础。

在 7.1.1 节，研究结合大红门排水区遭遇短历时强降水时的排水状况和空间积涝特点，基于高分辨率土地利用信息，建立了描述该地区暴雨洪涝过程和空间积涝状况的区域高分辨率雨洪模型。对模型在三场历史暴雨洪涝过程中的模拟结果进行分析后发现，研究建立的区域高分辨率雨洪模型可以较好地描述和反映大红门排水区遭遇短历时强降水时的空间积涝特点。随后，基于历史观测的洪水流量资料以及观测和调研的空间积水状况资料，研究根据所选模型结构特点对部分模型物理参数进行率定和验证。评估结果表明，经过模型参数率定后，模型在率定期和验证期模拟的洪水流量和观测洪水流量的纳什效率系数达到 0.9 以上，洪峰流量相对误差在 20% 以内，洪峰出现时间误差在 ±20min 以内。在验证期暴雨洪涝过程的模拟中，模型模拟的积涝区地表空间积水状况和实际观测与调研结果基本吻合。与此同时，对主要干管和各条河道渠系的水位和流量过程的校核结果表明模型模拟的结果具有合理性。综合上述结果可以看出，建立的大红门排水区雨洪模型模拟该地区暴雨洪涝过程的准确性较高且模拟结果具有一定的可靠性和合理性，因而该模型可以作为大红门排水区陆气耦合雨洪模型的水动力学模型基础。

3. 陆气耦合方案设置

选择陆气耦合方案时，需要考量的因素包括模型结构的复杂程度、模型驱动数据资料的准确性和可获得性、模型模拟的精确程度、模型求解及运算的效率等。本节城市下垫面辐射资料和下渗资料的缺乏使得建立的陆气耦合模型无法对天气和陆面间的水汽和辐射交换过程进行精确描述。此外，由于研究重点关注的是城市高分辨率尺度的暴雨空间积涝状况，选用的水动力学模型结构更加侧重于描述复杂地表下垫面细部的水流运动状态，对地表水汽和辐射交换等过程的描述相对简单，而且从运算效率方面来看，研究建立的对流尺度数值天气预报模型模拟北京 24h 短历时强降水过程平均需要（24～36）CPU×计算时长（小时），采用单向陆气耦合方式（逐小时降水序列）进行大红门排水区暴雨洪涝过程模拟需要的模拟时间平均为（36～72）CPU×小时。如果采用双向陆气耦合方式，则不仅会增加模型结构的复杂度，同时也会显著增加模型运算的时间，并且在缺乏详细资料的情况下模拟的精度不仅得不到显著提升，反而可能因为观测数据误差增加模型的初始误差从而导致模拟效果变差。因此，综合考虑上述因素后，研究最终选择采用单向陆气耦合方式对大红门排水区的暴雨洪涝过程进行模拟，即采用北京对流尺度数值天气预报模型输出的降水结果作为大红门排水区高分辨率雨洪模型的降水输入，从而构建大红门排水区陆气耦合雨洪模型。

确定陆气耦合方式后，下一步需要解决的问题是如何处理区域数值天气预报模型输出的降水结果和区域高分辨率雨洪模型所需的降水输入数据在数据格式和时空分辨率方面不一致的问题。针对数据格式不匹配的问题，研究先通过编写 NCL 脚本实现 WRF 模型降水输出由 NetCDF 格式到 ASCII 格式的转换，然后通过编写 MATLAB 代码实现 ASCII 格式向 MIKE 21 HD 模型所需降水输入格式的转换。针对数据时空分辨率尺度不一致的问题，通过对比分析降水预报结果和暴雨洪涝过程模拟结果的模拟精度可以发现，相较而言降水预报结果的不确定性要高于暴雨洪涝过程模拟的不确定性，因而在决定降水数据的具体处理方式时应当结合降水预报结果的模拟精度和实际暴雨洪涝预警预报的需求进行综合考虑。由本节的评估结果可知，在大红门排水区，降水预报结果在时间维度的误差为 2h 左右，这意味着在进行陆气耦合时继续提高降水集成预报结果在时间尺度的分辨率对提高模拟结果的精确性来说意义不大。因此，在时间维度，研究最终选择采用 1h 分辨率的降水序列作为区域高分辨率雨洪模型的输入。

在空间维度，考虑到实际暴雨洪涝预警预报需求及降水空间分布对空间积涝的可能影响，研究设置了两种不同的陆气耦合试验方案。第一种陆气耦合试验方案选择采用区域面平均降水预报序列作为区域高分辨率雨洪模型的降水输入。该方案在整个研究区采用相同的降水时间序列，相较于采用空间格点降水预报序列运算效率更高，并在一定程度上可以减小因降水预报不确定性带来的模型误差，使得暴雨洪涝灾害的预见期相对更长且预报时效性更高。第二种陆气耦合试验方案选择采用空间格点降水预报序列作为模型的降水输入。选择设置该方案是因为考虑到在实际暴雨洪涝过程中，降水空间分布特征的不同往往会导致空间积涝状况出现明显差异，并且由第 4 章评估结果可知，研究建立的区域对流尺度数值天气预报模型在捕捉北京强降水过程空间分布特征方面整体表现较好。因此，研究选择降水观测资料和空间积涝资料相对完备的暴雨洪涝过程，同时采用两种陆气耦合试验方案进行模拟，用以对比评估采用不同陆气耦合方案时模型模拟效果的差异。针对不同陆气耦合试验方案所需降水序列空间分辨率的不同要求，研究首先通过编写 MATLAB 代码将经过格式转换的 WRF 模型降水格点输出数据进行区域平均或将其插值到相应雨洪模型的计算网格中心，然后再将其转换为雨洪模型所需的降水输入格式。

7.2.2　大红门排水区陆气耦合雨洪模型模拟效果评估

由于可获得的对比基准观测降水数据的分辨率相对较低，研究首先选择采用区域平均降水集成预报序列作为陆气耦合雨洪模型的降水输入，对大红门城市地区致灾性较强并且观测数据资料相对完备的三场暴雨洪涝过程进行模拟。在各场次暴雨洪涝过程中，分别选择降水开始时刻和洪水消退时刻作为陆气耦合模拟的起始时刻。用于评估的对比基准采用的是以观测降水序列作为降水输入的陆气耦合雨洪模型在所选三场暴雨洪涝过程中的模拟结果。而后，研究在三场暴雨洪涝过程中选择了观测和调研资料更为完备的 20120721 场次暴雨洪涝过程，同时采用区域面平均降水预报序列和空间格点降水预报序列作为陆气耦合模型降水输入对该暴雨洪涝过程中的积涝状况进行模拟。随后，分别根据模型模拟出口处洪水流量过程、河道淹没状况以及空间积涝区淹没状况方面的能力对比采用两种不同降水预报序列进行陆气耦合暴雨洪涝过程模拟时的效果。基于上述模拟结果，进一步探讨采用上述两种陆气耦合方案进行城市区域暴雨洪涝过程模拟的可行性。

1. 区域平均降水序列陆气耦合模拟结果评估

图 7-10～图 7-12 分别给出采用第一种陆气耦合方案时模型在各场次暴雨洪涝过程中模拟得到的大红门排水区出口处的洪水流量过程曲线图。其中，基准流量指的是以观测降水序列作为陆气耦合雨洪模型输入时模拟得到的大红门排水区出口处的洪水流量。由图 7-10～图 7-12 可以看出，在三场强降水过程中，模型模拟的洪水流量和观测的洪水流量时程分布特征吻合度较高，模拟结果基本上能够捕捉到洪水过程开始和消退的时间。除第Ⅵ场强降水过程中模型模拟的洪水峰现时间较基准值有所提前外，其余场次强降水过程中模拟的洪水峰现时间和基准值基本一致。由表 7-10 中各误差度量指标的计算结果可以看出，采用第一种陆气耦合方案的陆气耦合雨洪模型在三场暴雨洪涝过程中模拟的洪水流量和基准洪水流量纳什效率系数均达到 0.90 以上，洪水总量相对误差和洪峰流量相对误差在 30%以内，峰现时间误差在 20min 以内，模拟效果整体较好。对各场次强降水过程中主要干管和河道渠系的水位和流量过程的合理性进行检验后，表明模拟结果具有一定可靠性。

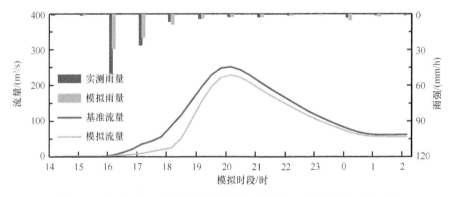

图 7-10　第Ⅲ场强降水过程中大红门排水区出口处流量过程曲线图

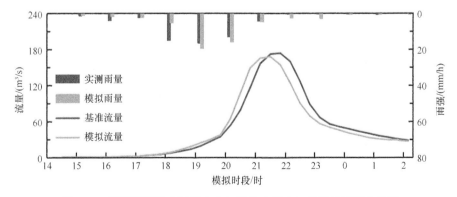

图 7-11　第Ⅵ场强降水过程中大红门排水区出口处流量过程曲线图

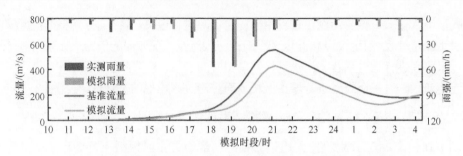

图 7-12　第Ⅶ场强降水过程中大红门排水区出口处流量过程曲线图

表 7-10　不同场次强降水过程中大红门排水区出口处流量过程模拟结果误差统计表

降水场次	评估指标			
	纳什效率系数	洪水总量相对误差/%	洪峰流量相对误差/%	峰现时间误差/min
Ⅲ	0.94	17.18	9.00	0
Ⅵ	0.94	4.28	3.53	20
Ⅶ	0.90	26.62	22.60	0

值得注意的是，通过对比表 7-9 和表 7-10 的评估结果可以发现，对于降水集成预报总量误差相对较大的场次强降水过程，在相应陆气耦合模拟时段中计算所得的洪水总量误差也相对较大。此外，通过观察模拟累积降水量和观测累积降水量的时程分布特征可以看出（图 7-7～图 7-9），对于降水集成预报累积降水量曲线和观测累积降水量曲线吻合程度较高的场次强降水过程，在相应陆气耦合模拟时段中模拟的洪水流量过程曲线和基准洪水流量过程曲线的吻合度也相对较高（图 7-10～图 7-12）。这说明当采用第一种陆气耦合方案时，区域降水集成预报结果的准确性成为影响区域出口处洪水流量过程模拟精度的主要因素。由 7.1.2 节的评估结果可知，研究采用的降水集成预报方案可以较好地捕捉大红门排水区强降水过程中累积降水量的时程分布特点。因而，基于该降水集成预报结果建立的陆气耦合暴雨模型也能较好地捕捉到该区域出口处的洪水流量特点。

2. 空间格点降水序列陆气耦合模拟结果评估

为进一步分析建立的陆气耦合雨洪模型模拟大红门排水区暴雨空间积涝特征的能力，研究选择观测和调研数据资料相对完备的 20120721 场次暴雨洪涝过程作为模拟试验对象对陆气耦合模拟结果进行评估。在陆气耦合方案方面，研究同时采用区域面平均降水预报序列和空间格点降水预报序列作为陆气耦合模型的降水输入，分别对该场暴雨洪涝过程进行模拟。为分析陆气耦合模拟的效果，在缺乏相应实测资料时，研究选择以观测降水预报序列驱动陆气耦合模型时模拟的结果作为对比基准（对比基准试验方案）。进行陆气耦合方案模拟效果评估时，研究将分别从模型模拟大红门区域出口处洪水流量过程、河道溢流和侧向汇流情况以及地表空间淹没状况等方面的能力对两种陆气耦合方案进行评估。

1）流域出口处洪水流量过程模拟结果评估

采用不同陆气耦合方案时模型模拟的大红门排水区出口处洪水流量过程如图 7-13 所

示。由图 7-13 可知，采用第二种陆气耦合方案（格点降水模拟）时模型模拟流域出口处洪水流量过程的表现整体上要略优于采用第一种陆气耦合方案（面平均降水模拟）时的表现。

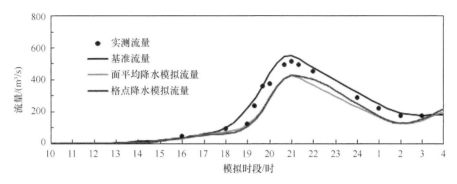

图 7-13　采用不同陆气耦合方案时大红门排水区出口处流量过程对比图

结合表 7-11 的评估结果可知，如果只从模型模拟流域出口处洪水流量过程的能力来看，两种陆气耦合方案的模拟效果差别不大。当采用第二种陆气耦合方案时，模型模拟的洪水总量误差相较于采用第一种陆气耦合方案时减小接近 1%，洪水峰值误差减小了 0.3%，模拟洪水流量和观测洪水流量的纳什效率系数提高了 0.01，峰现时间则没有出现明显变化。从陆气耦合模拟效果来看，两种陆气耦合方案模拟流域出口处洪水流量过程的能力整体较好。同实测洪水流量过程相比，模型采用两种陆气耦合方案时模拟的洪水流量和实测洪水流量纳什效率系数均大于 0.79，洪水总量误差和洪水峰值误差在 22%左右，且模拟的洪峰出现时间和实测值基本吻合。因而，如果在暴雨洪涝过程模拟和预报时重点关注的是流域出口处的洪水流量过程和预报的时效性，那么选择采用区域面平均降水预报序列作为陆气耦合模型的输入即可达到较好的预警预报结果。

表 7-11　采用不同陆气耦合方案时大红门排水区出口处流量过程模拟结果误差统计表

评估指标	第一种陆气耦合方案		第二种陆气耦合方案	
	实测流量	基准流量	实测流量	基准流量
纳什效率系数	0.79	0.90	0.80	0.91
洪水总量误差/%	21.23	26.62	20.30	22.89
洪水峰值误差/%	16.51	22.60	16.22	22.31
峰现时间误差/min	0	0	0	0

2）河道及渠系溢流情况及侧向汇流情况模拟结果评估

表 7-12 列出了采用不同陆气耦合方案时模型模拟的大红门排水区各河道及渠系的淹没统计情况。整体来看，无论是在河段淹没范围还是在周边地表水流汇入河道的最大流量方面，两种陆气耦合方案在 20120721 场次暴雨洪涝过程中的模拟值均小于对比基准试验方案的模拟值。相较于第一种陆气耦合方案，采用第二种陆气耦合方案时模型模拟的河段淹没范围和对比基准试验方案模拟值吻合程度较高。在周边地表水流汇入河道的最大流量方面，两种陆气耦合方案在不同河道和渠系的模拟效果则出现明显差异。

表 7-12　采用不同陆气耦合方案时大红门排水区各河道及渠系溢流及侧向汇流情况统计表

河道渠系名称	溢流河段范围区间/m			侧向汇流最大流量/（m³/s）		
	对比基准试验方案	第一种陆气耦合方案	第二种陆气耦合方案	对比基准试验方案	第一种陆气耦合方案	第二种陆气耦合方案
凉水河干流	1462～1584，6212～6562	1512～1584	1512～1584	840	828	724
新开渠	0	0	0	78	49.5	54.5
莲花河	0	0	0	180	116	148
水衙沟	3350～3582	0	3450～3572	74.2	43.7	68.2
丰草河	1750～2300	0	2100～2300	357	77	69
造玉沟	0	0	0	62.1	47.7	51.4
马草河	0	0	0	75.9	56.3	54.2
旱河	0	0	0	32.5	23.1	24.3

通过分析空间格点降水预报序列在 20120721 场次暴雨洪涝过程中的累积降水量空间分布图（图 7-14）可以看出，除凉水河干流、马草河和造玉沟外，第二种陆气耦合方案采用的空间格点降水序列在其他河道和渠系周边汇水区域的累积降水量均高于区域面平均累积降水量。与此同时，在相应河道和渠系中，模型采用该方案时的模拟效果也会整体优于采用第一种陆气耦合方案时的模拟效果。这说明除了降水总量和周边地表的下垫面情况会对河道流量产生影响外，降水的空间分布状况也有可能通过影响各集水区域的汇流情况从而对河道流量过程和淹没状况产生影响。这也可以解释为什么两种陆气耦合方案在丰草河模拟的侧向汇流最大流量和对比基准试验方案模拟的侧向汇流最大流量相差显著。虽然两种陆气耦合方案同时低估了造玉沟周边汇水区的空间降水量，但由于该渠道汇水面积相对较小且整个渠道主要采用暗涵形式，因而模拟出的侧向汇流最大流量与对比基准值相差不大。结合 7.2.1 节评估结果可知，尽管两组陆气耦合方案在不同河道和渠系模拟侧向汇流流量的能力有优有劣，但两组陆气耦合方案模拟流域出口处洪水流量过程的能力相差不大。因而，从模拟河道及渠系溢流状况和侧向汇流状况的综合表现来看，第二种陆气耦合方案要优于第一种陆气耦合方案。

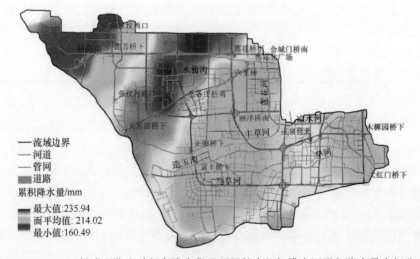

图 7-14　20120721 场次强降水过程中降水集成预报的大红门排水区累积降水量空间分布图

3）二维地表空间积涝状况模拟结果评估

图 7-15 和图 7-16 分别给出模型采用第一种陆气耦合方案和采用第二种陆气耦合方案时模拟的大红门排水区的空间积水深度分布图。图中各积水深度范围区间按照《室外排水设计标准》（GB 50014—2021）和大红门排水区实际调研的内涝灾害损失情况进行设置。其中，0.00～0.03m 代表无积涝；0.03～0.10m 代表轻微积涝；0.10～0.25m 代表轻度积涝；0.25～0.50m 代表中度积涝；0.50m 以上代表重度积涝。

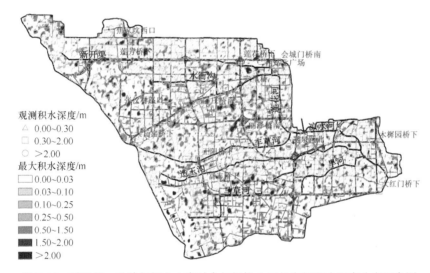

图 7-15　采用第一种陆气耦合方案时大红门排水区的空间积水深度分布示意图

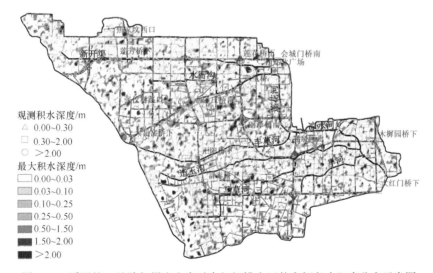

图 7-16　采用第二种陆气耦合方案时大红门排水区的空间积水深度分布示意图

通过分析表 7-13 给出的空间淹没范围统计信息可知，在所选暴雨洪涝过程中，模型采用两种陆气耦合试验方案模拟的轻度及以上空间积涝范围均小于对比基准试验方案模拟的相应空间积涝范围（图 7-17）。不过，从空间积涝范围所占比例来看，采用两种陆气耦合方案模拟的各级空间积涝范围占比与相应对比基准试验模拟空间积涝范围占比的相对误差均在1%以内。结合表7-13中各试验方案在观测积水点处模拟的淹没积水深度结果可知,模型采用两种陆气耦合方案均能较好地捕捉大红门排水区的空间积涝状况。

表 7-13 采用不同陆气耦合方案时大红门排水区空间地表淹没情况统计表

积水深度 /m	淹没格点数量			占总格点数量的百分比/%		
	对比基准 试验方案	第一种陆气 耦合方案	第二种陆气 耦合方案	对比基准 试验方案	第一种陆气 耦合方案	第二种陆气 耦合方案
0.03~0.10	85351	86309	87835	6.18	6.25	6.36
0.10~0.25	80235	77335	77660	5.81	5.60	5.63
0.25~0.50	82895	79554	81063	6.01	5.76	5.87
0.50~1.50	174382	160846	163404	12.64	11.66	11.84
1.50~2.00	28436	24083	24879	2.06	1.75	1.80
>2.00	25519	19518	20348	1.85	1.41	1.47

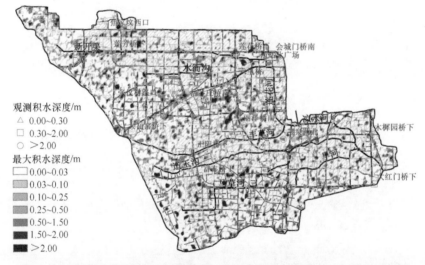

图 7-17 采用对比基准试验方案时大红门排水区的空间积水深度分布示意图

相较而言,模型采用第二种陆气耦合方案模拟的空间积涝范围要整体高于采用第一种陆气耦合方案模拟的空间积涝范围,且相较于采用第一种陆气耦合方案,模型采用第二种陆气耦合方案模拟的各级空间积涝状况和对比基准方案模拟的各级空间积涝状况更为接近。由表7-14的统计结果可知,在积水深度大于0.3m的观测积水点处,模型采用第二种陆气耦合试验方案时模拟的积水深度值和实测值的吻合程度也相对更高。通过观察图7-17可以发现,积水深度相对较深的观测积水点多位于累积降水量模拟的高值区。该结果间接说明研究构建的区域对流尺度天气预报模型模拟的空间格点降水序列能较好地反映出该暴雨洪涝过程中的降水空间分布特征。综合以上结果可知,第二种陆气耦合方案模拟大红门排水区地表空间积涝状况的能力要整体优于第一种陆气耦合方案。

表 7-14 采用不同陆气耦合方案时大红门排水区观测积水点处积水深度统计表

观测积水点	积水深度/m			
	观测值	对比基准试验方案	第一种陆气耦合方案	第二种陆气耦合方案
焦家坟西口	0.0~0.3	0.105	0.083	0.062
莲芳桥下	0.0~0.3	0.123	0.065	0.058
丽泽桥南	0.0~0.3	0.123	0.115	0.121
张仪村路口	0.0~0.3	0.113	0.112	0.118
岳各庄桥南	0.3~2.0	0.545	0.373	0.492
六里桥	0.3~2.0	0.808	0.801	0.804
大瓦窑桥下	0.3~2.0	1.184	1.181	1.192
正阳桥下	0.3~2.0	1.134	1.098	1.105
富丰桥下	0.3~2.0	0.891	0.880	0.893
大红门桥下	0.3~2.0	0.793	0.648	0.636
木樨园桥下	0.3~2.0	0.879	0.848	0.838
西站北广场	0.3~2.0	0.562	0.526	0.565
会城门桥南	0.3~2.0	0.323	0.293	0.295
莲花桥下	>2.0	2.536	2.517	2.530
玉泉营北	>2.0	1.691	1.575	1.591

3. 陆气耦合模拟效果分析

短时强降水预报能力的提高尤其是预见期的延长是采用陆气耦合方式提高城市区域暴雨洪涝预警预报能力的前提条件。由第 5 章的评估结果可知，通过对流尺度动力降尺度方案和区域物理参数化方案优选后，研究构建的区域对流尺度天气预报模型可以较好地捕捉大红门排水区区域范围内短历时强降水过程中累积降水量的时间分布特征。在满足一定预报精度的情况下，可以将区域短时强降水的预见期提高至 24h 及以上。在此基础上，进行降水集成预报方案优选可以进一步减小模型因大气混沌属性而带来的误差和由驱动数据误差引起的模型误差，提高区域降水预报的准确性。模拟结果显示，通过集成预报方案优选后，模型模拟大红门区域累积降水量时程分布特征的能力进一步提高，降水总量误差和降水强度峰值误差在 20%以内，降水强度峰值出现时间误差在 1h 以内。结果表明，通过模型物理方案和集成预报方案优选可以显著提高对流尺度数值天气预报模型模拟及预报中小型城市区域短时强降水过程的能力，有效延长短时强降水的预见期。由于研究进行模型物理方案优选和集成预报方案优选时，同时将形成区域不同类型短时强降水的中尺度环流原因考虑在内，因此保证了模型的模拟结果具有物理上的合理性和可靠性。

在减小降水预报不确定性进而保证降水预报结果合理性的基础上，提高陆气耦合雨洪模型模拟城市区域遭遇短时暴雨时空积涝特点的能力是提高城市区域暴雨洪涝预警预报能力需要解决的下一个关键问题。由 7.1 节评估结果可知，研究基于区域暴雨洪涝特点构建的陆气耦合雨洪模型能够很好地描述和反映大红门排水区的暴雨洪涝状况。在此基础上，根据城市不同种类地表下垫面的产汇流特点对二维地表进行划分，同时采用较高分辨率的计算网格对地表水流过程进行模拟，可以更好地模拟城市区域因排水能力不足或因地形和建筑物阻挡而出现的空间积涝状况。通过模型参数率定，模型模拟的洪水流量和观测洪水流量的纳什效率系数达到 0.90 以上，洪峰流量相对误差在 20%以内，洪峰出现时间误差在 ±20min 以内。这说明在城市化率较高且排水能力相对较低的城市区域，采用水动力学方法对管网、河网及地表二维水流运动以及不同水体间水流交换过程进行模拟能够较好地描述该类区域的暴雨洪涝状况。而基于不同种类地表下垫面的产汇流特点，采用高分辨率网格对地表水流过程进行模拟可以有效提高陆气耦合雨洪模型模拟暴雨空间积涝状况的能力。

经过上述过程，对流尺度数值天气预报模型和雨洪模型中的不确定性得以明显降低。通过分析降水预报和暴雨洪涝过程模拟效果可以发现，采用单向陆气耦合方式建立陆气耦合雨洪模型时，降水预报结果的不确定性对暴雨洪涝过程模拟的效果影响相对较大。由于降水预报结果在时间尺度的误差以小时计，因而提高降水预报结果的时间分辨率对提高城市暴雨洪涝过程模拟能力的意义不大。由第 5 章的评估结果可知，数值天气预报模型模拟北京汛期强降水空间分布特征的能力整体较好，且降水集成预报的大红门区域面累积降水量和观测累积降水量的吻合度较高。通过评估采用区域面平均小时降水序列和空间格点小时降水序列进行陆气耦合时的模拟结果发现，两种陆气耦合方案均能够很好地捕捉大红门城市地区的空间内涝状况。相较而言，两种陆气耦合方案在模拟流域出口处洪水流量过程方面的能力相差不大。但是从模拟河道溢流状况及空间积涝情况的能力来看，采用空间格点小时降水序列进行陆气耦合时模拟的效果相对更好。从陆气耦合运算所需时间来看，采用区域面平均小时降水序列进行陆气耦合时，模型模拟大红门排水区 12h 暴雨洪涝过程平均需要（40～60）CPU×小时；采用格点降水序列进行陆气耦合时则平均需要（52～72）CPU×小时。因而，在计算机运算性能和存储能力较高的情况下，采用动力降尺度的空间格点降水序列能一定程度上提高暴雨洪涝过程模拟结果的准确性。

7.3　本章小结

本章采用单向陆气耦合方式构建了研究区的暴雨洪涝过程模拟仿真模型。通过对比分析不同预见期情景下数值天气预报模型的模拟结果，评估并选择了适用于研究区的降水集成预报方案。在此基础上，分别采用区域面平均小时降水集成预报结果和空间格点小时降水集成预报结果作为暴雨洪涝过程模拟仿真模型的输入。通过对比上述两种陆气耦合方案的模拟结果，分析采用陆气耦合方式进行暴雨洪涝过程模拟的效果并探讨采用该方式进行暴雨洪涝预报的可行性。

研究结果表明：

（1）研究构建的对流尺度天气预报模型可以较好地捕捉短历时强降水过程中累积降水量的时间分布特征。在此基础上进行降水集成预报方案优选可以进一步减小由大气混沌属性和驱动数据误差引起的模型误差，提高区域降水预报的准确性。

（2）两种陆气耦合方案均能很好地捕捉研究区的空间积涝状况。从模拟河道溢流状况及空间积涝情况的能力来看，采用空间格点小时降水集成预报结果进行陆气耦合模拟时的效果要优于采用区域面平均降水集成预报结果进行陆气耦合暴雨洪涝过程模拟时的效果。

（3）采用单向陆气耦合方式建立暴雨洪涝过程模拟仿真模型时，降水预报结果的不确定性对暴雨洪涝过程模拟的效果影响相对较大。在现有暴雨洪涝过程模拟仿真模型基础上，进一步提高区域对流尺度天气预报模型的预报精度可以有效延长研究区暴雨洪涝风险的预见期。

第8章　设计暴雨条件下济南暴雨洪涝过程模拟

8.1　济南主城区黄台桥排水区暴雨洪涝过程模拟

8.1.1　研究方法与数据

1. SWMM 原理

作为基于水动力学的典型城市雨洪模型，SWMM 可动态地对城市暴雨径流过程所涉及的水量水质进行场次或长序列模拟。该模型认为子排水区由透水区和不透水区两大部分组成，根据洼蓄量的大小又可继续对不透水区划分，且当降雨强度超过地表下渗能力时在地表形成径流。最新版本的 SWMM 有五种降水入渗的模拟方式，分别是 Horton 模型、改进的 Horton 模型、Green-Ampt 模型、改进的 Green-Ampt 模型、SCS 曲线数法；黄国如等发现，改进的 Horton 模型比较适用于城市地区，故本节采用该方法计算子排水区中透水地表的下渗量；根据文献调研结果，子排水区特征宽度采用公式 Width=K×Sqrt(Area)(0.2<K<5)进行计算（Huber，2001；Gironas et al.，2009；黄国如和吴思远，2013）。

SWMM 地表汇流提供了三种子汇水区汇流演算方式（主要基于非线性水库），分别是 OUTLET、IMPERVIOUS 和 PERVIOUS。其中 OUTLET 模式是指透水地面和不透水地面产生的径流均直接汇流至排水口，如图 8-1（a）所示；IMPERVIOUS 模式是指透水地面产生的径流先流经不透水地表，再与不透水地面产生的径流共同汇流至排水口，如图 8-1（b）所示；PERVIOUS 模式是指不透水地面产生的径流先流经透水地表，再与透水地面产生的径流共同汇流至排水口，如图 8-1（c）所示。与此同时，SWMM 还可以对三种汇流方式在单个子汇水区中所占的比例（子汇水区演算面积比）进行设定。

一般而言，不透水区可划分为直接与排水系统相连的有效不透水面积（directly connected impervious area，DCIA）和不直接与排水系统相连的非有效不透水面积（unconnected impervious area，UIA）。非有效不透水面积区域径流汇流时通常流经多处透水区域，该过程往往伴随大面积下渗。由于模型中子汇水区汇流方式默认设置为 OUTLET，故当前大多数研究采用 SWMM 进行城市暴雨洪涝过程模拟时均选用 OUTLET 模式。而 OUTLET 模式将所有不透水区均当成直接与排水系统相连的有效不透水面积处理，而忽略了非有效不透水面积的存在，这往往会使模型中的径流总量和洪峰流量偏高。当子排水区汇流选用 PERVIOUS 模式时，模型演算面积比（percent routed）

可较好地表征子排水区内有效不透水面积和非有效不透水面积的比例，如式（8-1）所示。

$$\text{Percent Routed} = \frac{\text{UIA}}{\text{DCIA} + \text{UIA}} \times 100\% \qquad (8\text{-}1)$$

式中，Percent Routed 为模型演算面积比（%）；UIA 为非有效不透水面积（m²）；DCIA 为有效不透水面积（m²）。

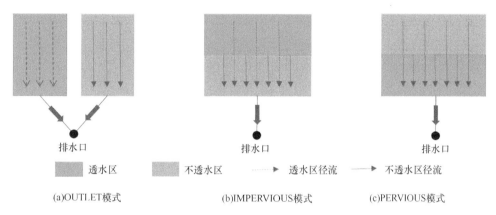

(a)OUTLET模式　　　　　　　(b)IMPERVIOUS模式　　　　　　(c)PERVIOUS模式

图 8-1　SWMM 子汇水区地表汇流演算方式示意图

SWMM 可自主选用 Steady Flow、Kinematic Wave 和 Dynamic Wave 之一计算雨水管道和排洪河道的汇流情况，也就是传统意义上的恒定流、运动波和动力波。考虑到山前平原型城市坡度较大，且受计算时间限制，选用 Kinematic Wave 进行汇流计算，该部分的关键参数主要为河道和管道的糙率。为进一步减少计算时长，提高模型参数率定的效率，本节管网和河道汇流计算的时间步长设置为 15min。

2. LID 设施在 SWMM 中的设置

SWMM 提供了 8 种 LID 设施的设置，包括屋顶截流装置（rooftop disconnection）、雨水花园（rain garden）、雨水桶（rain barrel）、渗渠（infiltration trench）、透水铺装（permeable pavement）、绿色屋顶（green roof）、生物滞留网格（bio-retention cell）和植草沟（vegetative swale）。

SWMM 中设置 LID 设施的具体步骤可分为：①在模型 Hydrology 列表中的 LID Controls 模块添加不同的 LID 设施种类，并参考实际情况设置各类 LID 设施的名称和相关参数（图 8-2），其中同一种类型的 LID 设施可根据其结构的差异进行多次设置；②根据下垫面特征和设计方案，在模型 Subcatchment 属性中的 LID Controls 中添加已设置好的 LID 设施，并对其规模、布置及排水方式等进行相应设置。

3. 模型基础数据收集与处理

由于城市建成区下垫面条件往往较自然流域更为复杂，因此相应的城市雨洪模型对数据的精度及质量要求也更高。本节采用 SWMM 构建研究区的雨洪模型，需要的基础数据资料包括研究区范围内的 DEM 数据、Landsat ETM+影像数据、河道及管网资料、水文气象数据等。

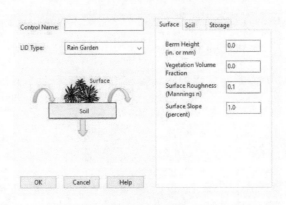

图 8-2　SWMM 中雨水花园设置界面示意图

研究采用 ASTER GDEM 数据产品提供 DEM 数据，该数据产品的空间分辨率为 30m。基于此数据可依次计算出研究区高程、坡度等地形参数。各子排水区不透水率的取值通过解译美国陆地资源卫星 Landsat-7 遥感影像并监督分类后获得。河道断面数据和闸坝信息来源于济南市水文局，包括河段走向、长度及部分关键断面的详细设计资料、河道上部分闸坝的调度规则等。管网资料由济南市水文局及相关规划部门提供，包括各检查井的起终点埋深、断面形式、管径、管道等级及管道材质等资料。研究区水文气象数据来源于济南市水文局，其中降雨数据主要选用流域内的刘家庄雨量站、东红庙雨量站、兴隆雨量站、燕子山雨量站和黄台桥水文站的降雨摘录数据，通过泰森多边形法对黄台桥排水片区进行雨量分配。模型参数率定和验证所需的流量数据选用的是黄台桥水文站实测水文要素摘录中的流量数据。

8.1.2　济南黄台桥排水区雨洪模型建立

1. 模型概化

SWMM 建模前首先需要对研究区进行离散，即根据下垫面各区域的水文特性将研究区概化为若干子汇水区。本节根据黄台桥水文站控制流域的地形地貌特征，首先利用 ArcGIS 对子排水区进行初步划分，再根据卫星影像图及已有的水系、管网资料对研究区进行数字化，基于研究区 DEM 和下垫面一致性将黄台桥排水区概化为 195 个由河道和排水管网共同控制的子汇水区，研究区出水口位于黄台桥水文站。

济南市的排水系统主要由错综复杂的雨水管网和小清河水系构成。其中雨水管网系统在平时主要作为城区雨水径流的排泄通道，是市区防洪排涝的骨干工程；小清河水系在汛期主要担负着汇集雨水管网径流并及时泄洪排水的任务，是市区防洪排涝的关键通道。考虑到济南市雨水管网和河道排水关系的复杂性，且研究区面积较大，排水节点众多，故不可能也不需要精确模拟各段雨水管网的径流过程，一般仅选取研究区内主要雨水管网及河道进行相应概化并模拟（常晓栋等，2016）。因此，基于济南市水文局提供的济南市雨水管网资料和相应的卫星影像图对黄台桥排水区排水系统进行概化，经概化后本研究区排水通道为 297 条，包括河道 108 条、排水管道 189 条。其中河道为梯形断面,底宽根据实测资料及卫星图像获取;管道均设置为圆形断面双排水管道,管径根据相关部门提供的实际管网资料进行选取。模型概化后的河道及管道总排水节点数为 298 个,模型结构如图 8-3 所示。

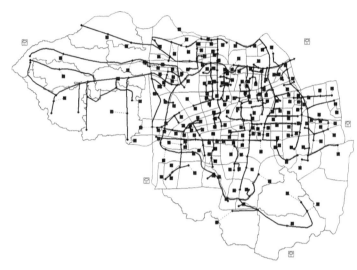

图 8-3 黄台桥排水区雨洪模型结构示意图
■表示子汇水区

2. 不同汇流方式情景设置

山前平原型城市复杂多变的地形地貌通常导致其汇流方式也相对复杂。利用济南市卫星影像图及土地利用数据,参考主城区雨水管网分布图,根据下垫面特征和 UNEP-WCMC 相关标准(UNEP/WCMC,2002),可将黄台桥排水区大致划分为山区、平原区和主城区三类,如图 8-4(a)所示;研究区不透水率如图 8-4(b)所示。

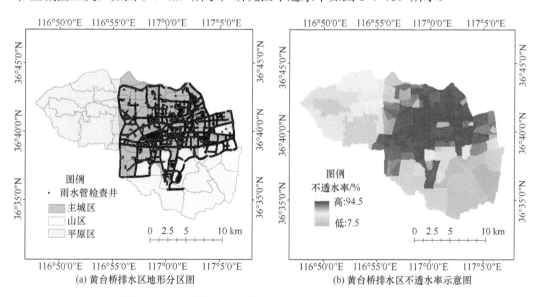

(a)黄台桥排水区地形分区图   (b)黄台桥排水区不透水率示意图

图 8-4 黄台桥排水区地形分区及不透水率空间分布示意图

　　济南南部以山地为主，居民区密度较小，故不透水率也较小，且山区坡度较大，该区域不透水区产生的径流一般沿山涧及自然沟渠等透水区域汇入主河道，少数与河道相邻的不透水区产生的径流则通过人工沟渠直接汇入河道，其不透水区主要以非有效不透水面为主，如图 8-5（a）所示。西北部平原地区以耕地和散落的居民区为主，居民密度和不透水率均适中，但该区域以平原型村落为主，不透水区较为分散，使得其透水区和不透水区产生的径流相互交会，故该区域有效不透水面积和非有效不透水面积均占较大比例，如图 8-5（b）所示。济南主城区人口密度较为集中，高校、商场及居民区等建筑物相对密集，故该区域不透水率较大，不透水区高度集中，其不透水区多直接由人工不透水沟渠和雨水检查井汇入管网，最后排入河道，少数不透水区径流则经透水区域汇入管网或河道（如公园等），故其不透水区主要以有效不透水面积为主，如图 8-5（c）所示。

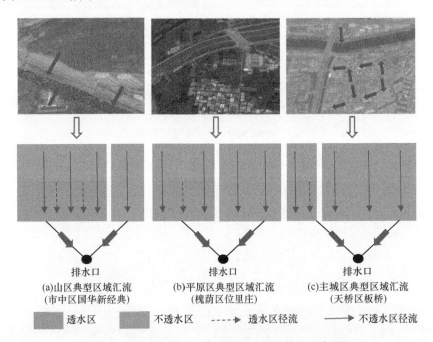

图 8-5　不同地形分区内典型区域汇流模式示意图

　　鉴于模型中 OUTLET 和 IMPERVIOUS 模式下子排水区地表径流计算结果差异较小，为检验不同地形子汇水区汇流方式对研究区 SWMM 的影响，研究参考研究区地形分区图依次设置了四种不同的汇流情景 A、B、C、D（表 8-1）。其中情景 A 假设三种

表 8-1　黄台桥排水区不同汇流方式情景设置

情景设置	汇流方式	不同地形汇流演算比	不同河段河道糙率	率定的参数个数/个
情景 A	OUTLET	相同	相同	11
情景 B	PERVIOUS	相同	相同	12
情景 C	PERVIOUS	不同	相同	14
情景 D	PERVIOUS	不同	不同	20

地形汇流方式均为 OUTLET 模式；情景 B 假设研究区汇流方式均为 PERVIOUS，且三种地形（非）有效不透水面积比均相同，即共用一个 Percent Routed；情景 C 假设研究区汇流方式均为 PERVIOUS，但三种地形（非）有效不透水面积比均不相同，即三种地形 Percent Routed 均不相同；与此同时，考虑到研究区河道衬砌和维护情况差别较大，情景 D 在情景 C 的基础上增加了对不同河段糙率系数的率定。

8.1.3 黄台桥排水区雨洪模型参数率定与验证

为保证模拟结果的可靠性，本节采用遗传算法分别对各情景进行参数率定，种群数量设置为 30，遗传代数为 2000 代，适应度函数选为纳什效率系数，最后比较各情景的模拟结果，对不同地形子汇水区汇流方式差异对研究区 SWMM 的影响进行相应分析。

根据黄台桥水文站水文摘录数据，本节拟选用 20050630、20050702 和 20070718 暴雨洪涝过程进行参数率定，并以 20040810、20050724 和 20080718 暴雨为基准进行验证。为提高参数率定效率，基于以上敏感性分析结果，本部分优先选取敏感参数进行参数率定，参数取值范围及率定结果如表 8-2 所示。

表 8-2 黄台桥排水区雨洪模型参数率定结果

	参数	物理意义	取值范围	初值	率定结果			
					情景 A	情景 B	情景 C	情景 D
1	RoughnessH	河道糙率系数	0.010~0.14	0.02	0.011	0.014	0.011	—
2	NXJH	兴济河糙率系数	0.010~0.14	0.02				0.011
3	NXQH_UP	小清河上游糙率系数	0.010~0.03	0.02				0.029
4	NXQH_DOWN	小清河下游糙率系数	0.010~0.02	0.02				0.012
5	NBTPH	北太平河糙率系数	0.010~0.14	0.02	—	—	—	0.137
6	NGSH	工商河糙率系数	0.010~0.02	0.02				0.020
7	NQFH	全福河糙率系数	0.010~0.03	0.02				0.028
8	NDXLH	东（西）洛河糙率系数	0.010~0.03	0.02				0.012
9	RoughnessG	管道糙率系数	0.010~0.026	0.012	0.024	0.012	0.011	0.012
10	N-Imperv	不透水区曼宁系数	0.011~0.05	0.03	0.049	0.043	0.05	0.047
11	N-Perv	透水区曼宁系数	0.011~0.41	0.24	0.024	0.099	0.38	0.406
12	S-Imperv	不透水区洼蓄量/mm	1~20	9	3.7	42.0	1.4	1.8
13	S-Perv	透水区洼蓄量/mm	1~50	30	1.8	33.4	30.8	37.2
14	MaxRate	最大入渗率/（mm/h）	80~150	120	135.1	148.8	95.6	128.3
15	MinRate	最小入渗率/（mm/h）	1~50	10	47.6	8.7	47.3	21.9
16	Decay	渗透衰减系数	1~10	5	9.1	1.1	6.9	1.1
17	DryTime	干燥时间/d	3~10	7	8.7	7.5	5.8	3.9
18	Kwidth	特征宽度系数 K	0.2~5	0.5	0.4	3.7	0.4	3.1
19	KPctRouted_PY	平原区汇流演算比	30~70	50			69.7	66.4
20	KPctRouted_SQ	山区汇流演算比	50~100	90	—	59.3	98.5	93.0
21	KPctRouted_CQ	主城区汇流演算比	0~40	10			12.0	31.4

经参数率定，各情景适应度曲线如图 8-6 所示。由图 8-6 可见，经过 2000 次迭代，各情景的适应度均已趋向于稳定，故各情景的参数组合可视为相应情景的最优解。

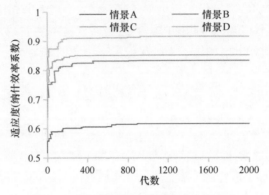

图 8-6　各汇流情景遗传算法适应度曲线

8.1.4　模拟结果分析

基于参数率定与验证结果，黄台桥排水区场次暴雨洪涝过程线如图 8-7 所示。依据我国《水文情报预报规范》（GB/T 22482—2008）中洪水预报精度评定标准，黄台桥排水区暴雨洪水模拟效果评价如表 8-3 所示。

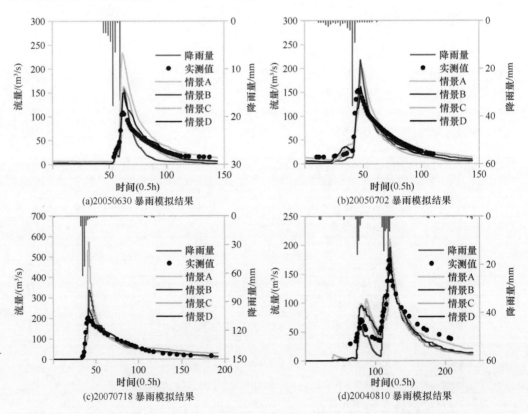

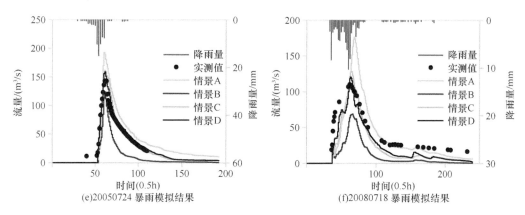

(e)20050724 暴雨模拟结果　　　　　　(f)20080718 暴雨模拟结果

图 8-7　率定期与验证期黄台桥排水区暴雨洪涝过程模拟结果

表 8-3　黄台桥排水区雨洪模型模拟结果误差统计

类别	洪号	情景设置	R_{NS}	RE_p/%	AE_T
率定期	20050630	情景 A	0.55	116.2	0
		情景 B	0.70	46.7	−0.5
		情景 C	0.78	50.7	−0.5
		情景 D	0.85	39.0	−0.5
	20050702	情景 A	0.76	29.3	−1.5
		情景 B	0.83	41.7	−1
		情景 C	0.84	0.6	−1.5
		情景 D	0.90	5.0	−1
	20070718	情景 A	0.48	182.4	−1
		情景 B	0.78	65.8	−1
		情景 C	0.86	18.6	−2
		情景 D	0.92	19.8	−0.5
验证期	20040810	情景 A	0.58	21.3	−1
		情景 B	0.80	12.7	−1.5
		情景 C	0.74	5.4	−2
		情景 D	0.79	1.9	−1.5
	20050724	情景 A	0.64	34.2	0
		情景 B	0.38	13.8	−0.5
		情景 C	0.84	12.5	−0.5
		情景 D	0.93	10.8	−0.5
	20080718	情景 A	0.63	60.3	−3.5
		情景 B	0.22	37.6	−2
		情景 C	0.72	16.1	−1.5
		情景 D	0.79	9.4	−1

　　当子排水区汇流方式选为 OUTLET 模式时（情景 A），黄台桥排水区 SWMM 对于常规暴雨模拟效果较好，但对于降雨强度较高的大暴雨，由于山区不透水区以 UIA 为主，而

OUTLET 汇流模式将山区所有不透水地表均当作 DCIA 处理，忽略了 UIA 区域径流汇流时大面积下渗的影响，从而导致其模拟的洪峰流量大于实测洪峰流量（如20070718特大暴雨）。

当将子排水区汇流方式选为 PERVIOUS 模式时（情景 B），模型可考虑 DCIA 和 UIA 的区别，模拟精度略好于情景 A。但由于该情景将研究区有效不透水面积比概化为同一个值，不仅低估了山区 UIA 区域径流汇流时的下渗量，而且也高估了主城区 UIA 区域径流汇流时的下渗量，从而造成对于高强度短历时暴雨模拟的洪峰流量值往往大于实测值（如 20050702、20070718 暴雨）；而对较低强度长历时暴雨模拟的洪峰流量则往往小于实测值（如 20050724、20080718 暴雨）。

当模型中山区、平原区与主城区模型演算面积比均不相同时（情景 C），模型模拟效果远好于情景 A 和情景 B，纳什效率系数分别平均提高了 62.0%和 34.4%。由此可见，山区、平原区与主城区汇流方式的差异对模型模拟结果具有重要影响，针对不同地形有效不透水面积比的差异设置相应的演算面积比可显著提高模型模拟精度。

当在情景 C 的基础上增加对不同河段糙率系数的率定时（情景 D），纳什效率系数较情景 C 提高了 6%～10%。如表 8-3 所示，情景 D 中 6 场场次暴雨模拟的纳什效率系数均大于 0.70，洪峰流量误差除 20050630 暴雨外均小于 20%，峰现时间绝对误差均小于 3h，模型模拟效果较好，可用于黄台桥排水区的雨洪预报预警。由于山前平原型城市地形复杂，城内河道衬砌和维护情况较平原型城市差异性较大，故山前平原型城市暴雨洪涝过程模拟时考虑不同河段糙率系数的差异也可显著提高模型模拟精度。

8.1.5 结 论

基于 SWMM 在济南市黄台桥排水片区构建了山前平原型城市雨洪模型，基于 Sobol 方法对不同目标函数下 SWMM 的部分主要参数进行了全局敏感性分析，并根据研究区地形地貌及汇流规律的差异进行情景设置，采用遗传算法对模型参数进行率定与验证，可初步得出以下结论：

（1）SWMM 参数的敏感性随洪水量级和目标函数的改变而改变，这表明 SWMM 主要参数的不确定性偏大；整体而言，洪峰流量主要受参数 MinRate 和 Roughness（River）影响，峰现时间主要受参数 Roughness（River）和 Roughness（Conduits）影响，总水量主要受参数 Dstore-Imperv、Dstore-Perv 和 MinRate 影响，其余参数影响较小。此外，当洪水量级相对较小时，SWMM 各参数之间的两两相互作用现象较为明显，参数间二阶敏感度较为分散；但随着洪水量级的增加，参数间二阶敏感度逐渐加强。

（2）本节所建立的山前平原型城市雨洪模型在率定和验证过程中 6 场场次暴雨纳什效率系数均大于 0.70（情景 D），表现出良好的适用性，表明 SWMM 在地形多变、水文水力条件较为复杂的山前平原型城市区域也具有较好的适用性。

（3）当模型中子排水区汇流方式选为 PERVIOUS 模式且考虑山区、平原区与主城区模型演算面积比的差异时，情景 C 模拟精度远好于情景 A 和情景 B，纳什效率系数分别平均提高了 62.0%和 34.4%，表明考虑不同地形有效不透水面积比的差异可显著提高模型模拟精度。

（4）在情景 C 的基础上增加对不同河段糙率系数的率定时，情景 D 较情景 C 的纳什效率系数提高了 6%～10%，表明当山前平原型城市河道衬砌和维护情况差别较大时，考虑不同河段糙率系数的差异也可提高模型模拟精度，可为山前平原型城市雨洪灾害的模拟与研究提供科学基础，并为区域防洪减灾提供相应的技术支撑。

8.2　济南市海绵城市试点区暴雨洪涝过程模拟

8.2.1　基于无人机倾斜摄影的高精度城市地表数据提取

城市下垫面条件十分复杂，具有自然环境中不存在的各种人造地物，且空间异质性高，需要更精细的信息才能描述实际地面情况。目前在获取城市地表信息方面，机载激光雷达具备多方面的优势，除了能获取地表三维地形信息外，还能获取诸如反射率、回波强度、波形等丰富的信息，但 LiDAR 数据价格昂贵，航空 LiDAR 又存在空域许可问题，低空无人机倾斜摄影测量可以方便地获取地面多视角高分辨率影像，三维模型建模方法成熟且精度较高，能够输出多种地面基础地理信息，提供精细的城市暴雨洪涝过程模拟基础支撑数据。本章将详细介绍低空无人机倾斜摄影建模、处理、输出和目标信息提取过程。

1. 无人机倾斜摄影与城市三维模型构建

无人机摄影测量技术是以获取高分辨率数字影像为主要目的，通过人工或自动远程控制无人机平台搭载高分辨率的数码相机和高精度的全球导航卫星系统（global navigation satellite system，GNSS）以及惯性测量装置（inertial measurement unit，IMU）等载荷，基于 3S 技术集成系统进行遥感测绘的技术（程涛等，2019）。为了获取地表的三维属性信息，一般通过无人机在垂直和前、后、左、右 5 方向（或更多方向）分别配备高清相机进行空中摄像，也可利用单目相机进行多次变角拍摄，实现从多个视角获取地表影像（图 8-8），即倾斜摄影，然后利用影像匹配和空间几何算法建立地表三维模型。

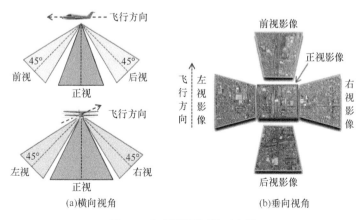

图 8-8　倾斜摄影测量示意图

根据 Nakada 等（2016）修改

本节利用无人机倾斜摄影技术获取多视角高清影像，通过三维建模软件 Context Capture Center 生成城市三维模型（图 8-9）并输出密集的高程点云信息。该点云信息仅包含高程信息，而不含 LiDAR 点云数据的光谱、反射率、二次回波等信息；采用一定的算法对密集高程点云进行插值，可得到包含陆地表面所有物体的高程信息的 DSM，如屋面高度、树木高度等；使点云数据进一步经过滤波处理分离为地面点和非地面点，前者经过处理可以得到 DEM，将 DSM 与 DEM 做差运算，可得 nDSM（normalized digital surface model），直接体现地物的高度信息，可辅助进行建筑物、植被等信息提取；利用建立的三维模型生成 TDOM，该影像不存在畸变或变形很小，能够真实反映实际地表垂直视角的顶面信息，可用于提取精确的城市下垫面数据（程涛等，2019）。

(a)由北向南视角全局图

(b)局部放大图

图 8-9　济南海绵城市试点区三维模型成果图

2. 基于多源数据的城市下垫面信息

本节基于前述构建的三维模型输出的 TDOM、DSM 和 DEM 信息提取城市地形和地物信息，包括建筑物轮廓、道路和植被等的提取等，提取的基本流程如图 8-10 所示。

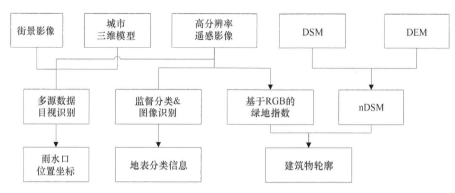

图 8-10　城市下垫面信息提取流程示意图

高分辨率影像中包含建筑物的色彩、边界、平面空间结构等重要信息，然而非建筑类地物通常也含有类似的色彩和几何线索，使建筑物边界的识别提取存在一些困难；DSM 反映的是地面表层高度信息，包含建筑物、树木、城市设施等地物的顶面高程，剔除非建筑物信息后可用于提取建筑物轮廓，融合高分辨率遥感影像和 DSM 高程信息提取的城市地物信息能够克服两者各自的问题，实现较高分辨率的地物分类。城市地物包括非地面地物（如建筑物和树木）和地面地物（道路、绿地、裸土和水面等），后者主要通过高分辨率遥感图像（图 8-11）的监督分类和图像识别进行提取，前者需要结合高分辨率 TDOM 图像和 DSM 进行提取；经过以上步骤提取到城市地物信息后，可进一步转化为矢量轮廓线文件，用于洪涝模型建模和参数设定。

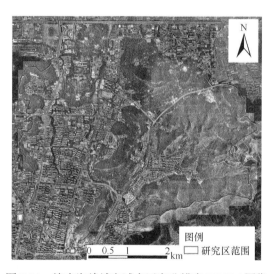

图 8-11　济南海绵城市试点区高分辨率 TDOM 图像

1）城市绿地信息提取

A. 基于光谱信息的监督分类

监督分类是指根据训练样本和先验知识，对目标对象分类建立判别函数，并训练得到特征参数，以对待分类影像进行图像分类。监督分类法要求训练样本具有典型性和代表性，判别方法（准则）具有较高的分类精度。主要监督分类法有平行六面体法（也称多级分割法，multi-level slice classifier，MSC）、最小距离法（minimum distance classification，MDC）、支持向量机（support vector machine，SVM）、最大似然分类（maximum likelihood classifier，MLC）等，本节对比多种方法在研究区的实验分析结果，采用最大似然分类法对研究区绿地信息进行分类提取。首先通过人工目视选取样本训练区域，本节只选取绿地区域样本，样本应均匀分布于研究区内，包括绿地密集的山区与公园和绿地分散的居民区与商业区，然后基于 MLC 将研究区遥感影像进行分类，将绿地斑块和其他下垫面类型区分开来。遥感影像分类结果如图 8-12（a）所示。

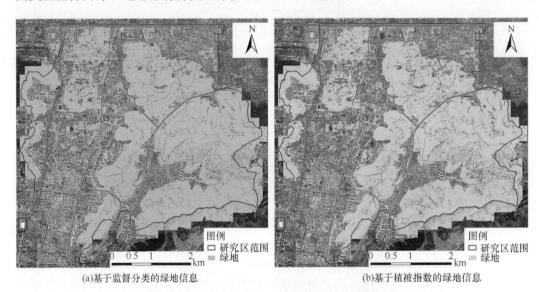

(a)基于监督分类的绿地信息　　　　　　　　　　　(b)基于植被指数的绿地信息

图 8-12　基于监督分类和基于植被指数方法提取的城市绿地信息

B. 基于植被指数的分类方法

不同下垫面对不同波段的吸收和反射作用不一样，因此通过遥感影像反映的波段信息也不一样，利用这个特点可以对下垫面进行分类。以往 NDVI 常被用于反映地表面的植被覆盖情况，具有较高的精确性，但 NDVI 需要使用到遥感影像的近红外波段反射值，而普通的无人机倾斜摄影相机镜头无法获取近红外波段数据，因此本节借鉴 NDVI 算法，利用可见光波段计算 VDVI 指数来提取植被分布，VDVI 的计算如式（8-2）所示。

$$VDVI = \frac{2 \times G - R - B}{2 \times G + R + B} \tag{8-2}$$

式中，R、G、B 分别为遥感影像的 3 个可见光波段。

该方法利用像素点的波段进行运算，计算速度非常快，通过对计算结果调节阈值，可提取出植被区域范围，如图 8-12（b）所示。

对比两种城市绿地信息的提取方法可以发现，基于光谱信息的监督分类方法和基于波段运算的植被指数法均能较准确地对城市绿地进行分类，包括细小的斑块，如小花坛、道路中央隔离带和绿色屋顶等。但仍存在下垫面被错误分类的情况，如被错分为绿地的绿色涂层步道、学校橡胶跑道和运动场以及错分为其他类型的深色植被等。以上被错分的区域面积较小，经过主成分滤波、边界清理和区域合并等一系列过程，可将分类的绿地信息输出为矢量多边形，作为城市雨洪模型中土地利用输入数据。

2）基于 nDSM 的城市建筑物轮廓提取

nDSM 也称归一化 DSM，为 DSM 与 DEM 的差值[图 8-13（a）～图 8-13（c）]，是地表中的非地面点，反映地表物体表面点的高度信息，如建筑物、植被、立交桥等。城市区域的建筑物高度一般较高，多数是 3 层（10m）左右的建筑，能够与大多数地物区分开来，但城市景观树木的高度一般也能达到上述高度，通过高程信息很难将建筑物与树木区域区分开来。本节基于前述提取的绿地信息，去除非地面点中的树木高程点，剩余的点大部分为建筑物高程点，通过栅格转矢量生成建筑物矢量多边形，并设定面积阈值以剔除车辆、小平台等，最后利用建筑物规则化方法得到规则的矢量边界，结果如图 8-13（d）所示。

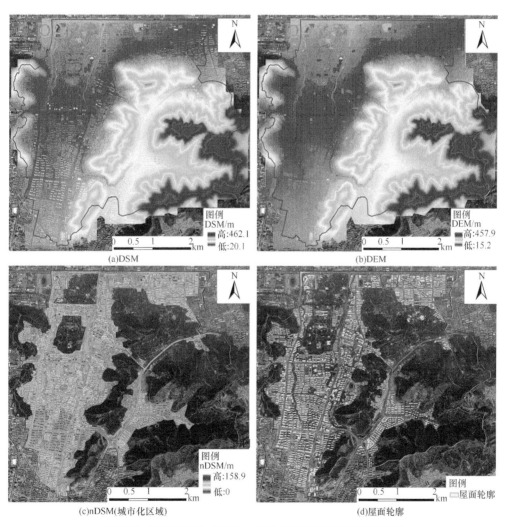

图 8-13　基于 DSM、DEM、nDSM 提取的城市建筑物轮廓

3）基于百度街景的排水管网信息

本节在前期开展过程中获取到的排水管网信息为 2007 年之前调查统计的资料，随着城市发展以及城市洪涝风险增加，新增大量排水管线，且原有排水管线也经过多次提升改造，2007 年的管网资料已无法满足当前城市暴雨洪涝过程模拟的要求，主要存在以下问题：①排水管网信息不完善，不能覆盖区域全部主要道路；②排水管网位置信息不准确，虽经过人工调整，仍不能很好地与遥感影像进行匹配；③存在管线连接关系、方向错误和倒管等现象。

本节根据城市道路街景图像[如图 8-14（a）所示]，对照前述高分辨率无人机倾斜摄影影像和三维模型，通过人工识别的方式，获取城市排水雨箅子位置信息，如图 8-14（b）所示。研究区的街景资料拍摄于 2017 年，通过对比发现，利用街景数据获取的排水雨箅子信息较 2007 年的资料密度更高，基本覆盖研究区所有主干街道。同时，本节根据道路地形坡度推测排水管网走向，并进一步确定排水雨箅子连接关系，能够较为准确地反映研究区的排水关系，根据排水区域大小和管道上下游关系，参照 2007 年的管道资料，推测管道规格。

(a)街景影像中的排水雨箅子　　　　　　(b)通过街景影像加密的试点区排水雨箅子分布图

图 8-14　基于百度街景影像提取的试点区排水雨箅子空间分布图

8.2.2　海绵城市试点区雨洪模型构建

1. 模型理论基础

1）模型简介

InfoWorks ICM（Integrated Catchment Modeling）模型软件是由英国华霖富（Wallingford）公司研发的城市/流域雨洪模型，是一个将城市流域与自然流域的水文水力学模拟结合起来的模拟技术系统平台。InfoWorks ICM 软件能够耦合一维排水管网汇流和二维地表汇流及河道汇流的水动力学模拟，在水量模拟方面主要有水文学模块（主要包括产流模块和坡面汇流模块）、排水管道水力学模块、河渠水力学模块以及城市/流域地表二维洪涝淹没模块。InfoWorks ICM 软件具有非常强大的输入数据前处理以及模拟结果后处理功能。本节主要利用 InfoWorks ICM 的水文学模块、一维排水管网/河渠水力学模块和地表二维洪涝演进模块。

水文模块采用分布式的降雨–径流过程模拟方法，通过将城市区域概化为子汇水区和具有不同产汇流特性的径流表面进行产汇流计算，在扣除降雨初期的损失后，通过产汇流计算求得子汇水区的出口流量。软件的产流计算包含固定比例径流模型、SCS 模型、Horton 入渗模型、Green-Ampt 入渗模型等多种产流模型，可根据区域下垫面类型进行选择。汇流模型用于计算降雨产流后其汇集到管道排水系统入水口的时间和流量，含有不同下垫面类型的子汇水区可采用针对不同表面特性的汇流模型。汇流计算模块包括非线性水库模型、Snyder 单位线模型和 SWMM 等。

InfoWorks ICM 通过动力波方法求解完全的圣维南方程组来模拟管道一维流动和明渠流动，采用 Preissmann Slot 方法处理管道超负荷时的情况，能够对各种复杂的水流状况进行仿真，也能真实模拟排水系统中的孔口、闸门、堰流、水泵、调蓄池等水工建筑物的水流状况。地表二维洪涝演进模型用于模拟水流在地表面的精细化过程，包括模拟雨水降落到地面直接产流后，净雨沿着地表面的运动过程，以及雨水因管网排水能力而超载，溢流地面后的运动过程。模型采用三角网格表征地表特征，包括地表高程、糙率系数和入渗系数等水文水动力参数，能够模拟管网溢流到地表面后的洪水演进过程和网格直接降雨产流和汇流过程。InfoWorks ICM 具有非常强大的二维模拟计算引擎，针对基于网格的二维模型计算密集的特点，能够基于 GPU 并行进行加速模拟，使模拟速度增加十几倍，显著提升了洪涝评估的速度，对于区域精细化洪涝模拟和城市尺度二维洪涝过程模拟具有很大的优势。

2）基于网格的城市区域不同下垫面产流模型

根据基于多源遥感技术提取得到的不同下垫面分布图，按照水动力学汇流计算的网格划分，与计算网格进行叠置，对计算网格进行分类，降雨落到网格中产流，对每种网格分别设置产流模型。根据城市下垫面特点，产流网格主要分为透水网格和不（弱）透水网格，分别对应草地、林地、裸地类非铺砌表面以及道路、广场等混凝土类表面，两种表面分别采用 Horton 模型和固定比例模型模拟产流过程。

3）城市洪涝多过程耦合模拟

城市水文水动力耦合模拟包括水文学汇流与管网汇流耦合、地下排水管网模型与二维模型耦合、管网汇流过程与河道汇流过程的耦合以及河道模型与二维模型的耦合等多种过程，由于研究区河道纵坡较大，不存在河道水流顶托管网及溢流到地面的情况，因此本节不考虑管网与河道的耦合以及河道溢流到地表面的过程。

A. 水文学汇流与管网汇流耦合

水文学汇流主要针对屋面等子汇水区，其水流一般直接进入管网。对于屋面，通过坡面汇流的水文学方法（非线性水库）进入雨水口，为排水管网提供入流边界。

B. 地下排水管网模型与二维模型耦合

地下排水管网模型与二维模型的耦合比较复杂，涉及雨水口的双向水力联系。当降雨量/降雨强度较小时，水流通过雨水口（雨箅子）流入地下排水管网，参与排水管网一维汇流；但当降雨量/降雨强度较大，超过地下排水管网排水能力时，水流会通过雨水口溢流到地面参与二维汇流。

正常情况下，雨水通过雨箅子进入地下排水系统，雨箅子的入流方式通常用自由出流的堰流公式来描述

$$Q = \varepsilon b \sqrt{2g} H_0^{3/2} \tag{8-3}$$

式中，Q 为堰上游流入堰下游流量，m^3/s；ε 为流量系数，对于无坎堰为 0.385；b 为堰顶宽度，这里设为与雨箅子边界相邻的网格边的长度，m；H_0 为堰顶水头，即地面水深，通过地表二维模型计算结果获得，m；g 为重力加速率。

水流溢出雨水口一般是因为管网水压（头）过大，对于发生溢流的雨水口，假设超过雨水口附近地面水位的水全部溢流，溢流量用下式计算。

$$Q = \alpha A_m \left(Z_m - Z_g \right) \tag{8-4}$$

式中，Q 为检查井溢流量，m^3/s；$\alpha=[0, 1]$ 为流量系数；A_m 为雨水口面积，m^2；Z_m 为雨水口内水位（水头），m；Z_g 为地面水位，m。

C. 河道单向收集地表水的过程

地表面高于河道，当地表水位超过河道堤岸时，地表水就会进入河道，可用式（8-3）的堰流公式描述这个过程。

2. 数据处理及模型构建

1）基础数据

本节使用的基础数据主要有气象水文数据、排水管网数据和基础地理信息数据等。排水管网数据包含 1154 个节点（其中有 36 个出水口）和 1122 条管道，并利用前面识别得到的雨水口信息进行加密。基础地理信息数据主要来自前面基于无人机倾斜摄影提取的 DEM、TDOM、建筑物轮廓信息和绿地分类信息等。

气象水文数据为研究区内两场实测降雨数据和对应时间的道路水文站监测数据，两场降雨分别是 20130723 场次的 7 个雨量观测站（图 8-15）的小时间隔降雨数据和 20150803 场次的 5 个雨量观测站（有二站的数据缺测）的小时间隔降雨数据（图 8-16）。舜耕路山东大厦站对应的两场降雨的地表淹没信息分别是：20130723 场次的最大水深为 0.13 m，时间为 9：06，20150803 场次的最大水深为 0.07 m，时间为 20：05。根据济南当地暴雨雨型生成了历时 120 min，重现期为 1 年、5 年、10 年和 20 年一遇，雨峰系数为 0.5 的设计暴雨（图 8-17）用于情景分析。

2）研究区概化

由于城市区域难以按照自然流域的边界划分方法确定汇水区范围，本节以济南海绵城市试点区边界为参考，首先根据 DEM 采用水文分析法粗略划分流域边界，然后参考

小区、街道布局以及排水管网的分布与流向修正流域边界。

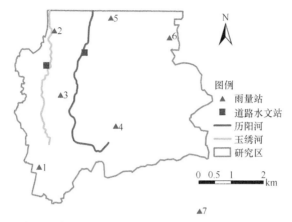

图 8-15 济南海绵城市试点区雨量站和道路水文站空间地理位置分布

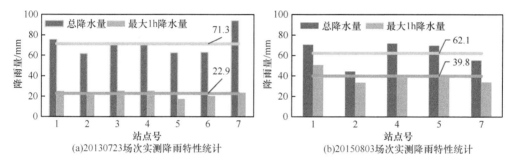

(a)20130723场次实测降雨特性统计   (b)20150803场次实测降雨特性统计

图 8-16 试点区场次暴雨过程实测降雨特性统计图

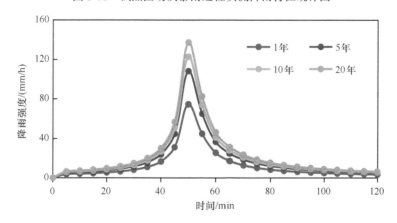

图 8-17 不同重现期情景下济南海绵城市试点区设计暴雨过程

3）下垫面提取

模型中子汇水区内不同下垫面类型的产流表面采用不同的产汇流计算参数，本节基于前述无人机倾斜摄影获取的高分辨率遥感影像，采用 ArcGIS 的监督分类对研究区不同类型下垫面数据进行提取。

4）子汇水区划分

本节根据前文划分的流域边界，进一步划分更小尺度的子汇水区，模型以子汇水区为产汇流计算单元，经过净雨和产流量计算以及地表汇流计算得到出口径流量，作为管网的入流边界条件。首先根据排水管网雨水口，通过泰森多边形法划分子汇水区，然后依据地形、社区单元和街道分布对子汇水区进行调整，最终划分得到子汇水区 1181 个，子汇水区最小面积为 0.04 hm²，最大面积为 139.263 hm²。利用 DEM 数据进行坡度计算并提取每个子汇水区的平均坡度，参考前文提取的下垫面提取每个子汇水区内不同类型下垫面的比例。

3. 模型参数设置

建筑屋面和城市道路一般为砖瓦和混凝土铺砌，入渗系数较低，产流系数设置为较大值，采用固定径流比例模型进行产流模拟；其他类型表面表示建筑屋面和城市道路以外的其他所有类型的下垫面，主要包括山林、公园和绿地等，绿化程度较高，因此采用 Horton 模型计算产流，参考 InfoWorks ICM 帮助文件（Wallingford，2012）和其他相关研究（黄国如和吴思远，2013，汉京超，2014）对参数进行设置，使用 SWMM 的汇流模型进行坡面汇流计算，汇流参数参考宋翠萍等（2014）的研究。

1）一维管网模型设置

将研究区排水管网资料、降雨站点分布和实测降雨过程资料、设计暴雨过程资料、地形和下垫面分类数据导入 InfoWorks ICM 软件，通过上面的建模步骤后，检查模型并保存，根据降雨的时间步长和降雨历时，设定模型计算步长为 60s，结果显示步长为 300s，计算历时为降雨历时延后 2h 以尽量保证积水排空，运行模型，得到计算结果。

2）一维、二维耦合模型设置

二维模型用于地表洪涝演进模拟，在原来一维模型的基础上，将建筑屋顶设置为子汇水区，其他地面区域采用二维水动力模型模拟以反映研究区较大的地形起伏变化，构建一维、二维耦合模型。将 DEM 导入 InfoWorks ICM 软件，并利用软件自带的网格生成器生成研究区三角网格（图 8-18），网格最小面积为 20m²，最大面积为 50m²；由于研究区马路行洪现象较为普遍，而地形精度对汇流过程的影响较大，因此，采用较为精细的网格对道路区域进行局部加密，最小网格面积设置为 10m²，最大网格面积为 20m²；采用固壁边界法处理建筑物，在网格化的时候设为空白区；将围墙概化为不透水的线导入软件，网格划分时作为固定的边界，水流不能穿过围墙。排水管网雨水口的洪水类型设置为"2D"，地表径流与排水管网水流可通过雨水口进行交互，雨水口溢流的时候，溢出水量在地表进行二维漫流，利用二维洪水演进模型模拟，而当排水系统排水能力恢复、雨水口井室空间充足时，地表积水返回地下管网继续参与一维排水管网汇流模拟；将河道概化为漫滩蓄洪区，由于研究区河道纵坡较大，只考虑地表和管网系统向河道的单向汇水，通过耦合管网、河道收水和地表二维洪水演进，实现一维、二维水动力耦合模拟。运行模型，得到最终计算结果。

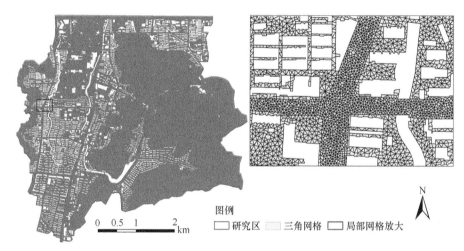

图 8-18　济南海绵城市试点区雨洪模型网格划分及局部网格放大图

右图是左图红框区域的放大图

4. 模型参数率定与验证

本节采用 20130723 和 20150803 两场降雨事件驱动模型，并利用位于山东大厦的道路水深监测站数据对模型参数进行率定和验证，其中，20150803 场次降雨具有较为完整的地面淹没过程线，用于参数率定。考虑到这两场降雨事件的量级比较低，利用实测历时极端降雨事件（2007 年济南"7·18"暴雨）调查资料对模型模拟极端暴雨的能力进行验证，利用灾后调查的淹水点水深资料验证模拟结果。

将模型模拟的结果与淹没水深监测值和调查值进行对比，参考有关文献和模型文档人工调整参数，进而确定模型参数值，构建水文水动力多过程耦合模型。集总式产汇流模型参数如表 8-4 所示，基于网格的产汇流模型参数与表 8-2 对应表面类型一致。

表 8-4　不同类型产流表面相关参数取值（经验值）

产流表面编号	下垫面类型	径流量类型	产流参数	表面类型	初损值/mm	汇流模型	汇流参数	总面积/hm²
1	道路	Fixed	0.95	不透水	2	SWMM	0.018	127.1
2	房屋	Fixed	0.90	不透水	1	SWMM	0.025	231.1
3	绿地	Horton	76/2.5/2	透水	5	SWMM	0.060	2014.5

注：不透水面产流参数为固定径流系数，透水面产流参数为初始下渗率、稳定下渗率和衰减系数，下同。

一维管网模拟结果表明山东大厦道路水深监测站附近节点 YS27225 的溢流过程线如图 8-19 所示。从图 8-19 中可知，该节点有较大的溢流，两场降雨的节点最大溢流出现的时间分别是上午的 10:35 左右和晚上的 21:50 左右，这与观测的实际道路最大淹没水深出现的时间 9:06 和 20:05 有一定的偏差，根据研究区主干道路平均坡度的分析结果，推测可能是未考虑到马路行洪，致使汇流时间推迟，最大溢流量出现的时间也相应延后，另外，模型参数的确定主要参考模型帮助手册和有关文献，可能会对汇流时间产生影响。

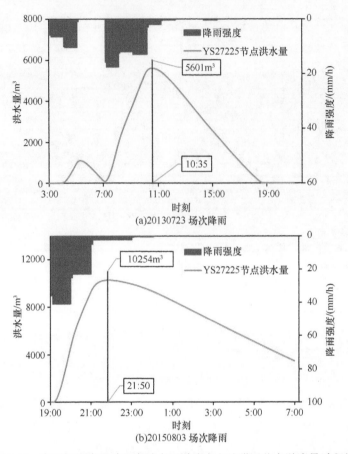

(a)20130723 场次降雨

(b)20150803 场次降雨

图 8-19　实测场次降雨过程中试点区道路水文站附近节点溢流量过程线

图 8-20 为一维、二维耦合模型进行参数率定和验证的地面淹没过程线。20150803
场次降雨中，模拟得到的淹没水深在 20:05 达到最大值，最大水深为 0.078m［图 8-20
（b）］，一维、二维耦合模拟得到的最大水深和最大水深出现的时间与实测的地面淹没过
程线几乎一致。由于仪器问题，20130723 场次降雨过程中只获取到最大淹没水深 0.13m
和相应的出现时间 9:06，而模拟结果分别是 0.18m 和 9:30［图 8-20（a）］，通过模拟结
果与实测值的对比发现，两者最大水深和出现时间的差异均较小。

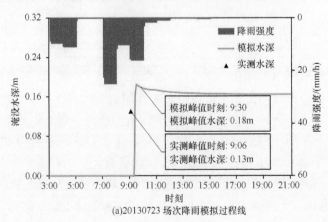

(a)20130723 场次降雨模拟过程线

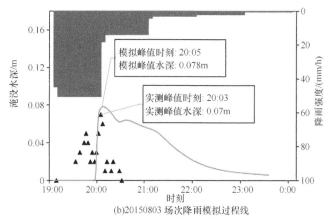

(b)20150803 场次降雨模拟过程线

图 8-20　实测场次降雨过程中试点区道路水文站附近淹没过程线

表 8-5 为 20070718 场次降雨 9 个调查点的实测水深和模拟水深，从图 8-20 中可以看出，除 8 号点外，其他点的误差均在 15%以内，说明一维、二维耦合模型不仅能够模拟常遇降雨的淹没过程，对极端降雨也有较好的复现能力。

表 8-5　20070718 场次暴雨过程中雨洪模型模拟结果与灾后调查结果对比

参数	1	2	3	4	5	6	7	8	9
实测水深/cm	20	30	39	60	40	20	30	60	25
模拟水深/cm	21.2	25.9	40	66.3	41.2	22.4	29.5	42.3	25.8
相对误差/%	6.0	13.7	2.6	10.5	3.0	12.0	1.7	29.5	3.2

5. 洪涝模拟结果分析与讨论

1）一维管网模拟结果分析

通过统计实测与设计暴雨的峰值时刻节点溢流情况并通过图表形式呈现，以分析研究区洪涝状况。图 8-21 和图 8-22 所示为实测降雨和设计暴雨的模拟结果，蓝色到

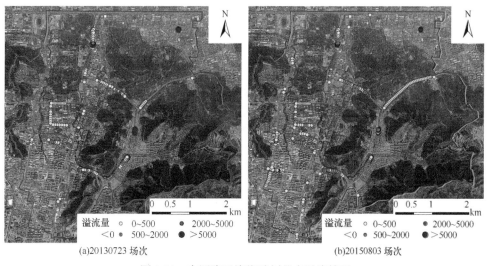

(a)20130723 场次　　　　　　　　　(b)20150803 场次

图 8-21　实测降雨峰值时刻节点溢流情况

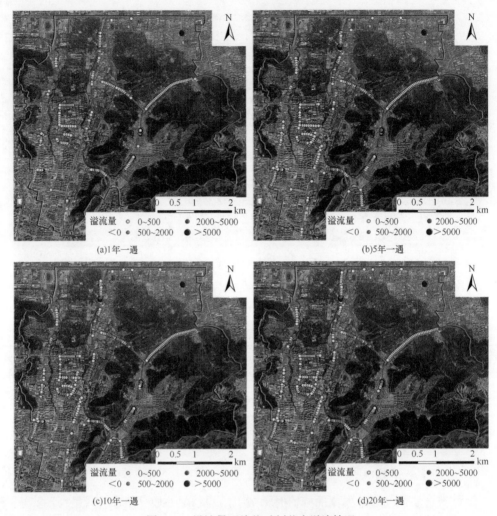

图 8-22　设计暴雨峰值时刻节点溢流情况

紫色填充的圆形表示节点溢流，颜色越深且圆点直径越大，代表溢流越严重。通过统计，可以得到设计暴雨在峰值时刻的节点溢流情况，详见表 8-6。可以发现，随着设计暴雨重现期的增大，其降雨总量和最大降雨强度变大，出现的峰值溢流量、溢流节点数也逐渐增多。

表 8-6　实测和设计暴雨峰值时刻节点溢流情况统计

重现期 （年）/场次	总降雨量 /mm	最大降雨 强度/（mm/h）	峰值溢 流量/m³	溢流节 点数/个	比例/% （节点总数：1154 个）
1	26.7	74.44	13854.7	242	21
5	38.84	108.26	23554.5	374	32.40
10	44.06	122.82	27780.3	414	35.90
20	49.29	137.39	32097.3	459	39.80
20130723	71.3	22.9	32117.3	140	12.1
20150803	62.1	39.8	46943.7	275	23.8

从以上对结果的分析可以发现，节点溢流比较严重区域主要集中于道路坡度较大的舜耕路、旅游路、千佛山南路和建筑较为密集的济大路上。本节使用的一维排水管网汇流模型虽不能体现道路坡度对管网汇流的影响，但子汇水区包含坡度信息，汇水区坡度越大，降雨从子汇水区汇集到雨水口的时间越短，使排水系统短时间内汇入大量雨水而溢流；在密集的建筑区，地表不透水比例较大，曼宁系数小，导致雨水更多、更快地汇集到排水系统，使排水系统超载溢流。

2）一维、二维耦合模拟结果分析

将一维、二维耦合模拟结果的研究区淹没水深按照表 8-7 中的规则进行划分，可得实测和设计暴雨的峰值时刻地面淹没情况如图 8-23 和图 8-24 所示，地表不同积水深度采用不同的颜色表示，其中积水深度小于 0.05m 的部分不予显示，水深大于 0.05m 的部分由绿色到深蓝色代表淹没水深越来越大。可以发现，不同设计暴雨情景下，发生淹没的区域首先是主要道路、低洼区和管网分布较为稀疏的区域，淹没水深和范围随着重现期和降雨雨强的增大而增大。

表 8-7　不同积水深度范围对行人和道路交通的影响程度

积水深度/m	影响程度
<0.05	行人和路面交通不受影响
0.05~0.1	行人移动减缓，车辆行驶减速，对行人和路面交通有轻度影响
0.1~0.2	行人涉水出行，车辆行驶小心翼翼，路面交通受到中度影响
0.2~0.4	路面积水较严重，行人安全受到威胁，车辆行驶极度缓慢并面临熄火风险
>0.4	行人安全受到极大威胁，车辆直接熄火，交通堵塞，路边建筑物受到影响

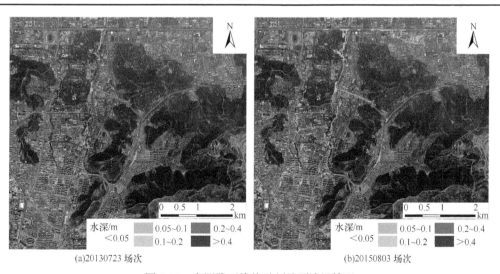

(a)20130723 场次　　　　　　　　　　(b)20150803 场次

图 8-23　实测降雨峰值时刻地面淹没情况

经过统计分析可以得到实测和设计暴雨的峰值地面淹没情况，详见表 8-8。从表 8-8 中可以看到，随着暴雨重现期的增大，降雨总量和最大降雨强度逐渐增大，出现的 0.05m 以上淹没面积和各个淹没深度等级的淹没面积均越来越大。对比两场实测

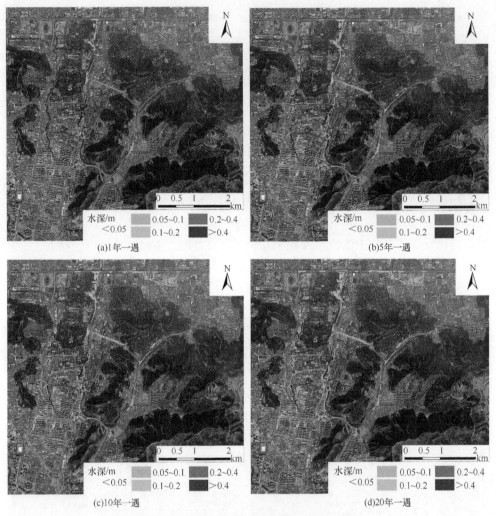

图 8-24　设计暴雨峰值时刻地面淹没情况

表 8-8　实测和设计暴雨峰值时刻地面淹没情况

重现期 (年) /场次	降雨总量/ mm	最大降雨强 度/（mm/h）	淹没水深为0.05～ 0.1m 的面积/km²	淹没水深为0.1～ 0.2m 的面积/km²	淹没水深为0.2～ 0.4 m 的面积/km²	淹没水深为> 0.4m 的面积/km²	总面 积/km²
1	26.7	74.44	0.171	0.062	0.022	0.031	0.287
5	38.84	108.26	0.346	0.163	0.045	0.047	0.601
10	44.06	122.82	0.41	0.21	0.064	0.054	0.738
20	49.29	137.39	0.514	0.23	0.099	0.061	0.905
20130723	71.3	22.9	0.117	0.048	0.025	0.031	0.221
20150803	62.1	39.8	0.349	0.16	0.05	0.053	0.612

降雨的模拟水深可以发现，降雨总量较大、最大 1h 雨强较小的 20130723 场次降雨的各水深范围的淹没水深均小于降雨总量较小、最大 1h 降雨量较大的 20150823 场次降雨，可由此推断在降雨总量量级相当的情况下，决定地表淹没水深和范围的主要因素是最大 1h 雨强。

3）模拟结果对比分析

从以上结果分析发现，实测降雨条件下，一维管网模拟得到的节点最大溢流量出现时间与地表最大水深出现时间有所差异，相差 1 个多小时，原因可能是研究区道路坡度较陡，而一维管网模型并没有考虑到道路行洪现象，从而导致汇流时间推迟，溢流点附近出现最大淹没水深的时间也相应延迟；同时，模拟的一些参数来自相关参考文献和模型参考手册，不一定完全符合研究区实际情况，也可能对模拟结果产生一定的影响。

一维、二维耦合模型模拟得到的山东大厦站附近的最大水深和出现的时间几乎均与监测的实际情况一致，较为充分地说明了耦合模型模拟地表淹没过程的合理性和适用性。但从图 8-20（b）中发现，20150803 场次降雨模拟的地表淹没过程线与监测的实际淹没过程线有很大差别，模拟结果过程线显示在大约晚上的 20:00 之前，道路水文站附近还未积水，而在 20:00 之后迅速上升；实际淹没过程线在水深达到最大值前处于波动状态，并在达到最大水深之后迅速下降，原因是本节所采用降雨资料为小时间隔的观测资料，在 19:00～20:00 时段内是均匀降雨，因而出现图 8-20（b）所示的均匀增长的模拟地面淹没过程线。然而，实际上 1h 内降雨强度可能发生较大变化，才会出现图 8-20（b）所示的波动的实际淹没水深过程线。通过本节可推知，若能获取到更加精细的降雨资料（如 5 min 时间间隔的降雨数据），本节建立的模型将能更好地重现实际地面淹没过程。

将实测降雨和 4 场不同重现期设计暴雨的模拟结果对比可发现，若以一维管网模型结果作为评价指标，20150803 场次降雨溢流节点数为 275 个，稍大于 1 年一遇设计暴雨的 242 个而小于 5 年一遇的 374 个，依此大致判断该次降雨约为 1 年一遇设计暴雨；而如果以一维、二维耦合模拟的淹没结果作为指标，除 0.1～0.2 m 水深范围的淹没面积略小于 5 年一遇对应淹没面积外，其他各淹没水深范围的面积均大于 5 年一遇设计暴雨对应的面积，据此大致判断 20150803 场次降雨约为 5 年一遇设计暴雨。由于一维、二维耦合模拟的结果较为符合实际，因此可以推断，一维管网模拟可能会低估实际降雨的重现期等级，将一维管网模拟结果用于实际的排涝规划和防洪减灾对策中有可能造成不利后果（程涛等，2018）。

6. 结论

本节通过耦合城市多种下垫面产汇流过程、一维管网汇流和城市地表二维洪涝演进等水文水动力过程，对城市洪涝过程进行模拟。采用多场历时观测和调查的暴雨洪涝资料对模型参数进行率定和验证，对比分析了一维、二维模型模拟城市洪涝的能力，对不同设计暴雨条件下的洪水过程进行了分析。

在模型构建方面，考虑到城市排水的特性和研究区大坡度的特点，对屋面区域和地面采用不同的处理方式。在产流计算方面，屋面一般是铺砌的混凝土表面，可作为集总式的子汇水区，采用固定比例径流模型进行产流计算；地面区域下垫面类型复杂，地形变化较大，采用基于网格的产流计算方法，对不透水网格采用固定比例径流模型，对透水表面采用 Horton 产流模型。在汇流计算方面，将屋面当作子汇水区，采用 SWMM 中的水文学汇流方法，将地面区域划分为网格，采用基于物理机制的水动力学模型进行汇流计算。屋面和地面雨水进入管网后，采用 SWMM 中的动力波法对管网汇流过程进行计算；地表雨水进入管网系统以及地下管网超载后溢流到地表面的过程分别利用堰流公式和水头差公式进行计算，模拟雨水进出雨水口的过程；城市一般存在内河排水系统，排水管网和地表雨水进入内河后向下游继续汇流，由于研究区地表和河道纵坡大，一般不存在对管网的顶托和溢流到地面的情况，因此设定排水管网雨水从出水口排出后将不参与洪涝模拟，地面雨水从河岸溢流进入河道区域，而不考虑河道水量溢流进入地表面。通过耦合屋面水文学产汇流过程、管网汇流过程、基于网格的地表水动力学产汇流过程、河道单向收集地表溢流过程，构建了精细化的城市雨洪模型。

根据研究区基础资料，设置模型参数并进行率定验证。采用观测和调查的实际淹没水深作为验证数据，利用两场历史常遇降雨事件对参数进行率定，采用一场历史极端降雨事件验证模型模拟极端暴雨洪涝过程的能力。实测降雨的模拟结果表明，模型能够较好地还原实测降雨径流过程，率定和验证场次模拟得到的水深值与观测值较为吻合，其中 20150803 场次模拟结果较为完整地还原了山东大厦站地表淹没过程，但由于降雨数据时间分辨率较低，与实际淹没过程有所偏差，而 20130723 场次降雨模拟的山东大厦站最大水深与历史观测水深相差不大，历史极端降雨事件的模拟最大水深与调查水深较为相符，总体精度较好。

一维管网模型模拟结果表明，溢流比较严重的点集中于建筑密集区和道路坡度较大的区域，这些地区产流量和汇流速度较大，短时间内容易形成管网溢流，一维、二维耦合模拟得到的淹没区范围多位于溢流节点较大的区域，但山东大厦站附近管网溢流量最大值时间与地表最大淹没水深出现时间存在约 1 小时的差距；设计暴雨的模拟结果表明，随着重现期的增大，溢流节点数、最大溢流量、总淹没面积和不同水深淹没面积均增大；相较于一维、二维耦合模拟结果对实际淹没过程较为准确的还原，一维管网模型模拟结果可能低估降雨等级，造成不利后果。

8.2.3　城市排水系统与地表洪涝过程对不同降雨过程的响应分析

1. 设计暴雨雨型

本章内容基于前述建立的水文水动力多过程耦合模型，基于芝加哥雨型计算不同阵雨重现期（rainfall recurrence intervals，RRIs）设计暴雨，采用三种不同雨峰系数（peak position ratios，PPRs）分析城市排水系统与地表洪涝过程对降雨的响应特征。芝加哥雨型如式（8-5）～式（8-7）所示。

$$i = \frac{11.2195(1 + 0.7573 \lg P)}{(t + 11.0911)^{0.6645}} \tag{8-5}$$

$$i_a = \frac{a\left[\dfrac{(1-c)t_a}{1-r}+b\right]}{\left(\dfrac{t_a}{1-r}+b\right)^{c+1}}$$ （8-6）

$$i_b = \frac{a\left[\dfrac{(1-c)t_b}{r}+b\right]}{\left[\left(\dfrac{t_b}{r}\right)+b\right]^{c+1}}$$ （8-7）

式中，i 是降雨强度，mm/min；t 是降雨历时，min；P 是降雨重现期，年；i_a 是雨峰后的降雨强度，mm/min；i_b 是雨峰前的降雨强度，mm/min；r 是雨峰系数；t_a 是雨峰后降雨历时，min；t_b 是雨峰前降雨历时，min；a、b、c 分别是设计暴雨参数，取值如下：

$$a = 11.2195(1+0.7573\lg P),\ b = 11.0911,\ c = 0.6645$$ （8-8）

本节采用雨峰在前、雨峰在中和雨峰在后三种雨型，对应的雨峰系数 r 分别为 0.2、0.5 和 0.8。设计暴雨过程线如图 8-25 所示。

2. 排水系统响应特征分析

1）排水系统状态因子响应特征

排水系统对不同雨型的设计暴雨具有不同的响应特征，表 8-9 显示了不同设计暴雨雨型（即不同降雨重现期与不同雨峰系数的组合）下 2 个排水系统状态指标（drainage system state indicators，DSSIs），即超载管段长度（length of surcharged pipes，S）和溢流节点数（number of overflowed manholes，O）。上述 2 个因子数值越大，系统越趋于超载状态。

随着降雨重现期的增大，总降雨量和最大降雨强度均增大，模拟得到的超载管段长度和溢流节点数逐渐增多，但这种增加趋势随着降雨重现期的增大而逐渐减弱，原因在于排水系统排水能力有限，随着设计暴雨的增强而逐渐饱和。同时发现，随着降雨重现期的增大，不同雨峰系数之间的超载管段长度差值和溢流节点数差值逐渐减小，这是由于随着降雨重现期的增大，重现期增大对管网系统的压力逐渐超过雨峰系数增大对管网系统的作用。结果还显示研究区排水系统能力不足，即使中等强度的降雨也能造成管网系统严重超载，如 $r \geqslant 0.5$ 时，1 年一遇设计暴雨情况下，超过总管网长度一半的管段出现超载现象。

由表 8-9 亦可发现，两个排水系统状态因子在 $0.2 \leqslant r \leqslant 0.5$ 的增加值大于在 $0.5 \leqslant r \leqslant 0.8$ 的增加值，这也是由于排水系统能力有限，随着雨峰系数增大，排水系统状态因子不会随之成比例地增大。同时可以看到，具有较大雨峰系数（峰现时间较迟）的某一重现期的降雨引起的状态因子数值大于具有较小雨峰系数的较大重现期设计暴雨，如雨峰系数 r 为 0.8、重现期 M 为 5 年一遇时，S 为 24.6km，这个数值比 r 为 0.2、M 为 10 时的 24.1km 更大，表明峰值靠后的暴雨相对于雨峰系数较小的暴雨对管网的压力更大，因此在设计排水系统时必须考虑区域降雨时程分布的影响。

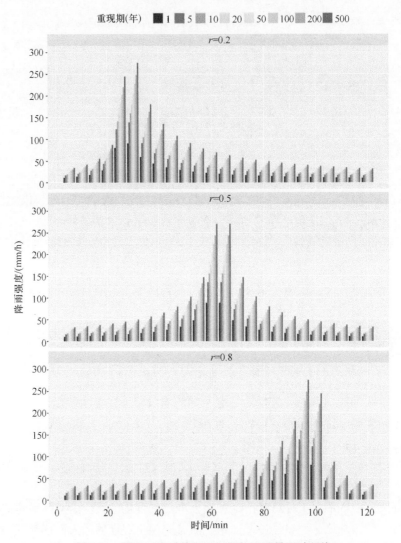

图 8-25 不同雨峰系数和重现期的设计暴雨过程线

表 8-9 不同设计暴雨重现期和雨峰系数下的超载管段长度和溢流节点数

M/年	降雨总量/mm	S/km（总长度=35.7）			$S_{0.5}-S_{0.2}$	$S_{0.8}-S_{0.5}$	O/个（总节点数=1118个）			$O_{0.5}-O_{0.2}$	$O_{0.8}-O_{0.5}$
		r=0.2	r=0.5	r=0.8	$S_{0.2}$	$S_{0.5}$	r=0.2	r=0.5	r=0.8	$O_{0.2}$	$O_{0.5}$
1	52.9	16.5	18.4	19.5	0.12	0.06	111	133	152	0.20	0.14
5	80.9	22.0	24.0	24.6	0.09	0.03	253	305	333	0.21	0.09
10	92.9	24.1	25.6	26.2	0.06	0.02	317	371	399	0.17	0.08
20	104.9	25.7	27.0	27.7	0.05	0.03	369	416	448	0.13	0.08
50	120.9	27.2	28.5	29.7	0.05	0.04	419	470	495	0.12	0.05
100	132.9	28.3	30.0	30.4	0.06	0.01	451	497	522	0.10	0.05
200	144.9	29.4	30.5	30.9	0.04	0.01	483	529	552	0.10	0.04
500	160.9	30.4	31.1	31.5	0.02	0.01	522	568	592	0.09	0.04

2）排水系统状态因子迟滞特征

排水系统状态因子[四个指标，即超载管段长度（length of surcharged pipes，LSPs）、溢流节点数（number of overflowed manholes，NOMs）、超载管段数（number of surcharged pipes，NSPs）和节点溢流量（volume of overflowed manholes，VOMs）]对降雨的响应特征是不同的，对不同特征的降雨的响应也随降雨特性发生变化，通过分析排水系统状态因子对降雨的迟滞时间，能够揭示排水系统响应特性，可为排水系统改造和排涝工作提供支持。

迟滞时间表示两个因果相关变量峰值出现时间之间的差值，代表两者之间的响应速度，图 8-26 表示洪峰时间与暴雨峰值时间的差值。

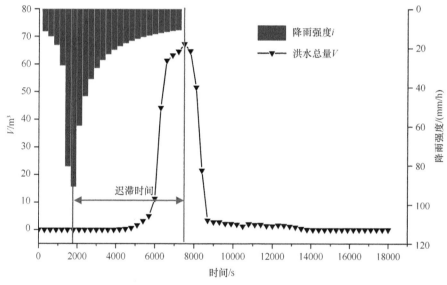

图 8-26　迟滞时间示意图

图 8-27 表示 4 个状态因子与不同雨型降雨之间的迟滞时间的关系，可以明显看出 VOMs 相对于其他 3 个状态因子表现出更大的滞后性，这是因为检查井溢流在管网超载之后才会发生，节点溢流后才会产生溢流量积累，同时，检查井的井室能够储存部分超载径流，使其能够相对较晚地产生溢流。NSPs 和 LSPs 的迟滞时间在不同雨型（不同重现期及雨峰系数）降雨情况下的差异不大，这是由于使用的降雨数据时间分辨率较大（1h），同时由于管网系统（主要指管道）在小雨（低重现期及低雨峰系数）情况下就出现超载，因此不同降雨条件下的管网系统响应空间较小。

VOMs 的迟滞时间在不同雨峰系数下均随着暴雨重现期增大表现出先上升后下降的趋势，这主要是由区域排水系统分布不均造成的。在高重现期情况下，一些检查井由于直接连接的管道发生超载现象（过流能力不足）而出现溢流；而在中重现期情况下，除了因直接连接的管段超载而溢流的检查井以外，更多的检查井也会出现溢流，但要使这些检查井出现溢流，需要经过一定时间的汇流，因此响应时间延长；当出现稀遇降雨事件时，全区域所有管段均会迅速出现超载，管网汇流带来的迟滞效应将不存在，检查井溢流量响应时间减小。

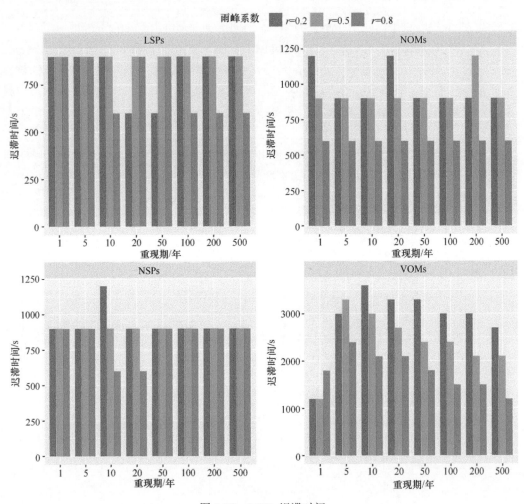

图 8-27　DSSIs 迟滞时间

3. 地表洪涝特征

1）地表洪水量的响应特征

图 8-28～图 8-30 为研究区地表洪水量（全部网格积水量）随时间变化的过程图，图中垂直于 x 轴的红色点划线代表降雨峰值出现的时间，洪水量过程线上的实心点分别代表不同重现期下的最大地表洪水量的出现时间。

从图 8-28～图 8-30 中可以看到，随着降雨重现期和雨峰系数的增大，地表洪水量逐渐增多；同时，对比不同重现期的洪水量可以发现，虽然不同雨峰系数下的最大洪水量值具有显著差异，但洪水退去后的剩余洪水量均相差不大，这主要是由于不同重现期设计暴雨情景所淹没的积水洼地范围基本一定，洪水退去后，这些洼地积水继续存蓄，只有通过蒸发、入渗或人工排水等方式才能消除。

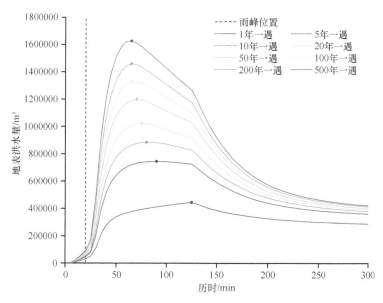

图 8-28　雨峰系数为 0.2 时的地表洪水量

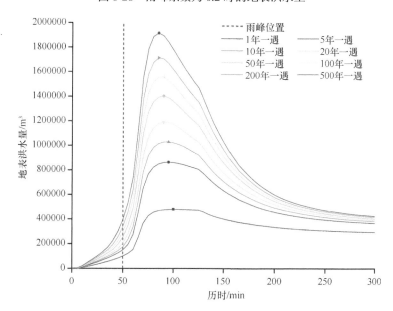

图 8-29　雨峰系数为 0.5 时的地表洪水量

　　地表洪水量最大值出现的时间和雨峰出现时间差（迟滞时间）随着重现期和雨峰系数的增大而减小，因此，在雨峰靠后的情况下，虽然地表最大积水出现的时间较晚，但一旦发生则比较迅猛，容易对管网系统和地表设施造成严重冲击和损坏。随着雨峰系数增大，不同重现期之间的迟滞时间差别逐渐减小，这主要是由于雨峰系数较小时，地表截留和入渗对低重现期的降雨具有较好的蓄渗效果，峰值出现的时间较晚，而对于常遇降雨的作用较小；而雨峰系数较大时，雨峰前降雨已将地表蓄渗填满，地表蓄渗作用对于雨峰作用显著减小，导致不同重现期的洪水量峰现时间差别不大。

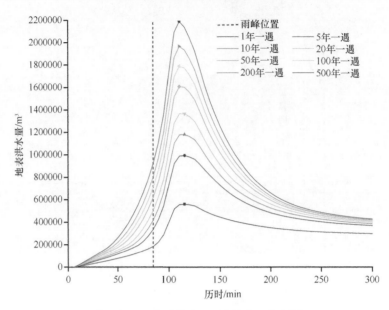

图 8-30　雨峰系数为 0.8 时的地表洪水量

　　对比不同雨峰系数的地表洪水量过程线可以发现，从整个降雨径流过程来看，雨峰靠前时，过程线增长较为迅猛而降低过程较为缓和，雨峰靠后时，过程线增长较为缓和而降低较为迅猛。然而，雨峰靠后时，降雨在雨峰后的地表洪水量增长更快，属于典型的"陡涨陡落"型，前期降雨使地表蓄水空间几乎蓄满，不仅容易造成严重的地表积水，形成灾害损失，同时，具有蓄渗条件、适合积水的区域，雨水不能长时间蓄渗，雨水资源利用效果不佳。

2）地表积水迟滞特征

　　地表洪水量体现的是地表积水的区域总体特征，而当积水达到一定深度时才会形成内涝，同时不同深度的淹没所引起的风险不同，不同深度的积水对降雨变化的响应也不同。由于水深在 0.05m 以上会对居民通行造成不便，因此设定水深大于 0.05m 为淹没，并分别用 A1、A2、A3、A4 和 A5 代表淹没水深为 0.05～0.1m、0.1～0.2m、0.2～0.4m、0.4～0.5m 和 ≥0.05m 的淹没面积，其中 A5 代表总淹没面积。通过统计计算不同水深的淹没面积最大值出现的时间，分析地表洪涝对不同降雨类型的响应特征，图 8-31 表示不同水深淹没面积最大值迟滞时间。

　　总体而言，不同水深的地表淹没面积对于降雨峰值的迟滞时间均随着降雨重现期的增大呈现出逐渐减小的趋势，并且对于淹没水深较大时更为明显。对比不同雨峰系数降雨情况下的迟滞时间发现，雨峰系数越大，迟滞时间越短，这主要是由于雨峰系数较大时，土壤蓄水容积和地表截留空间会被雨峰之前的降雨填满，而当雨峰来临时，地表会因为直接降雨和管网超载溢流而迅速形成淹没峰值，使响应时间缩短；相比较而言，当雨峰系数较小时，由于雨峰附近降雨会被土壤蓄水容积和地表截留空间消纳一部分，因此雨峰之后不会迅速形成淹没峰值。对比不同淹没水深的迟滞时间发现，水深较大的淹没面积峰值迟滞时间要长于水深较小的情况，原因是淹没水深由小增大需要时间，而检查井一旦溢流就会形成较小水深的淹没。总淹没水深 A5 的迟滞时间排在 5 个因子的倒数第二个，这主要是因为不同淹没水深迟滞时间的平均作用，其总体表现出随重现期和雨峰系数增大而减小的趋势。

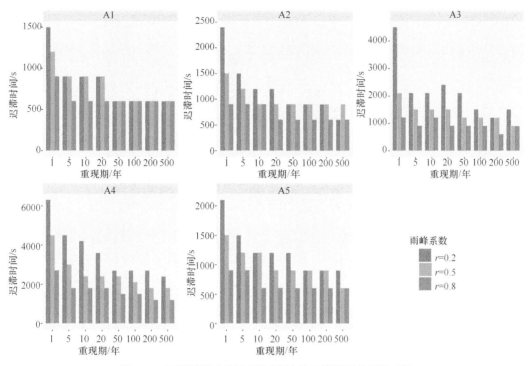

图 8-31　不同淹没水深在不同设计暴雨情景下的迟滞时间

3）总淹没面积变化特征

总淹没面积（total inundation area，TIA）是洪涝风险评价的一个重要指标，Moftakhari 等（2018）指出水深较小的淹没也能对日常生活和城市环境造成显著干扰，例如居民出行受阻、财产受损、道路交通阻断、地表侵蚀、非点源污染和水质污染等；淹没水深较大时，所造成的损害则更为显著，会对城市生命线系统造成灾难性的连锁破坏（李超超等，2019）。如前所述，水深超过 0.05m 即对行人通行造成不便，因此将超过 0.05m 水深的面积作为总淹没面积，图 8-32 统计了不同暴雨重现期和雨峰系数下的最大淹没水深和年平均淹没水深（TIA 除以重现期）。

总淹没面积分别随着暴雨重现期和雨峰系数增大而增大，这意味着所造成的洪涝损失将逐渐增大，然而不能由此判定洪涝风险也是逐渐增大的。随着降雨重现期的增大，对应的降雨发生的概率 P（$P=1/RRI$）逐渐降低，而洪涝风险应该考虑暴雨洪涝事件发生的概率因素。如图 8-32 所示，将淹没面积乘以降雨概率（重现期的倒数）得到年平均总淹没面积，随着降雨重现期的增大，不同雨峰系数情况下年平均淹没面积逐渐减小。如前所述，淹没水深较浅时亦可对城市及其环境造成重大损害，Yin 等（2016）研究分析表明，稀遇降雨事件会造成区域性的小水深淹没，发生频次更多会严重影响正常的城市生产生活，一定程度上也是不可接受的。随着重现期的增大，不同雨峰系数降雨事件之间的 TIA/年差值也逐渐减小，这表明对于某场未来可能发生的降雨事件，在重现期足够大的情况下，雨峰系数的影响将逐渐减小，重现期因素将作为防洪排涝工作的主要关注因素。

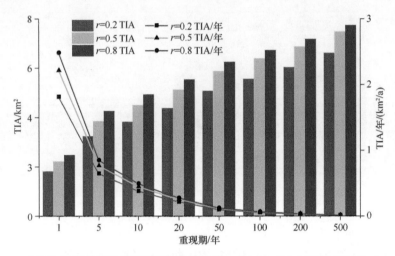

图 8-32　不同重现期设计暴雨情景下的总淹没面积（TIA）和年平均淹没面积（TIA/年）

不同水深范围的淹没面积和占比如表 8-10 所示，总体而言，不同水深范围的面积分别与降雨重现期和雨峰系数正相关，这和 TIA 具有相同的特征，而不同水深范围的占比的变化特征则不尽相同。随着重现期的增大，水深较浅的淹没面积占比呈现较为明显的下降趋势，而水深较大的淹没面积占比则表现为逐渐递增的趋势，除了重现期为 5 年一遇、雨峰系数为 0.2 时出现的增加现象，这可能是由于重现期和雨峰系数较小，降雨的增大使大量未发生明显淹没的区域转化为淹没水深较浅的区域。

表 8-10　不同重现期设计暴雨情景下不同水深范围的最大淹没面积和占比

r	水深/m	1	5	10	20	50	100	200	500
0.2	0.05~0.1	0.790 (0.438)	1.425 (0.443+)	1.661 (0.437−)	1.873 (0.431−)	2.143 (0.428−)	2.323 (0.420−)	2.498 (0.417−)	2.709 (0.412−)
	0.1~0.2	0.444 (0.246)	0.840 (0.261+)	0.999 (0.263+)	1.142 (0.263=)	1.321 (0.262−)	1.431 (0.259−)	1.544 (0.257−)	1.682 (0.257−)
	0.2~0.4	0.317 (0.176)	0.477 (0.148−)	0.575 (0.151+)	0.687 (0.158+)	0.817 (0.162+)	0.877 (0.159−)	0.964 (0.161+)	1.045 (0.159−)
	>0.4	0.255 (0.141)	0.474 (0.147+)	0.563 (0.148+)	0.649 (0.149+)	0.767 (0.152+)	0.898 (0.162+)	0.992 (0.165+)	1.139 (0.173+)
0.5	0.05~0.1	1.011 (0.460)	1.705 (0.447−)	1.963 (0.439−)	2.197 (0.431−)	2.491 (0.427−)	2.662 (0.418−)	2.843 (0.418−)	3.087 (0.413−)
	0.1~0.2	0.562 (0.255)	1.008 (0.264+)	1.161 (0.260−)	1.337 (0.262+)	1.498 (0.257−)	1.639 (0.257+)	1.733 (0.253−)	1.840 (0.247−)
	0.2~0.4	0.348 (0.158)	0.565 (0.148−)	0.697 (0.156+)	0.811 (0.159+)	0.928 (0.159=)	1.009 (0.158−)	1.085 (0.158=)	1.200 (0.161+)
	>0.4	0.279 (0.127)	0.541 (0.142+)	0.652 (0.146+)	0.757 (0.148+)	0.935 (0.160+)	1.057 (0.166+)	1.186 (0.173+)	1.340 (0.179+)

续表

r	水深/m	1	5	10	20	50	100	200	500
0.8	0.05~0.1	1.148 (0.466)	1.902 (0.448−)	2.148 (0.437−)	2.379 (0.430−)	2.611 (0.419−)	2.757 (0.410−)	2.920 (0.407−)	3.116 (0.403−)
	0.1~0.2	0.617 (0.251)	1.093 (0.258+)	1.286 (0.261+)	1.416 (0.257−)	1.596 (0.256=)	1.713 (0.258−)	1.795 (0.250−)	1.898 (0.248−)
	0.2~0.4	0.387 (0.157)	0.645 (0.152−)	0.767 (0.156+)	0.860 (0.156=)	1.000 (0.160+)	1.075 (0.160=)	1.154 (0.161+)	1.261 (0.163+)
	>0.4	0.310 (0.126)	0.601 (0.142+)	0.720 (0.146+)	0.874 (0.158+)	1.029 (0.165+)	1.173 (0.175+)	1.300 (0.181+)	1.460 (0.189+)

注: 圆括号内是不同水深范围的淹没面积占总淹没面积的比例; 符号+、−和=分别代表增大、减小和不变。

　　水深范围处于中间的淹没面积占比随降雨重现期的变化并没有明显的趋势, 其中水深范围为 0.1~0.2m 的淹没面积占比在雨峰系数分别为 0.2 和 0.8 时先增大后减小, 而在雨峰系数为 0.5 时, 占比则随降雨重现期的变化不断波动。水深范围在 0.2~0.4m 的淹没面积占比则没有明显的变化趋势。对比不同雨峰系数之间的淹没面积占比, 可以看出重现期较小时, 不同雨峰系数的淹没面积占比之间的差距比重现期较大时更显著, 这是由于随着重现期的增大, 雨峰系数差异带来的作用逐渐被重现期的增大作用所取代。

　　4）不同水深淹没面积空间分布特征

　　通过统计设计暴雨模拟的地表淹没数据并按不同水深范围进行分类, 得到不同设计暴雨情景下的地表淹没分布图 (图 8-33)。由图 8-33 可见, 在不同设计暴雨情景下, 研究区不同区域均出现不同程度的淹没现象, 尤其是在暴雨洪涝期间可短暂作为行洪通道、高程略低于周围区域的主干道路和交叉路口, 以及地表不透水率较高的密集居民区。同时可以发现, 城区边缘山林的大量山洪是道路洪涝淹没的主要径流来源之一。不同设计暴雨情景下洪涝发生的区域大体一致, 但洪涝淹没的面积和淹没深度具有显著的差别。在稀遇降雨情景下, 一些主要的易涝区均发生了一定程度的洪涝淹没情况, 随着雨峰系数的增大, 淹没面积逐渐扩大, 淹没水深逐渐增加。当重现期较高时, 不同雨峰系数情景之间的淹没范围相差很小, 并且, 在降雨重现期达到较高水平时 (如 50~500 年一遇情景), 相同雨峰系数下不同重现期之间的淹没范围差别不明显, 而淹没水深则随着重现期的增大而迅速增大。由此可知, 在降雨重现期足够大时, 不同雨峰系数情景之间的淹没面积和水深相差较小。

　　4. 地表洪涝过程与排水系统相关性

　　排水系统的运行状态直接影响了地表洪涝过程特征, 通过分析两者之间的相关关系, 能够有针对性地利用排水系统的特性优化防洪排涝工作。利用皮尔逊相关分析法对地表洪涝的不同特征因子 (不同水深淹没面积) 和排水系统状态因子 (DSSIs) 进行相关分析, 图 8-34 中左、右两列分别为洪涝特征因子和排水系统状态因子, 对两列因子两两之间进行相关分析。将每个网格的模拟结果导出为时间序列形式的淹没水深数据, 统计不同水深范围内的网格面积; 将模拟结果中的 4 个排水系统状态因子也按照时间序列进行统计。每个设计暴雨情景的模拟时间为 5h，结果输出的间隔为 5min，每个情景每个因子均有 60 个数据。按照时间一一对应，将每 2 个因子组合的 60 对数据进行相

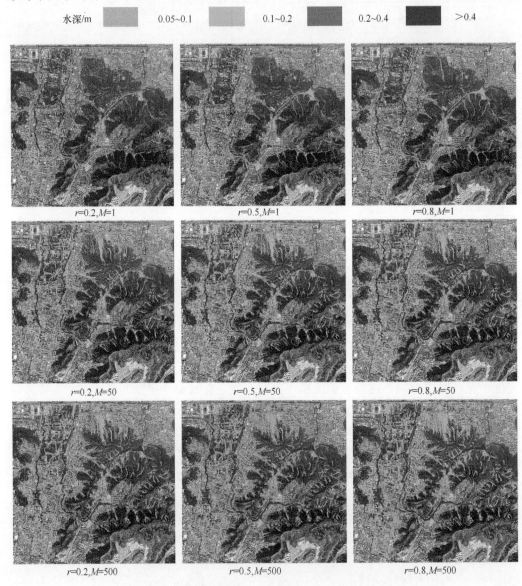

图 8-33　不同重现期设计暴雨情景下洪涝淹没分布图
（仅展示重现期为 1 年、50 年、500 年一遇的结果）

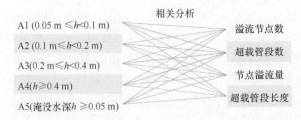

图 8-34　不同水深地表淹没面积与排水系统状态因子间对应相关图

关分析，得到如图 8-35 所示的相关系数矩阵图。矩阵的横坐标为排水系统状态因子，分别简写为 NOMs、NSPs、VOMs 和 LSPs；纵坐标为洪涝因子，分别为不同水深范围的淹没面积（A1～A5，其中 A5 为 A1～A4 的和）。

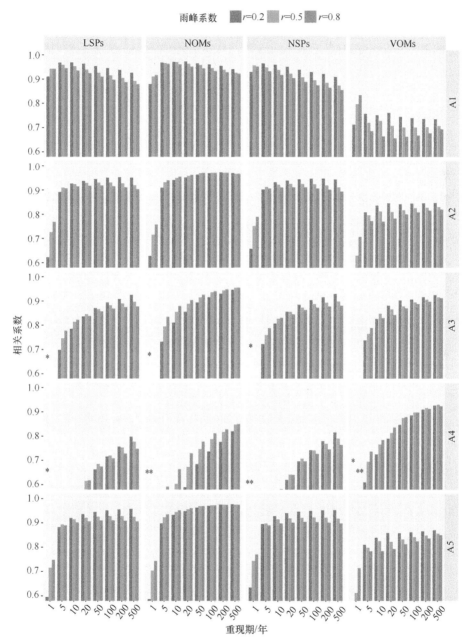

图 8-35　地表淹没与 DSSIs 的相关关系图

无*表示显著性水平小于 0.01，*表示显著性水平在 0.01～0.05，**表示显著性水平大于 0.05

从图 8-35 可以看出，所有设计暴雨情景下，A1 和 4 个排水系统状态因子均高度正相关，相关系数均大于 0.6（多数大于 0.8）且显著性水平小于 0.01。A1 与 LSPs、NSPs、

NOMs 的相关系数均较高，相互之间的差异较小，而 A1 与 VOMs 的相关性较其他三个低，这说明浅水深淹没面积与管网的性能有较为直接的关系，而管网的主要性能指标包括管段长度、直径以及检查井深度和井室面积，这些指标均对暴雨洪水下的管网性能有直接影响。A1 与 VOMs 的相关性相对较低，主要是由于管网系统的不均匀性，溢流量较大的区域主要出现在部分管网排水性能较差的区域。上述这些相关关系中，多数随着重现期的增大表现出先增后减的变化趋势，主要是因为随着降雨重现期的增大，DSSIs 和地表淹没面积同步增大，随着重现期进一步增大，管网逐渐饱和，DSSIs 增加速度减缓，而地表淹没面积会随着重现期的增大持续增大，两者的增长趋势出现了不匹配，相关性也逐渐降低。

A2 和 DSSIs 因子之间的相关性总体上随着重现期的增大而增大，除了重现期为 1 年一遇的情况，相关系数均较高（多数大于 0.8）且置信度水平小于 0.01。A3 和 A4 与 DSSIs 的相关系数相对于 A1 和 A2 与 DSSIs 的相关系数较低，但在重现期较大时则相反，这主要是由于重现期较低时，管网超载主要引起浅水深的地表淹没，而重现期较大时，大量的浅水深淹没面积转化为中、高水深淹没面积，此时的管网超载与中、高水深淹没面积紧密相关。A5 与绝大多数的 DSSIs 均表现出较强的相关性，并随着重现期的增大而增大，在重现期较大时随雨峰系数增大而减小。

5. 结论

基于前面建立的水文水动力耦合模型，对研究区在不同设计暴雨情景下的城市洪涝过程响应特征进行了综合分析。通过不同降雨重现期和雨峰系数条件下的模拟结果分析，对选取的 4 个排水系统状态因子、不同地表水深淹没面积以及两类指标之间的相关关系进行了研究，旨在揭示影响城市洪涝过程的主要因素和不同降雨条件下城市洪涝过程的变化规律。

结果表明，随着重现期的变化，城市洪涝过程不同指标具有不同的变化特点，且雨峰系数对于洪涝过程特征具有重要的影响。随着重现期的增大，排水系统状态因子持续增大，但增长幅度逐渐减小，雨峰靠后的降雨比雨峰靠前的降雨对排水系统的压力更大，但随着重现期的逐渐增大，不同雨峰系数之间的差别逐渐减小，重现期的影响逐渐占据主导作用。VOMs 在 4 个排水系统状态因子中的滞后性更大，由于区域排水系统的空间分布不均匀，其迟滞时间在不同雨峰系数下均呈现先上升后下降的趋势。

地表洪涝在不同设计暴雨情景下具有不同的时空分布特征。地表洪水量随重现期和雨峰系数的增大而增大，洪峰迟滞时间随重现期和雨峰系数的增大而减小，不同重现期之间的迟滞时间差别随着雨峰系数的增大也逐渐减小；雨峰靠后的降雨洪峰"陡涨陡落"，容易形成更大的洪涝损失且不利于雨水资源化利用。不同水深淹没面积随重现期和雨峰系数变化具有不同的迟滞特征，不同水深淹没面积最大值的迟滞时间随重现期的增大而逐渐减小，且水深越大趋势越明显；雨峰系数越大，地表蓄滞空间作用越小，迟滞时间越短；淹没水深越大，淹没面积最大值迟滞时间越大。总淹没面积随着重现期和雨峰系数增大而增大，而考虑设计暴雨概率的年平均总淹没面积逐渐减小，稀遇降雨的洪涝灾害影响程度可能小于常遇降雨；不同淹没水深范围的面积总体与重现期和雨峰系数呈正相关，但水深较浅的淹没面积占比逐渐减小，而水深较大的淹没面积占比逐渐增大，水深处于中间范围的淹没面积变化趋势不明显，具有波动性特征；不同雨峰系数之间的淹没面积差值随重现期的增大而减小，重现期较大时具有明显的主导效应。地表淹没的空间分布随设计暴雨情景变化而发生变化，淹没面积随重现期和雨峰系数的增大而增大，其中，重现期较低时不同雨峰系数的降雨所形成的洪涝淹没范围有较为明显的差异，重现期较大时雨峰系数带来的差异明显减小。

地表洪涝过程特征与排水系统运行状态密切相关，但两者各指标的相关性特征随重现期变化而变化。浅水深淹没面积与多数排水系统状态因子的相关性均较好，说明排水系统的能力指标直接影响地表淹没特征，其中与 LSPs、NSPs、NOMs 的相关系数较 VOMs 高，主要原因是区域排水管网分布的不均匀性，溢流主要出现在部分排水管网能力较差的区域，会增大淹没水深而浅水深淹没面积增加不大；随着重现期和雨峰系数的增大，浅水深淹没面积与排水系统状态因子的相关性具有减小的趋势，而较大水深的淹没面积与排水系统状态因子的相关性随着重现期增大而增大，随雨峰系数增大而先增大后减小；总淹没面积在绝大多数设计暴雨情景下均与排水系统各状态因子具有较好相关性，且随着重现期的增大而增大，在重现期较大时随雨峰系数增大而减小。

8.3　本 章 小 结

研究基于多源遥感信息，构建了高精度城市暴雨洪涝过程模拟基础数据库，考虑复杂下垫面特征，构建了精细化城市水文水动力耦合模型；利用历史暴雨洪涝资料对模型参数进行率定和验证，深入研究了济南海绵城市试点区暴雨洪涝过程对不同降雨过程的响应规律。结果表明：暴雨重现期和雨峰系数对于城市设计暴雨具有重要意义，较大的雨峰系数可能使排水系统面临更大压力，但在重现期较大时雨峰系数的作用相对较小，在防洪排涝设计中应十分注意；城市排水系统本身具有一定的蓄水能力，可适当调控排水系统的雨水分布，充分利用上下游排水系统容积对暴雨洪涝过程进行调控。

第9章 城市低影响开发设施布局优化分析与模拟

9.1 北京LID设施布局优化及效果评估

9.1.1 凉水河流域大红门排水区LID设施布局优化及效果评估

1. 数据资料与研究方法

1）数据资料

研究所采用数据主要包括 DEM、卫星遥感合成影像、气象水文数据、河道和管道数据等；DEM 数据采用 ASTER GDEM 产品，该数据分辨率为30m，来源于美国国家航空航天局（NASA）；气象水文数据主要有降水和实测流量摘录数据。降水数据包括大红门、右安门、石景山、龙渊闸四个雨量站小时降水数据；实测流量数据包括右安门分洪闸入流数据和大红门闸出流数据，数据来源于北京市水文总站。河道断面数据来源于凉水河河道管理处；管道布设概化数据来自北京市城市规划设计研究院（杨钢等，2018）。

2）研究方法

研究选用应用较广且成熟的 SWMM，该模型界面友好且代码开源，可以较好地模拟复杂城市下垫面条件下的暴雨径流过程、管道合流过程等，并可在此基础上进行 LID 模块的布设、模拟与优化。

SWMM 整体上将城市的暴雨径流过程概化为产流过程与汇流过程。产流过程中，模型将流域下垫面概化为透水区与不透水区，并通过设置下渗参数与不透水区填洼量控制产流过程，实际产流过程为两部分的和。透水区模拟水流下渗有 3 种方式：Horton 下渗模型、SCS 下渗曲线法和 Green-Ampt 模型。之前针对城市区域的 SWMM 研究多选用 Horton 法模拟产流过程，故本节选择此种方法进行产流模拟。大红门排水区属于城市区域，根据相关规范及前人研究成果，大红门片区不透水区域占总面积的60%～80%，坡度均为 1°左右。SWMM 汇流模块主要概化为三种汇流方式，分别为恒定流法、运动波法和动力波法。研究采用动力波法进行汇流计算，时间步长为 1h。

SWMM 中 LID 设施主要包括绿色屋顶、植草沟、生物滞留池等八种。研究针对大红门排水区地块特性，主要应用绿色屋顶、雨水花园和渗透铺装 3 种 LID 设施进行组合布设，并应用建立的 SWMM 对研究区雨洪控制效果进行模拟。

2. 雨洪模型构建

1）子汇水区划分

本节根据研究区 DEM 数据及河网、管网数据，运用 ArcGIS 划分汇水分区，应用 SWMM 结合河道及管网数据进行调整，将研究区概化为 80 个子汇水分区（图 9-1），单独计算每个子汇水区的产流过程。通过河道及管道连接各汇水区，完成整个研究区汇流过程。选取流域出口大红门站作为控制站进行率定与验证。

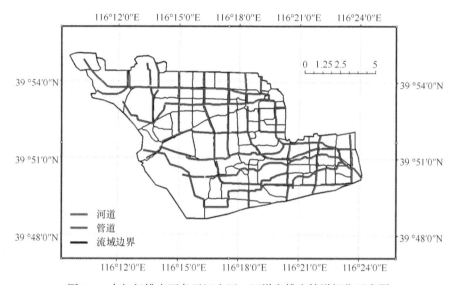

图 9-1　大红门排水区各子汇水区、河道和排水管道概化示意图

2）产流与汇流方案设置

在径流模拟过程中，将汇水分区划分为透水区、无填洼不透水区和填洼不透水区 3 类。通过不透水区填洼量参数控制不同子汇水区填洼不透水区径流量。汇流过程将 3 部分作为非线性水库进行计算，实现径流过程模拟。

3）模型参数率定与验证

参考相关模型规范及《北京市水文手册》，结合前人研究成果，依据《水文情报预报规范》（GB/T 22482—2008）要求，采用纳什效率系数 R_{NS} 作为验证标准，应用遗传算法，选取 20010724 暴雨和 20030627 暴雨进行率定，以 20000808 暴雨进行验证。纳什效率系数 R_{NS} 计算如式（9-1）所示。

$$R_{\mathrm{NS}} = 1 - \dfrac{\displaystyle\sum_{i=1}^{N}\left(q_t^{\mathrm{obs}} - q_t^{\mathrm{sim}}\right)^2}{\displaystyle\sum_{i=1}^{N}\left(q_t^{\mathrm{obs}} - \overline{q}^{\mathrm{obs}}\right)^2} \tag{9-1}$$

式中，q_t^{sim} 为模拟流量结果；q_t^{obs} 为实测流量数据；N 为实测流量数据个数；$\overline{q}^{\mathrm{obs}}$ 为实测流量均值。

此外，依据我国《水文情报预报规范》（GB/T 22482—2008）要求，洪水预报除须满足 R_{NS} 验证条件之外，还应包括峰值流量、峰现时间等，故研究在 R_{NS} 验证的基础上，进一步采用了平均流量误差 e_R 验证模型合理性。其中，平均流量误差 e_R 计算如式（9-2）所示。

$$e_R = \frac{|e_{RS} - e_{RM}|}{e_{RS}} \times 100\% \qquad (9\text{-}2)$$

式中，e_{RS} 为实测平均流量；e_{RM} 为模拟平均流量。

模型参数率定结果如表 9-1 所示。

表 9-1 大红门排水区雨洪模型参数率定结果

物理意义	率定结果
无注蓄不透水区占比/%	36
不透水区曼宁系数	0.2
透水区曼宁系数	0.24
不透水区注蓄量/mm	5
透水区注蓄量/mm	13.4
最大入渗率/（mm/h）	143.1
最小入渗率/（mm/h）	11.4
渗透衰减系数	8.9
干燥时间/h	53.3
河道曼宁系数	0.038
管道曼宁系数	0.033

模型验证结果如表 9-2 所示。

表 9-2 大红门排水区雨洪模型验证结果

参数	率定期		验证期
	20010724	20030627	20000808
降水量/mm	31.8	28.3	51.2
模拟平均流量/（m³/s）	142.3	189.6	139.8
实测平均流量/（m³/s）	167.6	181.5	159.5
纳什效率系数 R_{NS}	0.79	0.84	0.81
相对误差 e_R	0.18	0.04	0.14

总体而言，该模型在大红门片区具有较好的适用性。率定期及验证期内，纳什效率系数 R_{NS} 均在 0.8 左右且平均流量误差 e_R 均在 20% 以内，与已有研究的模拟结果相比，各项参数均较为接近，故可认为此模型在区域内具有较好的模拟效果。

3. LID 设施布局优化及径流控制效果评估

1）LID 设施布设情景设置

参考《城市用地分类与规划建设用地标准》（GB 50137—2011），结合研究区特性，根据对卫星图反演进行重分类的结果,将研究区内土地利用类型概化为 4 类,即居住区、公共区、园林区和其他区域。各区域主要特性及参照规范如下。

(1)居住区:建筑密集,硬化区域面积大,不透水区域比例高。参照《城市居住区规划设计标准(2016 年版)》(GB 50180—2018)。

(2)公共区:建筑较为密集,硬化广场、路面多,不透水区域比例较高。参考《综合用地建筑规划面积指标(1992 指标)》等规范。

(3)园林区:建筑较少,多为公园、绿地等,不透水区域比例较小。参照《公园设计规范》(GB 51192—2016)等规范。

(4)其他区域:该种区域主要为目估识别,在研究区域内,该种用地类型多为建筑工地、废置土地、工厂等或为多种类型混合,建筑密度一般,不透水区域面积比例一般。参考《北京市建筑设计技术细则》等规范。

区域内土地类型具体分类如图 9-2 所示。

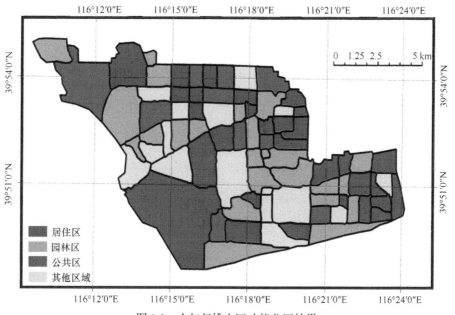

图 9-2　大红门排水区功能分区结果

研究参考相关文献,在考虑 LID 设施布设原则的基础上将其布设比例取相关用地规范中相应土地比例值。以公共区为例,绿色屋顶主要铺设于建筑屋顶、渗透路面主要铺设于道路广场、雨水花园主要布设于公共绿地。结合相关文章,得到各土地类型对应 LID 设施布设情况(表 9-3)。在此基础上,研究共设置了三组 LID 设施布设方案,分别按相应土地利用类型 LID 设施最大布设比例的 20%、50% 和 100% 进行设置。同时设置了一组对照方案,即无 LID 设施布设的方案,用以对比分析各 LID 设施布设方案对径流过程和洪峰流量的控制效果。

其中,LID 设施参数取值参考《SWMM 模型 LID 参数设置方法》《海绵城市建设技术指南》《北京室外排水规范》等相关规范及文献。表 9-4 列出了 LID 设施主要参数及其取值。

表 9-3 大红门排水区用地构成及 LID 设施设置

用地类型	用地构成	用地比例/%	LID 设施	LID 设施最大布设比例/%
居住区	建筑用地	50~60	绿色屋顶	55
	道路广场	10~18	透水铺装	15
	公共绿地	>30	雨水花园	10
公共区	建筑用地	20~50	绿色屋顶	35
	道路广场	15~40	透水铺装	25
	公共绿地	>20	雨水花园	15
园林区	建筑用地	<3.0	透水铺装	15
	道路广场	10~20	雨水花园	30
	公共绿地	>75	—	—
其他区域	建筑用地	30~50	绿色屋顶	40
	道路广场	15~25	透水铺装	20
	公共绿地	30~50	雨水花园	40

表 9-4 大红门排水区 LID 设施主要参数设置

LID 类型	表层/mm	土壤层/mm	路面层/mm	蓄水层/mm	排水层/mm
绿色屋顶	60	120	—	200	30
透水铺装	5	—	150	500	—
雨水花园	200	750	—	300	—

2）设计暴雨情景设置

研究依据《北京市水文手册》24h 雨型分配表与北京市暴雨强度公式，计算不同重现期（$p=50\%$，$p=20\%$，$p=5\%$，$p=2\%$）情景下的设计暴雨过程。设计暴雨结果如图 9-3 所示。

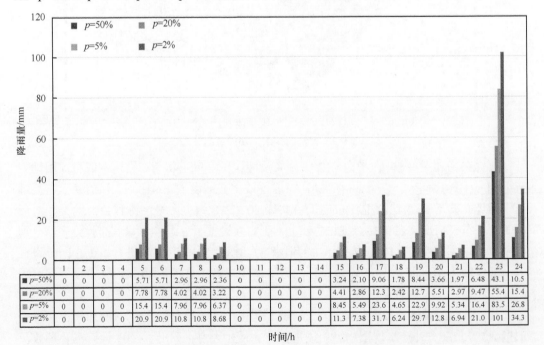

时间/h	1	2	3	4	5	6	7	8	9	10	11	12	13	14	15	16	17	18	19	20	21	22	23	24
$p=50\%$	0	0	0	0	5.71	5.71	2.96	2.96	2.36	0	0	0	0	0	3.24	2.10	9.06	1.78	8.44	3.66	1.97	6.48	43.1	10.5
$p=20\%$	0	0	0	0	7.78	7.78	4.02	4.02	3.22	0	0	0	0	0	4.41	2.86	12.3	2.42	12.7	5.51	2.97	9.47	55.4	15.4
$p=5\%$	0	0	0	0	15.4	15.4	7.96	7.96	6.37	0	0	0	0	0	8.45	5.49	23.6	4.65	22.9	9.92	5.34	16.4	83.5	26.8
$p=2\%$	0	0	0	0	20.9	20.9	10.8	10.8	8.68	0	0	0	0	0	11.3	7.38	31.7	6.24	29.7	12.8	6.94	21.0	101	34.3

图 9-3 不同重现期情景下大红门排水区 24h 设计暴雨过程

由图 9-3 可知,设计暴雨过程为典型双峰式暴雨过程且第二雨峰远大于第一雨峰。本节除评估各 LID 设施布设方案对场次降雨控制效果外,还分析了各 LID 设施布设方案对第一与第二雨峰对应降雨过程的单独控制效果。

3)不同重现期设计暴雨条件下各 LID 设施布设方案模拟结果分析

应用上文建立的雨洪模型,分别计算各 LID 设施布设方案在不同设计暴雨重现期下子汇水区出口和流域出口断面的径流过程。模型模拟得到的大红门排水区出口断面径流过程如图 9-4 所示。

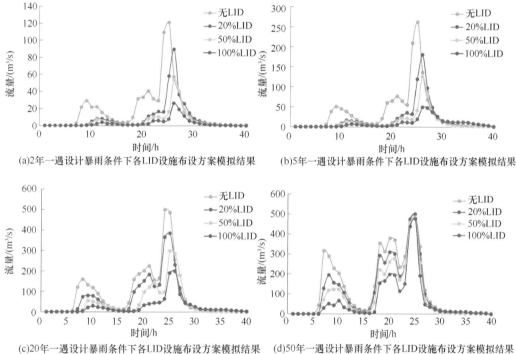

(a)2年一遇设计暴雨条件下各LID设施布设方案模拟结果　(b)5年一遇设计暴雨条件下各LID设施布设方案模拟结果

(c)20年一遇设计暴雨条件下各LID设施布设方案模拟结果　(d)50年一遇设计暴雨条件下各LID设施布设方案模拟结果

图 9-4　不同重现期设计暴雨情景下各 LID 设施布设方案情景模拟结果

不同重现期设计暴雨条件下三种 LID 设施布设方案对第一洪峰、第二洪峰与总洪量的削减率如图 9-5 和图 9-6 所示。

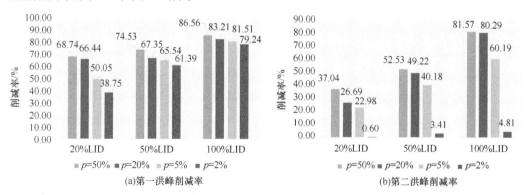

(a)第一洪峰削减率　(b)第二洪峰削减率

图 9-5　不同重现期设计暴雨情景下各 LID 设施布设方案对第一洪峰和第二洪峰的削减率

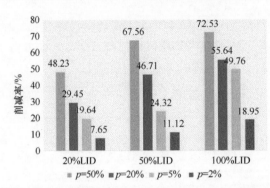

图 9-6　不同重现期设计暴雨情景下各 LID 设施布设方案对总洪量的削减率

由图 9-6 可见，对不同重现期的设计暴雨，不同 LID 设施布设方案均对洪峰和洪量具有较为明显的削弱作用，特别是对双峰暴雨第一雨峰产生的洪峰有明显的控制效果。

对于常遇降雨（2 年一遇和 5 年一遇设计暴雨过程），随着研究区内 LID 设施布设比例逐渐增加，研究区内暴雨径流过程被削弱程度明显增加，且当 LID 设施比例达到相应区域规范内最大布设比时洪峰流量和径流总量削减率最高，分别为 86.56%和72.53%。对于稀遇降雨（20 年一遇和 50 年一遇设计暴雨过程），虽然研究区内暴雨径流过程削减程度仍然随研究区内 LID 设施比例的增加而增加，但整体控制效果十分有限，特别是对于双峰暴雨第二雨峰产生的洪量的控制效果明显减弱，且当 LID 设施比例达到相应区域最大布设比时径流总量削减率仅为 10%～13%，第二洪峰流量几乎无明显变化。

LID 设施对第一洪峰与第二洪峰的控制效果存在明显区别，无论是在常遇降雨还是稀遇降雨情景下，LID 设施对第一洪峰的控制效果都明显强于对第二洪峰的控制效果。LID 设施在初期降雨条件下拥有较好的蓄水控水能力，故对第一雨峰产生的洪量有明显的控制效果；在双峰暴雨情景下，第一雨峰与第二雨峰相比，降雨强度较小，不会产生管道溢流和超渗产流的情况，因而 LID 设施对第一洪峰的控制效果明显好于第二洪峰。

LID 设施作为针对城市降雨的源头控制措施，在城市常遇降雨情景下具有良好的径流控制效果。但针对城市稀遇降雨情景，径流控制效果较为有限，但是可以明显延缓洪水峰现时间，对城市防洪部署具有重要意义。在稀遇降雨情景下，LID 设施作为源头削减措施，同时配合过程及末端措施，能够对城市暴雨径流过程产生明显的控制效果，对城市防洪排涝具有重要意义。

4. 结论

研究选用 SWMM 构建了大红门排水区的雨洪模型，在此基础上根据大红门排水区的土地利用情况采用 SWMM 自带的 LID 模块设置了三组 LID 设施布设方案和一组无 LID 设施布设对照方案，用以对比分析各 LID 设施布设方案对径流过程的控制效果。研究结果表明：

（1）研究建立的雨洪模型在大红门排水区内具有较好的适用性，验证所用 R_{NS} 和 e_R 符合标准，故研究模拟结果较为可靠。

（2）对于常遇降雨情景，LID 设施可以从产流过程上削减地表径流；随着 LID 设施布设比例的增大，控制效果会明显增强。对于稀遇降雨情景，LID 设施可以在一定程度上削减洪峰洪量，但相对而言效果有限。

（3）在双峰暴雨情景下，LID 设施对第一洪峰的控制效果强于对第二洪峰的控制效果；在强降雨条件下，LID 设施对双峰暴雨后期的控制效果有限，这从侧面说明 LID 设施更多的是影响流域的产流过程而非汇流过程，更适宜作为城市雨水控制的源头措施而非过程措施。

9.1.2　典型小区 LID 设施布局优化及效果评估

1. 研究区概况

研究选择南礼士路公园和二七剧场东里小区作为小区尺度 LID 设施布局优化及效果评估的典型研究区。

1）南礼士路公园

南礼士路公园始建于 1960 年，位于北京市西城区，坐落于南礼士路大街东侧、西二环路西侧。南礼士路公园作为北京市城区内第一批城市公园，承载了周边居民的娱乐文化需求，对周边社区具有重要的文体活动辐射作用。现状公园内设施较为齐全，但排水系统较为陈旧。园内路面主要由大理石等不透水材料铺设而成，广场、健身区域、活动区域等也多由混凝土、大理石等材料铺设而成。园内有 7 个雨水箅子，设计标准较低，进水能力较弱。绿地中有明显下凹地形，一定程度上组成了一条规模较小的渗渠，与具有有效排水能力的排水渠或者植草沟有一定距离。园内绿地面积占比较大，土壤层较浅，蓄水及下渗能力较为有限。总体来看，南礼士路公园作为公园绿地，与周边建筑小区、道路等相比，具有良好的蓄水、下渗和排水能力，但仍达不到北京市当前绿地公园的雨洪控制标准。

2）二七剧场东里小区

二七剧场东里小区位于北京市西城区，为开放式社区，原是铁道部公房。小区共分三批建设，建设时间分别是 1989 年、1993 年、1994 年，小区共有 23 栋高层及六层板楼。二七剧场东里小区建设年代较早，小区内绿化面积较低，硬质区域占比很大。小区周边有多个雨水渗井，但均处于高程相对较高的区域，小区内部中央区域仅有 9 个雨水箅子，不能满足小区内部的排水需求。小区内草坪土壤层较浅且下层透水能力较弱。整体来讲，二七剧场东里小区蓄水、下渗和排水能力均十分有限。

2. 雨洪模型构建

1）子汇水区划分

A. 南礼士路公园
根据北京南礼士路公园 DEM 数据及公园规划设计 CAD 资料，运用 ArcGIS 划分子汇水区,并应用 SWMM 结合河道及管网数据进行调整,将研究区概化为 90 个子汇水区,并单独计算每个子汇水区的产流过程。区域设有多个出水口,可单独计算验证,也可作为整体计算系统出流量。

B. 二七剧场东里小区

根据北京二七剧场东里小区 DEM 数据及小区规划设计 CAD 资料,运用 ArcGIS 划分子汇水区,并应用 SWMM 结合河道及管网数据进行调整,将研究区概化为 47 个子汇水区,并单独计算每个子汇水区的产流过程。区域内每一个检查井均为独立出水口,可进行独立的计算验证,也可作为整体进行整个系统的出流量模拟。

2）模型参数率定与验证

A. 模型参数初始值取值范围

SWMM 模拟过程需要输入较多参数,而按照获取方法,可将基本参数分为两类。第一类为可直接获取的参数,如子汇水区面积、坡度等,均可根据 GIS 及 DEM 数据直接获得。第二类参数为不可直接获取的参数,如曼宁系数、填洼量、下渗能力、衰减系数等,需通过场次降雨数据和模型优化获得,但此类参数取值应在其符合物理意义的合理范围内。南礼士路公园与二七剧场东里小区均位于北京市西城区且相距不远,故参数取值范围相近,根据前人研究成果并查阅相关文献得到的相关参数取值范围如表 9-5 所示。

表 9-5　北京典型小区雨洪模型率定参数初始值取值范围

参数名称	参数物理意义	参数取值范围
N-Imperv	不透水区曼宁系数	0.01～0.04
N-Perv	透水区曼宁系数	0.1～0.35
Dstore-imperv	不透水区洼蓄量/mm	0.1～10
Dstore-perv	透水区洼蓄量/mm	0.1～15
MaxRate	最大入渗率/(mm/h)	50～150
MinRate	最小入渗率/(mm/h)	0～50
decay	衰减系数	1～10
N-river	河道曼宁系数	0.01～0.09
N-pipe	管道曼宁系数	0.01～0.09

B. 模型参数率定与验证

a. 参数率定结果

城市区域多缺少用于率定和验证模型的长序列小时降水资料且城市区域高频降水受人类活动影响复杂,一致性较差。通过对实测资料的整理,在南礼士路公园和二七剧场东里小区分别收集了三场暴雨洪涝过程,两场用于率定,一场用于验证。由于两个区域模型均具有多个流域出水口,受限于实测数据资料,均选取其中 1 号渗井进行模型参数率定与验证。模型参数率定结果如表 9-6 所示。

表 9-6　北京典型小区模型参数率定结果

参数		南礼士路公园	二七剧场东里小区
曼宁系数	透水区	0.29	0.23
	不透水区	0.11	0.13
	河道	0.087	0.045
	管道	0.033	0.041
Horton 模型系数	最大下渗率	142.4	97.8
	最小下渗率	42.8	25.9
	衰减系数	8.75	6.52

b. 场次暴雨模拟结果

经参数率定南礼士路公园和二七剧场东里小区洪水模拟效果如表 9-7 所示。

表 9-7　北京典型小区模型参数率定和验证结果

小区		场次名称	纳什效率系数	洪峰流量误差/%	峰现时间误差
南礼士路公园	率定	20110623	0.83	4	0
		20110724	0.75	1	0
	验证	20120721	0.89	7	0
二七剧场东里小区	率定	20070730	0.81	16	0
		20080810	0.89	11	0
	验证	20100709	0.79	9	0

整体而言，SWMM 对南礼士路公园和二七剧场东里小区 3 场场次暴雨模拟效果较好。模型参数率定期的 2 场场次暴雨洪涝过程中，纳什效率系数均大于 0.70，洪峰流量误差均小于 20%；模型验证期纳什效率系数均大于 0.75，峰流量误差均小于 10%。

3. LID 设施布局优化及径流控制效果评估

1）LID 设施布设情景设置

根据美国环境保护委员会所编写的《LID 应用案例报告》和 EPA 编写的全国性《LID 建设指导手册》，在南礼士路公园和二七剧场东里小区对不同地块进行相应的 LID 设施布设，地块属性与 LID 措施对应关系如表 9-8 所示。

表 9-8　北京典型小区各地块 LID 设施布设方案设计

地块类型	LID 措施
建筑屋顶	绿色屋顶
道路广场	渗透铺装
绿地	雨水花园
面状下凹地形	下凹式绿地
条状连续下凹地形	植草沟
小型进水通道	渗井

A. 南礼士路公园

根据南礼士路公园现状地形条件、现状设施条件以及区域功能定位，对南礼士路公园进行 LID 设施改造，具体改造措施主要包括下凹式绿地、雨水花园、绿色屋顶、渗透铺装、渗井和植草沟，具体如图 9-7 所示。

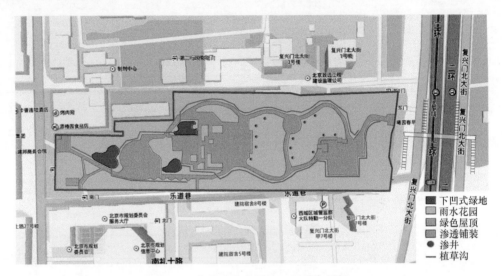

图 9-7　南礼士路公园 LID 设施布设图

B. 二七剧场东里小区

根据二七剧场东里小区地形条件、现状设施条件以及区域功能定位，对该区域进行 LID 设施改造，改造措施包括下凹式绿地、雨水花园、绿色屋顶、渗透铺装和渗井，具体如图 9-8 所示。

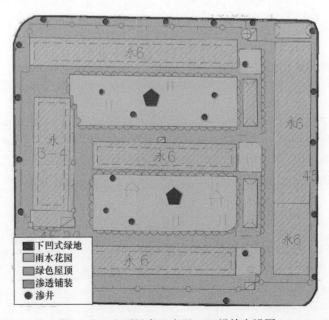

图 9-8　二七剧场东里小区 LID 设施布设图

2）LID设施径流控制效果评估

A. 南礼士路公园

应用前文建立的北京南礼士路公园雨洪模型，计算LID设施组合在不同重现期设计暴雨情景下各子汇水区出口径流过程，整个区域出水口总径流过程如图9-9所示。区域洪峰流量控制效果如图9-10所示。

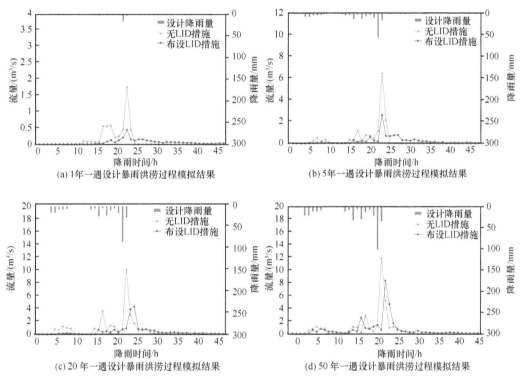

图9-9 南礼士路公园雨洪模型模拟结果

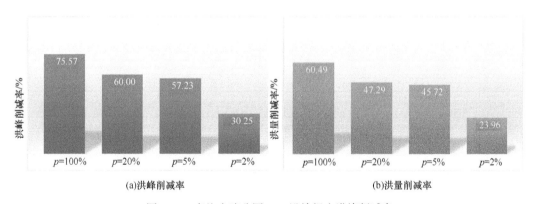

图9-10 南礼士路公园LID设施组合洪峰削减率

B. 二七剧场东里小区

应用前文建立的北京二七剧场东里小区雨洪模型，计算 LID 设施组合在不同重现期设计暴雨下各子汇水区出口径流过程，整个区域出水口总径流过程如图 9-11 所示。区域洪峰流量控制效果如图 9-12 所示。

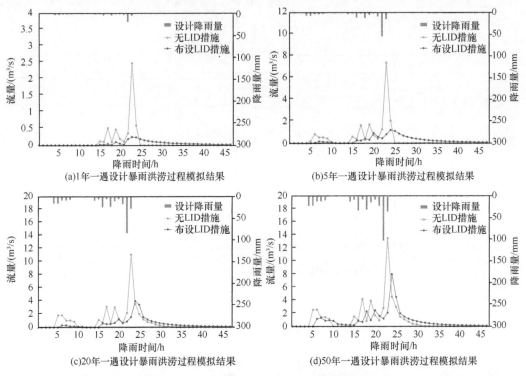

图 9-11　二七剧场东里小区雨洪模型模拟结果

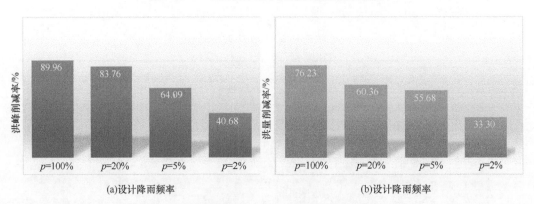

图 9-12　二七剧场东里小区 LID 设施组合洪峰流量削减率

由北京南礼士路公园和二七剧场东里小区两个小区域尺度雨洪模型的模拟结果可以看出，常遇降雨情景下，LID 设施的组合布设对城市雨洪具有明显的控制作用。但随着暴雨强度的增大，LID 设施组合对雨洪控制效果逐渐减弱。整体来看，二七剧场东里小区 LID 设施组合的雨洪控制效果明显好于南礼士路公园。

9.2　济南 LID 设施布局优化及效果评估

9.2.1　黄台桥排水区 LID 设施布局优化及效果评估

1. LID 设施布局优化

1）主城区功能区划分

考虑到济南市山区和平原区不透水面积较小，较接近自然流域，其 LID 设施改造经济技术成本较高，故仅对济南主城区进行 LID 设施效果模拟及评估。为优化 LID 设施布设，参考城市用地相应分类标准和规范（赵刚等，2016），结合黄台桥流域子排水区下垫面特性，拟将研究区用地类型分为园林区、居住区、公共设施区、教育科研区和其他区域。其中居住区主要指现存的居住小区及周边配套活动场所等，包括新建的高层和部分老旧低层小区，具有建筑物密集、人口流量大、容积率低、不透水率较大的特征；教育科研区主要是指初高中及高等院校、研究所等区域，该类区域绿化程度一般较好；公共设施区主要涵盖了济南市各大商圈，一般具有建筑物密度大、不透水率极高的特征；园林区包括济南各大公园、湿地、生态区等，该地区往往植被覆盖度较高，不透水面积较小；其他区域主要包括平原区、山区等，本节不对该类用地进行 LID 设施设置（常晓栋等，2016）。

由于 SWMM 对子排水区概化程度较大，考虑到研究区面积偏大，同时也考虑到研究区高精度土地利用及数字影像数据较难获取，本节未对黄台桥排水片区中各功能区用地构成及比例进行精确计算。为保证模型精度及 LID 设施筛选及设置比例的科学性，本节主要根据济南市实际情况，参考各功能区用地组成内容建设所需遵守的相应技术细则和设计规范等进行设置，如考虑到济南市教育科研区以 5000 人以上的综合性大学为主，故相应功能区用地类型及比例主要参考国家相关部门及济南地方政府颁布的普通高等学校建设标准进行设置（Deb et.al，2002；常晓栋等，2016）。济南主城区功能分区如图 9-13 所示。

2）LID 设施筛选与布局

研究表明，不同种类和规模的 LID 设施组合有助于雨水资源化利用、洪峰流量削减、径流总量控制、生态景观修复等多重目标的实现，同时也有助于降低城市洪涝风险和净化城市水环境，从而有利于城市水问题的解决，这也符合海绵城市建设的初衷。考虑到数据量及计算效率，流域尺度的 LID 研究一般不对 LID 设施布设的具体位置进行相应选择，也难以实现同一子排水区内相同 LID 设施不同布置面积的研究。本节拟根据黄台桥排水片区下垫面特征初步筛选出适用的 LID 设施，然后根据各功能区用地类型确定 LID 设施的最大设置比例，同时综合考虑雨洪控制效果、经济成本等因素对 LID 设施组合布设比例进行优化，从而为城市及流域尺度的 LID 研究与海绵城市建设提供参考。

参考相关文献，综合考虑 LID 布设原则及各措施建设成本和效益，拟在四个功能区分别布设不同比例的透水铺装和雨水花园；考虑到园林区植被类型较为丰富、透水率较大等特征，而其他三种功能区不透水面积均远大于园林区，故除园林区外均又设

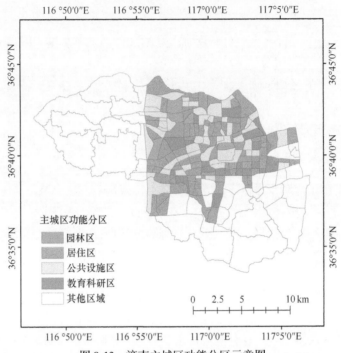

图 9-13　济南主城区功能分区示意图

置了相应比例的雨水罐和绿色屋顶。其中，绿色屋顶主要设置于教学楼、写字楼及居民小区等建筑用地，透水铺装主要设置于公路及人行道、小区道路及面积较大的广场。为方便计算，可将相应用地类型上允许设置的理论上限值设为 LID 最大设置比例，本节这两种 LID 设施的最大设置比例取各用地比例的均值。雨水花园主要设置于草坪、隔离带等公共绿地区域，考虑尺寸及其自身的蓄水功能限制，其比例不宜过大；雨水罐主要设置于住宅、教学楼和商场等建筑物四周，用于收集雨水并回收利用，考虑到景观效果及雨水罐的利用率，其比例也相应偏小。研究区用地构成及 LID 最大设置比例如表 9-9 所示。

表 9-9　黄台桥排水区用地构成及 LID 设施设置

功能区划分	用地构成	用地比例/%	LID 措施	LID 最大设置比例/%
园林区	建筑用地	<3.0	透水铺装	15
	道路广场	10~20	雨水花园	30
	公共绿地	>75	—	—
居住区	建筑用地	50~60	绿色屋顶	55
			透水铺装	15
	道路广场	10~18	雨水花园	10
	公共绿地	>30	雨水罐	1
教育科研区	建筑用地	25~50	绿色屋顶	40
			透水铺装	17
	道路广场	15~20	雨水花园	15
	公共绿地	35~40	雨水罐	0.5

续表

功能区划分	用地构成	用地比例/%	LID 措施	LID 最大设置比例/%
公共设施区	建筑用地	20~50	绿色屋顶	40
			透水铺装	30
	道路广场	15~40	雨水花园	10
	公共绿地	>20	雨水罐	0.5

SWMM 各 LID 设施参数主要参考《15BS14 雨水控制与利用工程（建筑与小区）》和 SWMM 最新版用户手册等相关规范和文献，经济成本主要参考《海绵城市建设技术指南》及相关实际工程案例概算等资料，主要参数如表 9-10 所示。

表 9-10　黄台桥排水区雨洪模型 LID 设施主要参数及成本设置

LID 类型	表层/mm	土壤层/mm	路面层/mm	蓄水层/mm	排水层/mm	经济成本/（元/m²）工程造价	维护费用
雨水罐	—	—	—	1100	—	100	5
绿色屋顶	60	500	—	—	30	200	30
透水铺装	5	—	400	—	—	130	10
雨水花园	200	900	—	—	—	475	20

3）LID 设施布局优化情景设计

为探求 LID 设施组合对不同重现期暴雨条件下山前平原城市雨洪的控制效果（包括径流总量、洪峰流量、峰现时间等）以及相应 LID 设施建设的经济成本对海绵城市的制约，本节基于前一节 LID 布局及研究区内用地类型，拟针对不同重现期设计暴雨在不同目标函数下进行优化设计，如表 9-11 所示。

表 9-11　LID 设施组合优化情景设置

情景设置	降雨重现期	目标函数	情景设置	降雨重现期	目标函数
情景 1	$T=01$	Cost+QW	情景 9	$T=10$	Cost+QW
情景 2		Cost+QT	情景 10		Cost+Qmax
情景 3		Cost+Qmax	情景 11	$T=20$	Cost+QW
情景 4		Cost+QW+Qmax	情景 12		Cost+Qmax
情景 5	$T=03$	Cost+QW	情景 13	$T=50$	Cost+QW
情景 6		Cost+Qmax	情景 14		Cost+Qmax
情景 7	$T=05$	Cost+QW	情景 15	$T=100$	Cost+QW
情景 8		Cost+Qmax	情景 16		Cost+Qmax

其中，Cost 表示 LID 设施的经济成本（包括建设成本和维护成本）；QW 表示径流总量的削减率；Qmax 表示洪峰流量的控制效果；QT 表示洪峰的推迟时间。具体计算方法如式（9-3）~式（9-5）所示。

$$QW = \frac{\sum\limits_{t=1}^{N}\left(q_t^{\text{obs}} - q_t^{\text{LID}}\right)}{\sum\limits_{t=1}^{N} q_t^{\text{obs}}} \tag{9-3}$$

$$Qmax = \frac{q_p^{\text{obs}} - q_p^{\text{LID}}}{q_p^{\text{obs}}} \tag{9-4}$$

$$QT = T_p^{\text{obs}} - T_p^{\text{LID}} \tag{9-5}$$

式中，q_t^{obs} 为 t 时刻的实测流量；q_t^{LID} 为添加 LID 设施后 t 时刻的模拟流量；q_p^{obs} 为实测洪峰流量；q_p^{LID} 为添加 LID 设施后的模拟洪峰流量；T_p^{obs} 为实测峰现时间；T_p^{LID} 为添加 LID 设施后的模拟峰现时间；N 为流量数据总个数。

2. 设计暴雨情景

1）暴雨公式

暴雨强度、历时、雨型分布等因素对流域整体径流过程（包括洪峰流量、峰现时间等）具有很大的影响。本节基于济南暴雨强度公式计算暴雨强度，采用芝加哥雨型法对设计暴雨进行雨量分配。其方法如式（9-6）所示。

$$\bar{i} = \frac{a}{(b+t)^c} \tag{9-6}$$

式中，$\bar{i}$ 为降雨历时 t 内的平均降雨强度；a、b、c 为常数。

芝加哥雨型假设在整个降雨历时的比例 r 处时降雨强度最大并形成雨峰，则其降雨历时可表示为

$$t = t_{\text{a}} + t_{\text{b}} \tag{9-7}$$

式中，t_{a} 和 t_{b} 分别为雨峰后和雨峰前的降雨历时。根据相关文献，降雨强度可分别表示为

$$i_{\text{b}} = \frac{a\left[\dfrac{(1-c)t_{\text{b}}}{r} + b\right]}{\left[\left(\dfrac{t_{\text{b}}}{r}\right) + b\right]^{c+1}} \tag{9-8}$$

$$i_{\text{a}} = \frac{a\left[\dfrac{(1-c)t_{\text{a}}}{1-r} + b\right]}{\left(\dfrac{t_{\text{a}}}{1-r} + b\right)^{c+1}} \tag{9-9}$$

查阅《给水排水设计手册 第 5 册 城镇排水》，济南设计暴雨强度公式如式（9-10）所示。

$$q = \frac{1869.916(1+0.7673\lg T)}{(t+11.0911)^{0.6645}}$$ （9-10）

式中，T 为给定的设计暴雨重现期；q 为暴雨强度；t 为设计暴雨总历时。

根据上式变换雨强表现形式，则有

$$i = \frac{11.197(1+0.7673\lg T)}{(t+11.0911)^{0.6645}}$$ （9-11）

根据式（9-11），有 a=11.197（1+0.7673 $\lg T$），b=11.0911，c=0.6645。

2）设计暴雨

研究表明，暴雨雨峰系数多集中在 0.25～0.40，本节选取建议值 0.4。综合考虑设计河流防洪标准及海绵城市建设目标，最终选择 1 年一遇（T=1）、2 年一遇（T=2）、3 年一遇（T=3）、5 年一遇（T=5）、10 年一遇（T=10）、20 年一遇（T=20）、50 年一遇（T=50）、100 年一遇（T=100）八种重现期下 2h 降雨作为设计暴雨。

将设计暴雨历时进行离散，根据雨峰系数及降雨历时等相应参数的设置情况，暴雨雨峰出现在 $r×t$=0.4×120=48min 时，为方便计算，本节选择时间步长为 5min 计算峰前降雨和峰后降雨，将历时节点代入济南市暴雨强度公式，可得到不同重现期设计暴雨雨强，如表 9-12～表 9-19 和图 9-14 所示。

表 9-12　T=1 时 2h 设计暴雨过程

时间	5	10	15	20	25	30	35	40
雨强	11.21	12.29	13.66	15.47	17.96	21.64	27.65	39.27
时间	45	50	55	60	65	70	75	80
雨强	70.65	96.72	55.64	39.27	30.60	25.26	21.64	19.02
时间	85	90	95	100	105	110	115	120
雨强	17.03	15.47	14.21	13.16	12.29	11.54	10.89	10.33

表 9-13　T=2 时 2h 设计暴雨过程

时间	5	10	15	20	25	30	35	40
雨强	13.79	15.13	16.82	19.04	22.11	26.64	34.03	48.34
时间	45	50	55	60	65	70	75	80
雨强	86.97	119.06	68.50	48.34	37.67	31.09	26.64	23.41
时间	85	90	95	100	105	110	115	120
雨强	20.96	19.04	17.49	16.20	15.13	14.21	13.41	12.71

表 9-14　T=3 时 2h 设计暴雨过程

时间	5	10	15	20	25	30	35	40
雨强	15.31	16.79	18.66	21.13	24.53	29.56	37.77	53.65
时间	45	50	55	60	65	70	75	80
雨强	96.52	132.12	76.02	53.65	41.81	34.51	29.56	25.98
时间	85	90	95	100	105	110	115	120
雨强	23.26	21.13	19.41	17.98	16.79	15.76	14.88	14.11

表 9-15　*T*=5 时 2h 设计暴雨过程

时间	5	10	15	20	25	30	35	40
雨强	17.21	18.88	20.99	23.76	27.59	33.24	42.48	60.33
时间	45	50	55	60	65	70	75	80
雨强	108.55	148.59	85.49	60.33	47.02	38.81	33.24	29.22
时间	85	90	95	100	105	110	115	120
雨强	26.16	23.76	21.82	20.22	18.88	17.73	16.73	15.87

表 9-16　*T*=10 时 2h 设计暴雨过程

时间	5	10	15	20	25	30	35	40
雨强	19.80	21.72	24.14	27.34	31.74	38.24	48.86	69.40
时间	45	50	55	60	65	70	75	80
雨强	124.87	170.93	98.34	69.40	54.09	44.64	38.24	33.61
时间	85	90	95	100	105	110	115	120
雨强	30.09	27.34	25.11	23.27	21.72	20.39	19.25	18.25

表 9-17　*T*=20 时 2h 设计暴雨过程

时间	5	10	15	20	25	30	35	40
雨强	22.39	24.55	27.30	30.91	35.89	43.24	55.25	78.48
时间	45	50	55	60	65	70	75	80
雨强	141.19	193.27	111.19	78.48	61.15	50.48	43.24	38.00
时间	85	90	95	100	105	110	115	120
雨强	34.03	30.91	28.39	26.31	24.55	23.06	21.77	20.64

表 9-18　*T*=50 时 2h 设计暴雨过程

时间	5	10	15	20	25	30	35	40
雨强	25.81	28.31	31.47	35.63	41.37	49.84	63.69	90.47
时间	45	50	55	60	65	70	75	80
雨强	162.76	222.80	128.18	90.47	70.50	58.19	49.84	43.81
时间	85	90	95	100	105	110	115	120
雨强	39.23	35.63	32.73	30.33	28.31	26.58	25.09	23.79

表 9-19　*T*=100 时 2h 设计暴雨过程

时间	5	10	15	20	25	30	35	40
雨强	28.40	31.15	34.63	39.20	45.52	54.84	70.08	99.54
时间	45	50	55	60	65	70	75	80
雨强	179.08	245.14	141.04	99.54	77.57	64.02	54.84	48.20
时间	85	90	95	100	105	110	115	120
雨强	43.16	39.20	36.01	33.37	31.15	29.25	27.61	26.17

注：以上表格中，时间单位为 min，雨强单位为 mm/h。

3. LID 设施布局优化效果评估

1）NSGA-II 基本原理

自意大利经济学家于 19 世纪末期将帕累托最优的相关概念引入多目标最优化领域

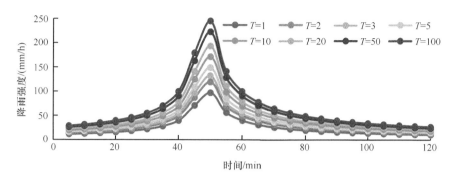

图 9-14　不同重现期下黄台桥排水区 2h 设计暴雨过程

中后，多国学者开始基于帕累托最优的概念系统地对多目标优化问题展开长达数百年的研究，产生了诸多有益的成果，如 MOGA 算法、NPGA 算法等均对多目标优化问题的不断发展提供了较好的指导（李莉，2008）。20 世纪末期，Srinivas 和 Deb（1994）提出了 NSGA 算法，该算法基于个体等级对可能的解集种群进行层次分类，解集分布相对均匀，可快速得到较为理想的非劣最优解，是一种非支配排序遗传算法，但该算法存在计算复杂度高、需人为指定参数等缺点。21 世纪初，印度学者 Deb 等（2002）对 NSGA算法进行了改进，并提出了 NSGA-II 算法。作为一种非支配排序遗传算法，Deb 引入精英策略，进而有效避免了父代优秀个体的流失或遗漏，并使得计算复杂度显著降低，且不需人为指定参数，有效提高了计算的效率和鲁棒性，从而在不同研究领域得到了较为广泛的应用（李莉，2008）。

NSGA-II 算法的基本步骤为：①随机生成初始种群（gen=0），计算父代种群拥挤度和适应度，相应排序后基于遗传算法的基本思想产生子代种群（gen=gen+1）；②合并父代和子代种群，计算个体拥挤度并排序；③根据②中的计算结果筛选出更加优良的种群，基于遗传算法生成新种群；④重复②和③，直到迭代次数满足设定的最大值（gen=Max_gen）。

2）结果分析

选取不同 LID 设施在各功能区的设置比例为参数，在不同设计暴雨重现期和目标函数下对 LID 设施组合布局进行优化。基于所建立的 SWMM，针对不同的情景设置，选用非支配排序遗传算法 NSGA-II 对 LID 设施设置比例（14 个参数）进行 60000 次模拟计算。

为探究 LID 设施控制效果与其经济成本之间的关系，本节首先以设计暴雨重现期 $T=1$ 为例寻求各 LID 设施组合最优布设方案，其优化模拟结果如下所示，各情景优化方案 LID 设施设置比例如表 9-20 所示。图 9-15（a）～图 9-15（c）中灰色点为可能的 LID设施布设方案（60000 个），黑色点为具有一定成本-效益的 LID 设施布设方案（50 个），绿色点为最具有成本-效益的 LID 设施布设方案（即表 9-20 中最经济方案），取具有一定成本-效益的 LID 设施布设方案曲线的拐点；红色点为控制效果最大的 LID 设施布设方案（即表 9-20 中最大削减方案），取相应布设方案中控制效果最高的设计方案；相应线条为对应点的横纵坐标。图 9-15（d）气泡图代表具有一定成本-效益的 LID 设施布设方案，其中横坐标为经济成本，纵坐标为径流总量削减率，气泡大小表示洪峰流量削减率。

表 9-20　*T*=1 时各情景优化方案 LID 设施设置比例　　　　（单位：%）

功能区	LID 设施种类	最大设置比例	情景 1		情景 2		情景 3		情景 4
			最经济方案	最大削减方案	最经济方案	最大削减方案	最经济方案	最大削减方案	最大削减方案
居住区	透水铺装	15.00	14.73	14.72	11.95	15.00	8.71	14.88	15.00
	绿色屋顶	55.00	7.87	22.23	0.97	54.96	0.19	54.97	54.99
	雨水花园	10.00	3.75	3.20	0.53	9.95	0.06	10.00	9.99
	雨水罐	1.00	0.56	0.59	0.60	0.82	0.32	0.98	0.99
教育科研区	透水铺装	17.00	0.00	0.00	8.60	16.91	8.05	9.13	16.97
	绿色屋顶	40.00	0.00	0.00	6.56	39.94	0.39	17.63	39.85
	雨水花园	15.00	0.01	0.00	0.25	2.60	0.03	0.19	14.80
	雨水罐	0.50	0.00	0.16	0.08	0.19	0.48	0.08	0.32
公共设施区	透水铺装	30.00	24.67	28.45	29.35	29.98	29.47	29.97	29.96
	绿色屋顶	40.00	16.74	15.35	19.39	39.99	36.40	39.89	39.97
	雨水花园	10.00	0.01	0.00	0.45	9.98	6.11	9.80	9.99
	雨水罐	0.50	0.15	0.00	0.31	0.45	0.31	0.44	0.38
园林区	透水铺装	15.00	0.00	0.00	10.72	14.86	0.44	8.82	14.90
	雨水花园	30.00	0.00	0.00	0.17	29.71	0.05	7.63	29.54

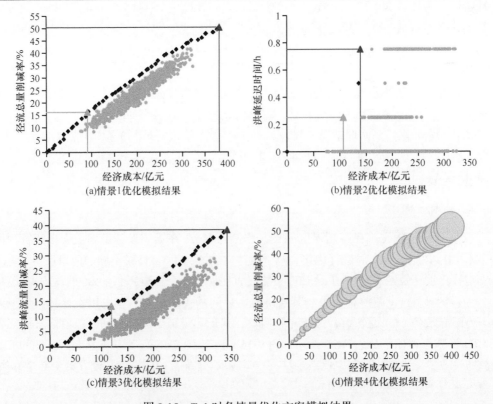

(a)情景1优化模拟结果　　　(b)情景2优化模拟结果

(c)情景3优化模拟结果　　　(d)情景4优化模拟结果

图 9-15　*T*=1 时各情景优化方案模拟结果

　　当设计暴雨重现期 *T*=1 且目标函数为经济成本和径流总量削减率时（情景 1），黄台桥排水片区内成本–效益曲线如图 9-15（a）所示。整体而言，具有一定成本–效益的

LID 设施布设方案中，其经济成本随径流总量削减率的增加而持续增加。其中，最具有成本–效益的最优布设方案的径流总量削减率为 16.20%，此时布设 LID 设施所需的经济成本为 90.67 亿元；具有一定成本–效益的 LID 设施布设方案中，径流总量削减率最大可为 50.38%，此时布设 LID 设施所需经济成本为 380.21 亿元。根据表 9-20 中两种方案在不同功能区 LID 设施设置比例，可以看出居住区和公共设施区的透水铺装对 1 年一遇的设计暴雨径流总量控制效果最为明显。

当设计暴雨重现期 T=1 且目标函数为经济成本和洪峰延迟时间时（情景 2），黄台桥排水片区内成本效益曲线如图 9-15（b）所示。整体而言，具有一定成本–效益的 LID 设施布设方案中，其经济成本随洪峰延迟时间的增加而呈阶梯性增长的趋势。其中，最具成本–效益的最优布设方案的洪峰延迟时间为 0.25h，此时布设 LID 设施所需的经济成本为 106.65 亿元；具有一定成本–效益的 LID 设施布设方案中洪峰延迟时间最大可为 0.75h，此时布设 LID 设施所需的经济成本为 138.55 亿元。根据表 9-20 中两种方案在不同功能区 LID 设施设置比例，可以看出居住区、公共设施区和园林区透水铺装及公共设施区绿色屋顶的设施组合对一年一遇的设计暴雨洪峰延迟时间效果最为明显。

当设计暴雨重现期 T=1 且目标函数为经济成本和洪峰流量削减率时（情景 3），黄台桥排水片区内成本效益曲线如图 9-15（c）所示。整体而言，具有一定成本–效益的 LID 设施布设方案中，其经济成本随洪峰流量削减率的增加而持续增加。其中，最具成本–效益的最优布设方案的洪峰流量削减率为 13.29%，此时布设 LID 设施所需的经济成本为 118.86 亿元；具有一定成本–效益的 LID 设施布设方案中，洪峰流量削减率最大可为 38.52%，此时布设 LID 设施所需经济成本为 342.12 亿元。根据表 9-20 中两种方案在不同功能区 LID 设施设置比例，可以看出公共设施区的透水铺装和绿色屋顶设施组合对 1 年一遇的设计暴雨洪峰流量控制效果最为明显。

当设计暴雨重现期 T=1 且目标函数为经济成本和径流总量及洪峰流量削减率时（情景 4），黄台桥排水片区内成本–效益曲线如图 9-15（d）所示。整体而言，具有一定成本–效益的 LID 设施布设方案中，其经济成本随径流总量和洪峰流量削减率的增加而持续增加；但由于目标函数较多，考虑到计算时间和效率，本节不对该情景进行最具有成本–效益的最优布设方案的确定。具有一定成本–效益的 LID 设施布设方案中 LID 设施布设经济成本为 397.17 亿元时，此时径流总量削减率最大可为 51.79%，洪峰流量削减率为 42.96%。根据表 9-20 中最大削减方案中不同功能区 LID 设施设置比例，可以看出各 LID 设施比例均已接近其最大设置比，与经验相吻合。

由图 9-15 可以看出，当目标函数分别为 Cost-QW 和 Cost-Qmax（情景 1 和情景 3）时，其成本–效益曲线接近二次函数曲线，各情景具有一定成本–效益的 LID 设施布设方案中其经济成本随 LID 设施对雨洪削减效率的增加而增加，可对实际情况中的 LID 设施布设产生一定的指导作用；当目标函数为 Cost-QT 时（情景 2），情景 2 中具有一定成本–效益的 LID 设施布设方案集中在少数几个方案中，可根据实际情况进行选取；当目标函数为 Cost-QW-Qmax 时（情景 4），由于目标函数较多，其最优 LID 设施布设方案的确定往往需通过较为复杂的计算来确定。考虑到情景设置较多且模型计算耗时较长，为提高计算效率，本节拟仅针对不同设计暴雨重现期下目标函数分别为 Cost-QW 和

Cost-Qmax 的情况进行计算并分析。情景 5～16 的优化模拟结果如图 9-16 所示。

如图 9-16 所示，当目标函数为经济成本和径流总量削减率时（情景 5、7、9、11、13、15），整体而言，具有一定成本–效益的 LID 设施布设方案中其经济成本随径流总量削减率的增加而持续增加；但随着设计暴雨重现期的增加，具有一定成本–效益的 LID 设施布设方案中径流总量最大削减率从 50.38%（$T=1$，情景 1）逐渐下降至 3.92%（$T=100$，情景 15），整体呈现出不断降低的趋势。随着径流总量最大削减率的降低，最具成本–效益的 LID 设施最优布设方案中的径流总量削减率也逐渐从 16.20%（$T=1$，情景 1）下降至 1.50%（$T=100$，情景 15），布设 LID 设施所需的经济成本也随之降低。

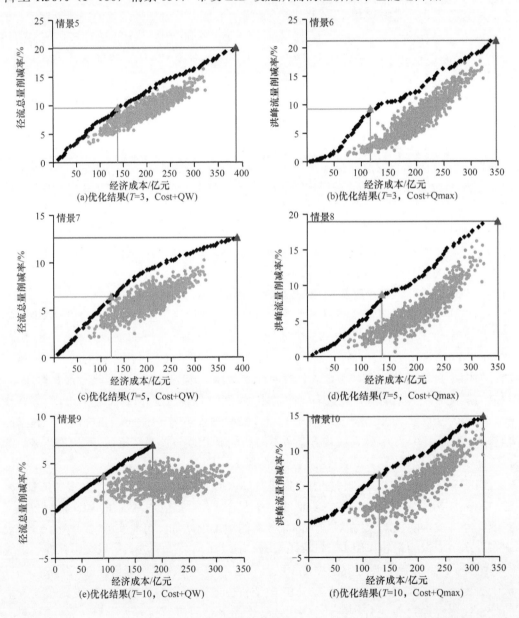

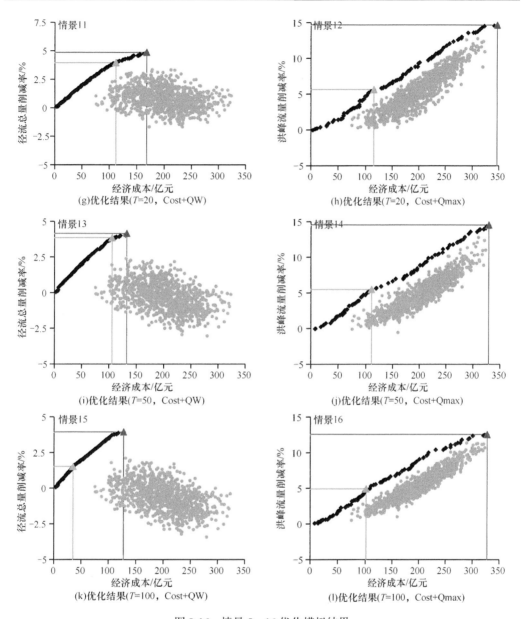

图 9-16　情景 5～16 优化模拟结果

　　值得注意的是，设计暴雨重现期为 10 年及以上时，可能的设计方案中径流总量削减率出现部分负值。经初步分析，本节模型设置的计算时间为 1 日（即 1 日暴雨 1 日排出的模式），当暴雨重现期较大时，由于研究区下垫面较为复杂，其洪水过程不能满足 1 日暴雨 1 日排出的要求，且 LID 设施的滞洪作用使得设计暴雨的洪峰流量减少、径流过程延长，故以 1 日为限进行计算时可能出现部分负值。

　　当目标函数为经济成本和洪峰流量削减率时，随着设计暴雨重现期的增加（情景 6、8、10、12、14、16），整体而言，具有一定成本–效益的 LID 设施布设方案中其经济成本随洪峰流量削减率的增加而持续增加；但随着设计暴雨重现期的增加，具有一定成本–效益的 LID 设施布设方案中洪峰流量最大削减率从 38.52%（T=1，情景 3）逐渐下降至 12.53%（T=100，情景 16），整体呈现出不断降低的趋势。随着洪峰流量最大削减率的降低，最具有成本–效益的 LID 设施最优布设方案中的洪峰流量削减率也逐渐从 13.29%（T=1，情景 3）下降至 4.89%（T=100，情景 16），布设 LID 设施所需的经济成本也随之降低。

值得注意的是，设计暴雨重现期为 10 年及以上时，可能的设计方案中洪峰流量削减率出现部分负值（图 9-17）。经初步分析，研究区内下垫面已大致被分为平原区、主城区和山区三种类型，由于各地形汇流方式有所差异，受流域排水口的汇流时间及糙率的影响，以暴雨重现期为 10 年一遇时为例，三种地形及研究区汇流情况如图 9-17 所示。由图 9-17 可见，平原区、主城区和山区径流叠加后形成了总径流过程，并在主洪峰后出现次洪峰，且主洪峰由主城区径流构成。由于本节 LID 设施均设置在主城区，LID 设施对洪水过程的控制主要作用于主城区径流，随着 LID 设施比例的增加，总径流过程中的主洪峰流量不断降低，当主洪峰流量降低至次洪峰流量水平时，若 LID 设施比例继续增加，则主洪峰转移至次洪峰处，此时 LID 设施主要作用于次洪峰处，对主洪峰的影响相应较小，故洪峰流量削减率开始出现负值。这表明山前平原型城市汇流情况复杂，当设计暴雨重现期较大时，LID 设施比例的增大不一定能够对洪峰流量起到相应的控制效果。

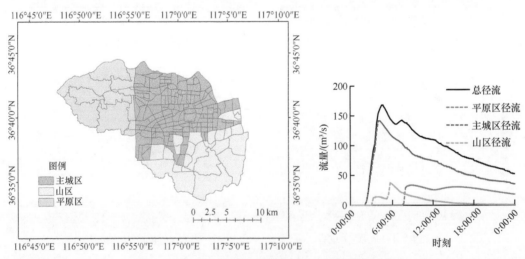

图 9-17　10 年一遇设计暴雨情景下各区域径流过程

情景 5～情景 16 优化结果中各情景最具有成本–效益的 LID 设施布设方案及相应控制效果最大的 LID 设施布设方案中 LID 设施设置比例如表 9-21 所示。

表 9-21　情景 5～16 各优化方案 LID 设施设置比例　　　　（单位：%）

项目		居住区				教育科研区				公共设施区				园林区	
		透水铺装	绿色屋顶	雨水花园	雨水罐	透水铺装	绿色屋顶	雨水花园	雨水罐	透水铺装	绿色屋顶	雨水花园	雨水罐	透水铺装	雨水花园
最大设置比例		15.00	55.00	10.00	1.00	17.00	40.00	15.00	0.50	30.00	40.00	10.00	0.50	15.00	30.00
情景 5	最经济方案	14.13	0.22	0.68	0.18	16.83	2.55	2.26	0.41	29.55	17.52	8.96	0.30	5.39	26.20
	最大削减方案	14.92	54.73	9.94	0.89	12.88	26.97	14.99	0.35	29.84	39.92	9.92	0.50	14.33	29.92

续表

项目		居住区				教育科研区				公共设施区				园林区	
		透水铺装	绿色屋顶	雨水花园	雨水罐	透水铺装	绿色屋顶	雨水花园	雨水罐	透水铺装	绿色屋顶	雨水花园	雨水罐	透水铺装	雨水花园
情景6	最经济方案	0.48	1.15	0.14	0.12	0.58	1.05	0.05	0.02	29.87	39.43	6.90	0.13	2.63	3.01
	最大削减方案	14.90	54.90	9.93	0.98	0.67	17.07	3.49	0.42	29.81	38.70	6.49	0.01	4.19	5.15
情景7	最经济方案	14.69	0.29	4.13	0.72	9.16	2.89	6.15	0.17	28.17	0.36	9.47	0.48	5.59	9.48
	最大削减方案	14.81	54.95	9.98	0.70	16.70	31.88	14.56	0.46	29.86	39.67	9.96	0.14	5.71	29.75
情景8	最经济方案	0.23	1.42	0.09	0.80	4.77	6.82	2.78	0.45	29.92	39.87	9.78	0.45	0.78	2.11
	最大削减方案	14.95	54.97	9.97	0.93	9.14	32.37	7.72	0.37	23.27	39.94	10.00	0.19	0.32	0.91
情景9	最经济方案	4.36	0.06	6.51	0.87	0.39	0.30	8.31	0.48	7.67	0.00	7.68	0.47	0.99	8.19
	最大削减方案	14.98	0.04	9.98	1.00	12.04	4.52	15.00	0.38	29.78	0.43	9.98	0.48	0.17	29.92
情景10	最经济方案	0.15	0.22	0.13	0.21	9.61	0.59	0.79	0.01	20.23	36.67	9.03	0.18	0.60	7.30
	最大削减方案	3.11	54.99	9.99	0.12	4.20	10.23	5.25	0.11	29.35	39.99	10.00	0.31	0.74	5.76
情景11	最经济方案	4.50	0.00	9.65	1.00	4.40	0.04	14.57	0.46	1.71	0.26	9.64	0.11	1.10	0.07
	最大削减方案	13.94	0.00	10.00	0.90	14.16	1.02	14.98	0.30	15.50	0.04	10.00	0.50	4.40	29.82
情景12	最经济方案	2.24	1.98	0.43	0.38	4.84	0.53	0.35	0.43	27.50	39.14	4.66	0.04	3.77	2.82
	最大削减方案	7.36	55.00	9.98	0.83	1.65	21.28	3.97	0.01	29.97	39.95	9.87	0.26	4.27	23.95
情景13	最经济方案	0.06	0.03	9.93	0.92	0.95	0.21	14.46	0.45	0.42	0.03	9.98	0.29	2.14	0.00
	最大削减方案	1.66	0.02	9.97	1.00	4.33	0.35	14.84	0.35	0.07	0.10	9.99	0.49	3.12	29.88
情景14	最经济方案	0.28	5.76	0.15	0.98	1.39	0.63	0.02	0.36	7.36	39.95	7.67	0.19	1.89	0.96
	最大削减方案	13.82	54.88	9.88	0.37	4.02	18.94	1.10	0.27	16.25	39.99	9.98	0.27	0.14	13.52
情景15	最经济方案	0.00	0.01	0.00	0.73	0.00	0.00	0.46	0.09	0.10	0.02	9.82	0.50	0.11	0.64
	最大削减方案	0.03	0.12	9.99	0.98	0.01	0.02	14.82	0.50	0.01	0.04	10.00	0.01	0.33	29.82
情景16	最经济方案	0.33	2.54	0.04	0.50	5.51	0.07	0.12	0.45	0.15	38.23	8.93	0.09	2.63	5.94
	最大削减方案	14.96	47.88	9.98	0.38	6.70	17.35	1.97	0.22	29.90	37.20	10.00	0.40	0.10	17.10

参考济南市雨洪现状，理论上讲，如济南市相关部门拟投入 100 亿元进行海绵城市 LID 工程建设，根据图 9-15，此时最具有成本–效益的 LID 设施布置方案约可控制 17% 的径流总量（T=1）；若其想控制 1 年一遇降水径流总量的 40%，则需相关部门投入 275 亿元左右用于 LID 工程建设，同时相应方案的 LID 设施设置比例均可通过本节的计算方法获取。由此可见，该部分研究结果对济南海绵城市建设具有较好的指导作用。

4. 结论

本节基于所建立的济南黄台桥排水区雨洪模型，综合考虑 LID 设施建设及维护的经济成本及其对城市雨洪的控制效果，根据各功能区实际地貌情况设置不同的 LID 设施及对应比例，在此基础上选用 NSGA-II 算法对各功能区 LID 设施布局进行了多目标优化并对优化效果进行了评估。研究结果表明：

（1）选用不同的目标函数时，NSGA-II 算法在不同重现期设计暴雨下均能较为准确地给出具有一定成本–效益的 LID 设施布设方案，从而进一步确定相应情景下的最经济方案和最大削减方案，并能给出相应的 LID 设施布设比例，表现出良好的适用性，表明

NSGA-II 算法适用于流域尺度的城市区域 LID 设施优化布置。

（2）当设计暴雨重现期给定时，具有一定成本-效益的 LID 设施布设方案的经济成本随径流总量和洪峰流量削减率的增加而持续增加；但随着重现期的增加，具有一定成本-效益的 LID 设施布设方案中径流总量和洪峰流量最大削减率整体呈现出不断降低的趋势，这表明 LID 设施对重现期较低的暴雨控制效果较好，但对重现期较高的暴雨控制效果较差，这也与之前的研究结果一致，相关研究结果可为济南海绵城市建设提供一定的指导作用。

（3）由于研究区下垫面条件复杂，其总径流过程可视为由平原区、主城区和山区径流叠加形成的，其洪峰流量往往并不单一，故通常在主洪峰后出现次洪峰。本节 LID 设施均布置于主城区，故对洪峰流量及径流总量的削减主要作用于主城区径流，当主洪峰流量降低至次洪峰流量水平时，LID 设施比例的增加不能对洪峰流量起到相应的控制效果（情景 10、12、14、16），研究结果表明山前平原型城市洪峰流量控制不能仅针对主城区进行 LID 设施布设，而需综合考虑城市内各地形的汇流情况并进行多方位全面调控，从而为山前平原型城市雨洪控制提供相应的技术支撑。

9.2.2　典型坡地小区 LID 设施布局优化及效果评估

1. 研究区概况

选取济南中心城区典型坡地小区为研究对象，研究区地处黄河下游，属于中纬度北半球的典型温带大陆性季风气候，夏季和冬季温差明显，暴雨和高温往往同步出现，多年平均降水量约为 636mm，年平均气温 14.7℃。该小区位于千佛山山麓地带，平均坡度为 5.81%，整体地势东高西低、南高北低，是典型的山前坡地区域。该小区始建于 1996 年，面积约 3.08hm²，其下垫面基本情况如图 9-18 所示，其中，屋面面积约占 25.57%，绿地约占 30.08%，广场道路约占 42.61%，水面约占 1.74%，研究区内水面周边绿地高于周边道路，降雨径流无法流入水域，故可忽略其调蓄作用；区域内雨水径流出口主要

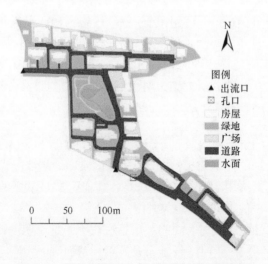

图 9-18　济南典型坡地小区下垫面情况示意图

有两个，分别位于西侧和南侧大门，南侧出水口附近有建筑物阻挡并形成尺寸约
0.25m×0.5m 的矩形孔口。经现场调研，小区现状不透水面积较大，绿地区域高于周边
道路，周边区域产生的雨水径流无法进入绿地区域；同时绿地内裸土较多，土壤渗透性
能不足，整体雨水径流控制效果较差。

2. 雨洪模型构建

1）研究方法

本节选用 SWMM 开展相应研究。SWMM 由 EPA 设计开发，经过对模型功能、界
面等的连续完善和升级，目前最新版是 2017 年 3 月 20 日发布的 5.1.012 版本。作为动
态的水文水动力学模型，SWMM 可实现水量及水质的场次及长序列连续模拟，现已被
国内外学者广泛应用于排水管网规划设计、城市水环境治理、低影响开发措施效果评价
及洪水风险图分析等领域（Tsihrintzis and Hamid，1998；Waters et al.，2003；Paik et al.，
2005；Russo et al.，2012）。

为表征城市地表的产汇流特征，SWMM 子排水区产流总量可视为透水区和不透水
区两大部分出流量之和。最新版本的模型提供了五种适用于城市区域的入渗模式，根据
黄国如等（2013）的建议，本节选取 Horton 入渗计算方法进行模拟计算。SWMM 在河
道及管网汇流时也提供了三种计算方法，即恒定流法、运动波法和动力波法。为提高计
算效率，当前多数研究均采用运动波法进行汇流计算（Barco et al.，2008）。由于研究区
地面坡度较大，为更好地对研究区"马路行洪"进行模拟，本节选取基于圣维南方程组
的动力波法进行汇流计算，其中计算时间步长设置为 10s，报告步长设置为 1min。

2）模型概化

小区现状无雨水管网且高程差较大，属于明显的坡地小区，当发生降雨时，区域内
屋顶、道路和绿地等雨水径流往往以地表径流的形式汇集至小区道路。小区内道路路沿普
遍高于路面，导致其主要道路成为泄洪通道，"马路行洪"现象十分突出。因此本节拟以
小区内主干道代替雨水管网进行汇流计算，SWMM 对应的管道横截面选为"Irregular"，
即以不规则形状明渠的形式进行汇流，如图 9-19 所示。其中，道路横截面坡降根据相
应规范选 2%。根据现场调研结果，路沿高度 H 可取 15cm。根据研究区下垫面实际情
况对"马路行洪"主路段进行相应概化，经概化研究区内排水管道为 27 条、孔口为 1 个、

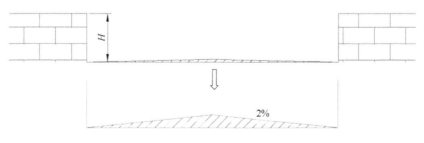

图 9-19　"马路行洪"道路概化示意图

道路排水节点共计 28 个、出流口 2 个。概化的管道及孔口尺寸均根据实地调研测量结果进行设置。

基于下垫面及排水关系一致性的原则，根据研究区土地利用图及现场勘测资料对其进行子排水区划分，最终将其划分为 26 个面积不同的子排水区，如图 9-20 所示。

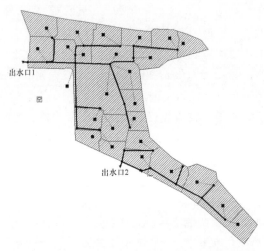

图 9-20 济南典型坡地小区雨洪模型结构示意图
■表示子汇水区

3）模型参数初始值设置

由于缺乏实测的模型参数率定资料，SWMM 中的部分参数根据研究区的实际情况及海绵小区改造工程实际施工时的参数而定，数字高程数据主要来源于实地勘察及测量结果，SWMM 中子排水区平均坡度等参数可据此基于 ArcGIS 计算并获取。作为山前坡地型小区，研究区东西高差近 16m，坡度主要分布在 0.47%～11.30%，不透水率按实际土地利用计算，特征宽度（Width）选用公式 Width=$K \times$Sqrt(Area)(0.2<K<5)，其中 K 取 0.6（Huber，2001）。排水沟渠的糙率系数对模型结果影响较大，考虑到研究区内主干道道路材料主要为沥青，参考 SWMM 用户手册中对明渠糙率系数的规定（Gironas et al.，2009），本节"马路行洪"主干道糙率系数选用 0.015。对于其他参数如（不）透水区曼宁系数、（不）透水区注蓄量及 Horton 产流参数等，考虑到本节研究区与黄国如等的研究区较为接近，因此根据其建议及 SWMM 使用手册和其他相关文献成果综合确定（Gironas et al.，2009；黄国如等，2013；陈言菲等，2016；李春林等，2017），SWMM 中其他主要参数设置如表 9-22 所示。

表 9-22 济南典型坡地小区雨洪模型率定参数初始值取值范围

参数	N-Imperv	N-Perv	S-Imperv	S-Perv	MaxRate	MinRate	Decay	DryTime
物理意义	不透水区曼宁系数	透水区曼宁系数	不透水区注蓄量/mm	透水区注蓄量/mm	最大入渗率/（mm/h）	最小入渗率/（mm/h）	渗透衰减系数	干燥时间/d
参数值	0.017	0.5	3	13	103.81	11.44	2.75	7

4）模型参数率定与验证

连续性误差（continuity error）包括地表径流及流量验算连续性误差。其计算如式（9-12）所示。

$$Q_C = (1.0 - Q_O/Q_I) \times 100\% \qquad (9-12)$$

式中，Q_O 为管道总出流量（径流量或流量，下同）；Q_I 为管道总入流量；如果 $Q_C > 10\%$，则其模型结果是可疑的，需要检查修正。

研究选用距离研究区 0.8km 的泉城公园水文站 2015 年 7 月 31 日和 2015 年 8 月 3 日的降雨数据对模型进行验证，模型模拟结果如图 9-21 所示。根据模拟结果，两场降雨地表径流演算连续性误差分别为–0.36%和–0.58%，流量演算连续性误差分别为 0.01%和 0.00%，Q_C 远远小于 10%，表明模型误差相对较小，模拟结果较为合理。

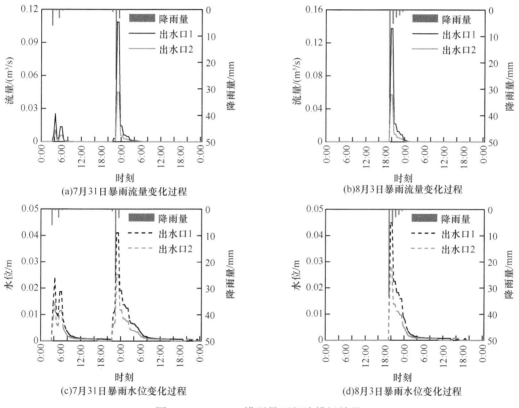

图 9-21　SWMM 模型暴雨径流模拟结果

径流系数等于径流深与降雨量之比，是一个综合概化了降雨和下垫面特征的水文参数，具有较好的代表性，根据刘兴坡（2009）和张曼等（2019）的建议，小区域无实测流量地区城市降雨径流模型可通过模拟结果的径流系数来验证模型参数的准确性。经计算，两场降雨综合径流系数分别为 0.69 和 0.68，均满足建筑物较密集区域（不透水率 50%～70%）径流系数 0.5～0.7 的要求，表明模型模拟结果可较为精确地反映研究区内水文流量过程。

3. LID 设施布局优化及径流控制效果评估

1）设计暴雨情景设置

根据上海市政工程设计研究院编制的《给水排水设计手册》，济南暴雨强度计算如式（9-13）所示。

$$q = \frac{1869.916\left(1 + 0.7673\lg T\right)}{\left(t + 11.0911\right)^{0.6645}} \qquad (9\text{-}13)$$

式中，T 为给定的设计暴雨重现期；q 为暴雨强度；t 为设计暴雨总历时。

为模拟海绵城市改造措施对小区径流过程的影响，本节设计暴雨重现期分别选为1年、3年、5年和10年。同时选取芝加哥雨型对设计暴雨进行雨量分配，设计暴雨历时选为120min，雨峰系数选为0.4，设计暴雨过程如图9-22所示。

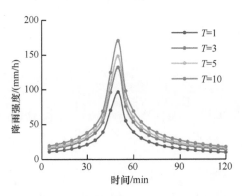

图 9-22　不同重现期设计暴雨过程示意图

2）LID 设施布设情景设置

根据场地平面图及现场勘测资料，基于海绵城市源头控制的基本理念，经方案比较，选择综合效益最优的海绵城市小区改造方案，如图9-23所示。由图9-23可见，选用的海绵城市改造方案可分为两大部分：低影响开发措施改造及排水系统改造。其中，低影响开发措施主要包括雨水花园、下凹式绿地及透水铺装，各低影响开发措施参数及规模如表9-23所示。此外，考虑到小区中心区域现存大片绿地，为有效开发该区域的雨水蓄滞潜力，拟在图9-23所示位置增加导流沟，以使周边的雨水径流能及时汇入中心绿地；同时，将孔口尺寸增大至0.5m×0.5m，以提高孔口的排涝能力，降低区域洪涝风险。为探究海绵城市改造方案在不同重现期设计暴雨下的效果，本节针对研究区改造前后径流过程进行了对比分析。

3）LID 设施组合径流控制效果评估

基于所建立的 SWMM 计算该小区海绵城市改造前后在不同设计暴雨重现期下各出水口的流量及水位变化过程，模拟结果如图 9-24 所示，其控制效果如图 9-25 所示。

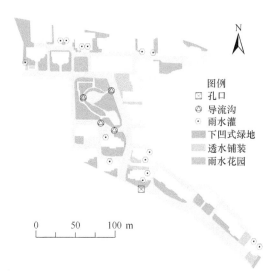

图 9-23　济南典型坡地小区海绵城市改造设计方案示意图

表 9-23　济南典型坡地小区 LID 设施主要参数取值及其规模

LID 设施类型	表层/mm	土壤层/mm	路面层/mm	蓄水层/mm	规模
雨水罐	—	—	—	1000	15 个
下凹式绿地	200	500	—	—	0.596hm²
透水铺装	5	—	400	—	0.112hm²
雨水花园	150	900	—	—	0.058hm²

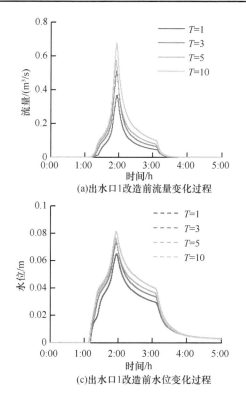

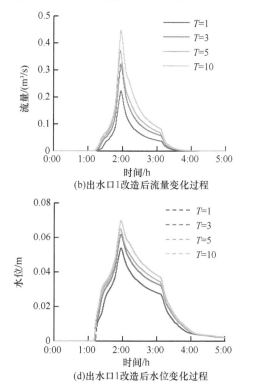

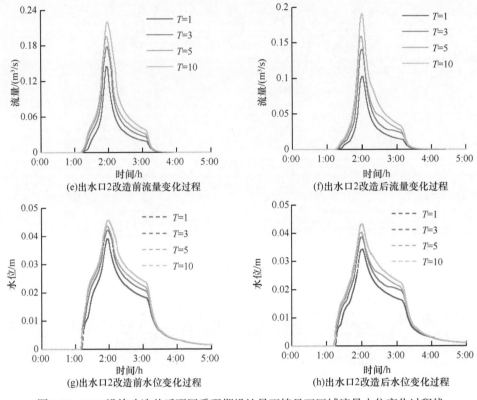

(e)出水口2改造前流量变化过程

(f)出水口2改造后流量变化过程

(g)出水口2改造前水位变化过程

(h)出水口2改造后水位变化过程

图9-24 LID设施改造前后不同重现期设计暴雨情景下区域流量水位变化过程线

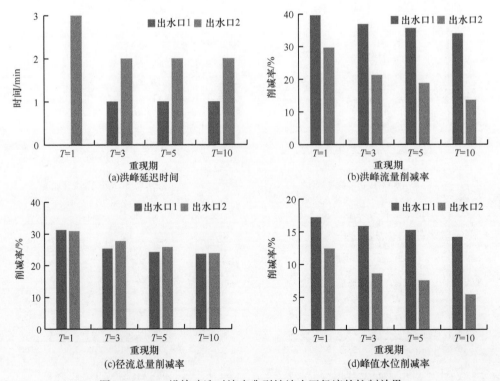

(a)洪峰延迟时间

(b)洪峰流量削减率

(c)径流总量削减率

(d)峰值水位削减率

图9-25 LID设施改造对济南典型坡地小区径流的控制效果

由图 9-33 可见，海绵城市改造措施对区域内水文过程具有较为明显的控制作用。针对不同重现期的设计暴雨，小区出水口 1 和出水口 2 洪峰延迟时间分别在 2min 和 1min 左右，表明其可适当延迟区域内峰现时间。小区出水口 1 的控制面积约为研究区总面积的 73%，而选用的海绵城市改造方案对该出水口洪峰流量及径流总量的削减率分别超过了 30% 和 20%，且对其峰值水位削减率均超过了 14%；同时对出水口 2 洪峰流量及径流总量的削减率也分别超过了 10% 和 20%。因此，该方案可有效控制区域雨洪过程，可为海绵城市"源头控制"和雨水资源化提供技术参考。同时也可显著降低出水口的路面水位，从而减少"马路行洪"的危害。

4. 结论

研究结果表明：

（1）基于 SWMM 中的动力波法将小区道路概化为相应的排水渠道可有效对其水文过程进行模拟，并可较好地体现高程差较大的坡地小区"马路行洪"过程，表明 SWMM 适用于以主干道路为排水通道的坡地小区。

（2）LID 设施和管网组合海绵城市改造方案对小区出水口 5 年以内重现期设计暴雨径流总量和洪峰流量削减率超过 10%。研究采用的组合方案对区域内径流控制效果较好，说明在小区内科学布设 LID 设施，能够显著降低研究区"马路行洪"灾害的影响。

（3）研究区下游城市易涝点较多且其洪涝防治措施并不完善，通过在小区进行海绵城市建设改造可显著减少小区径流总量并延缓峰现时间，实现源头控制，从而一定程度上缓解下游洪涝风险。

9.3　本　章　小　结

本章以北京和济南市主城区典型排水区为例，介绍了采用 SWMM 开展区域 LID 设施组合情景设置和 LID 设施组合对径流控制效果评估的方法，并以北京和济南三个典型小区为例，介绍了在小区尺度开展 LID 设施布局优化和雨洪控制效果评估的方法。此外，本章 9.2.1 节以济南黄台桥排水区为例，介绍了综合考虑 LID 设施建设维护经济成本以及 LID 设施径流控制效果的多目标 LID 设施布局优化方法。研究结果表明：

（1）在流域尺度，LID 设施雨洪控制效果随暴雨重现期的变化而变化。对常遇降雨情景，洪峰流量和径流总量削减率随 LID 设施比例的增大而增大，且径流控制效果显著；对稀遇降雨情景，径流总量削减率随 LID 设施比例的增大而增大，相较而言控制效果较差。

（2）在双峰暴雨情景下，LID 设施对第一洪峰的控制效果要高于对第二洪峰的控制效果；在强降雨条件下，LID 设施对双峰暴雨后期的径流过程控制效果有限。说明 LID 设施更多影响的是产流过程而非汇流过程，其更适宜作为城市雨水控制的源头措施而非过程措施。

（3）在典型坡地小区，将小区道路概化为相应的排水渠道可有效描述高程差较大的坡地小区"马路行洪"的过程；在小区内科学布设 LID 设施可显著减少小区径流总量并延缓峰现时间，实现源头控制，显著降低研究区及其下游区域遭受"马路行洪"灾害的影响。

（4）在流域尺度，选用不同的目标函数时，采用 NSGA-II 算法对各功能区 LID 设施布局进行多目标优化，在不同重现期暴雨条件下均能较为准确地给出具有一定成本–效益的 LID 设施布设方案，并给出最经济方案和最大削减方案，表明该算法适用于流域尺度的 LID 设施优化布置。

（5）当给定设计暴雨重现期时，具有一定成本–效益的 LID 设施布设方案的经济成本随径流总量和洪峰流量削减率的增加而持续增加；但随着重现期的增加，具有一定成本–效益的 LID 设施布设方案中径流总量和洪峰流量最大削减率整体上呈现出不断降低的趋势。这也从侧面说明了 LID 设施对常遇降雨控制效果较好，但对稀遇降雨控制效果较差。

第10章 济南海绵城市试点区雨洪控制效果评估

10.1 城市暴雨洪涝风险评估方法

本章采用以下几种方法分别进行洪涝分区，并对不同分区方法的结果进行对比分析：基于淹没水深和时间的阈值法、基于流速和水深的经验公式法和基于受力分析的物理机制法等。

10.1.1 暴雨洪涝风险分区方法

1. 基于淹没水深和时间的阈值法

对于城市区域，我国在进行洪涝风险分区时，一般采用淹没水深和淹没时间的组合方法来判定风险水平，该方法与我国流域洪水中农业灾害损失的计算方法类似，既体现了洪水淹没深度的直接作用，也考虑了淹没时间的持续性作用所带来的影响。该方法一定程度上可归为基于指标叠加的风险分析方法，其对洪涝风险进行等级划分的标准如表10-1所示。

表10-1 洪涝灾害风险等级划分标准

风险等级	划分依据		
	积水深度 h/m	积水时间/min	危险程度
红 I	$h \geqslant 0.4$	—	城市交通、基础设施和各类建筑物受到威胁
橙 II	$0.3 \leqslant h < 0.4$	>15	城市交通受到严重影响
黄 III	$0.15 \leqslant h < 0.3$	>30	城市交通不便
蓝 IV	$h < 0.15$	—	一般积水

2. 基于经验公式的风险分区

基于淹没水深的风险区划分方法对于平坦低洼地区较为适用，灾害多因过度积水而造成淹没损失；而对于地形坡度较大的地区，如山区、山前平原和山地城市等，洪水所产生的危害则不仅是由水深过大造成的，高速水流冲击也可能造成人或物的失稳，因此可认为洪水对人的危害程度为洪水深度和洪水流速的方程。当然，其他一些因素，诸如地表坡度、水温、区块类型以及可能造成滑倒或翻倒的物品（如丢失井盖的检查井），都有可能对洪水中的人或物的风险程度产生影响。此处采用英国环保部使用的洪水中人或物安全洪水的经验计算方法（Hawkes and Svensson，2003），计算如式（10-1）所示。

$$HR = h \times (U + 0.5) + DF \tag{10-1}$$

式中，HR 为风险值，无量纲；h 为洪水深度，m；U 为洪水流速，m/s；DF 为区块类别因子（表 10-2），无量纲，取决于区块类别能够多大程度上加剧灾害。

表 10-2　不同区块类型在不同水深、流速情况下的区块类别因子 DF 取值

水深 h/m 及流速 v/（m/s）	草场/耕地	森林	城市
$0 \leqslant h < 0.25$	0	0	0
$0.25 \leqslant h < 0.75$	0	0.5	1
$h \geqslant 0.75$ 或 $v \geqslant 2$	0.5	1	1

根据以上方法计算得到洪涝风险值，将风险值按风险等级标准划分，如表 10-3 所示。

表 10-3　洪涝灾害风险等级划分

HR	风险等级	备注
[0，0.75)	轻度风险	警惕性风险，部分区域水深小但流速大或流速极小但水深较大
[0.75，1.25)	中度风险	部分危险（例如儿童），区域内水深或流速均较大
[1.25，2.5)	重度风险	大部分危险，区域内水深和流速均较大
[2.5，∞)	极度风险	极度危险，区域内水深和流域均极大

研究区主要是城市区域，因此研究仅采用城市区域的区块类别因子。

3. 基于物理机制的行人风险分析

前述采用的水深和时间或流速组合而成的阈值法或经验公式在一定程度上能够反映地表积水或高速水流在不同水深情况下造成的洪涝风险，但人或物在水中的稳定状态涉及复杂的动态受力过程，因此需要从人或物在洪水中的受力物理机制出发，分析洪水对人或物造成的洪涝风险。由于城市人口集中，本节主要以行人为分析对象，基于人体工程学分析方法，对行人在洪水中因水深和流速造成的受力失稳状态进行计算分析，进而对研究区行人受到的洪涝风险进行分区。

研究采用 Milanesi 等（2015）关于洪水中行人稳定性的研究方法，该方法考虑了地面坡度对行人稳定性的影响，理论上可根据实际情况设置任意的坡度值。综合洪水中人体受力特点，人体在洪水中的失稳方式可分为滑倒和翻倒，其中滑倒主要是由水流流速过快所产生的动水作用力造成的，而翻倒主要是由水深过大时产生的倾覆力矩造成的，同时考虑水深特别大的情况，行人也会有淹没危险（该水深在文献中定义为人体颈部位置离地高度）。该方法将人体腿部概化为并列的双圆柱体，而身体部分概化为由腿部双圆柱体支撑的大圆柱体，在动水作用下，人体受到自身重力、浮力、动水作用力、地面摩擦力的作用以及相应的力矩作用，并且考虑地表坡度因素，分析得到行人三种失稳方式时的临界条件，即水深和流速的对应关系（h-U），如图 10-1 所示。

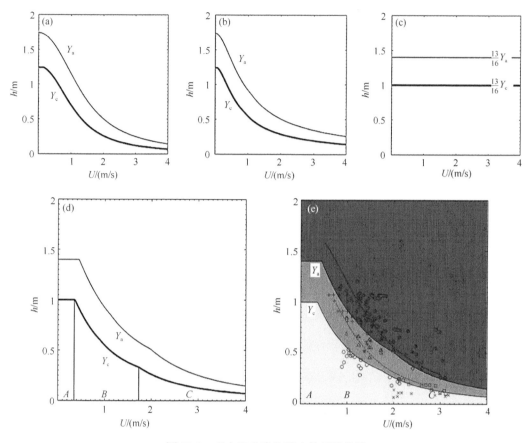

图 10-1　成人和儿童的稳定性阈值曲线

（a）、（b）、（c）分别代表滑倒风险、翻倒风险和淹没风险，细线 Y_a 代表成人，粗线 Y_c 代表儿童；（d）为（a）、（b）、（c）
的组合，表示成人和儿童在洪水中的总体风险阈值；（e）为 Milanesi 等（2015）利用（d）中的总体风险阈值划分的风
险度区间，黄色、橙色和红色分别对应低风险、中风险和高风险，图中的散点是一些前人的实验数据

对于儿童和成人，分别有一组 h-U 关系，如图 10-1（a）～图 10-1（c）所示。对于儿童或成人，出现三种危险中任意一种的限制条件是，同一流速下，三种临界条件中水深较小的一个发生即可，即 $h=\min(hs, ht, hd)$，其中 hs、ht、hd 分别为同一流速下发生滑倒、翻倒和淹没危险的临界水深。由三幅图的两组 h-U 关系组合得到图 10-1（d），分别表示儿童和成人在不同流速条件下主要的危险形式。利用图 10-1（d）的儿童和成人危险临界曲线，将风险等级划分为低风险、中风险以及高风险三个级别，分别反映了儿童安全区间、儿童危险/成人安全区间和成人危险区间，图 10-1（e）中黄色区域、橙色区域和红色区域所对应的水深与流速的组合取值范围。

Milanesi 等（2015）的研究是以欧洲成人和儿童的人体参数为依据得到图 10-1（e）的研究成果，其研究也指出在与日本学者 Takahashi 的实验结果进行对比时发现，由于采用的人体体重为世界平均标准大于亚洲（日本）人的尺寸，对人体失稳流速的计算略显高估。因此，该方法在具体地区应用时应考虑实地条件，对敏感的参数进行修改和率定。在我国，没有官方的人体参数数据可供参考，考虑到儿童的差异一般不大，因此取相同参数；研究区所在地山东地区人均身高较高，身高可取相同参数，但中外成人体重和身体尺寸差别较大，本节将体重、躯干直径和腿部直径取为欧洲标准的 95%，参数取值如表 10-4 所示。

表 10-4　模型中假定的成人和儿童的人体参数

参数	欧洲		本节	
	儿童	成人	儿童	成人
重量/kg	22.4	71	22.4	67.45
身高/m	1.21	1.71	1.21	1.71
躯干直径/m	0.17	0.26	0.17	0.247
腿部直径/m	0.085	0.13	0.085	0.1235

10.1.2　暴雨洪涝风险分区结果及分析

1. 基于淹没水深和时间的阈值法的风险分区结果

表 10-5 为基于阈值法的实测降雨事件和设计暴雨事件的洪涝风险分区结果统计。由于蓝Ⅳ风险等级的水深阈值涵盖小于 0.15m 的所有淹没范围，且该阈值内不具有明显的风险性性，因此本节只讨论红Ⅰ、橙Ⅱ和黄Ⅲ风险等级。

表 10-5　实测和设计暴雨特性对比及阈值法风险分区面积统计

设计暴雨和实测降雨	降雨总量/mm	最大 1h 降雨强度/（mm/h）	风险面积/hm²			
			红Ⅰ	橙Ⅱ	黄Ⅲ	蓝Ⅳ
$M=1$ 年	26.7	—	0.61	0.38	1.27	177.76
$M=5$ 年	38.84	—	1.24	0.56	1.26	174.98
$M=10$ 年	44.06	—	1.69	0.56	1.24	173.42
$M=20$ 年	49.29	—	2.23	0.53	1.27	171.66
20130723	71.3	22.9	1.15	0.59	1.92	177.62
20150803	62.1	39.6	2.02	0.81	2.68	174.95

由表 10-5 可以发现，随着重现期的增大，总风险区面积逐渐变大，但不同风险等级的面积变化趋势不同。红Ⅰ等级面积随着重现期增大而增大，橙Ⅱ是先增大后减小，黄Ⅲ则是先减小后增大。这主要是由于随着重现期的增大，低风险区域会因为积水深度增大而向高风险转变；同时，根据风险分区规则，黄Ⅲ区要求淹没时间达到 30min，而橙Ⅱ区则只需要 15min，因此，在较低重现期时，黄Ⅲ区会大量向橙Ⅱ区转换，而蓝Ⅳ区向黄Ⅲ区转换的要求更高，因而可能滞后于黄Ⅲ区向橙Ⅱ区转换；随着重现期进一步增大，由于蓝Ⅳ区面积大，大量达到黄Ⅲ区要求的区域发生转化，并且超过了黄Ⅲ区向橙Ⅱ区转换的速度；橙Ⅱ区则大量转化为红Ⅰ区，面积会出现轻微减少。

对比两场实测降雨的风险分区结果可以发现，降雨总量较多的 20130723 场次降雨的总风险区面积和各风险等级面积均小于 20150803 场次降雨，主要原因在于后者的最大 1h 降雨强度显著大于前者，降雨的时程分配较为集中，短时间内产生大量径流，造成排水系统超载溢流，使地表形成较大范围积水。

2. 基于经验公式的风险分区结果

根据风险等级进行风险分区的结果见表 10-6。

从表 10-6 中可以看出，随着设计暴雨重现期的增大，轻度风险区域的总面积逐渐减少，中度及以上程度的风险区域的总面积逐渐增多。两场实测降雨中，20130723 场次的降雨总量大于 20150803 场次，而前者的最大 1h 降雨量要小于后者，可以看到，前者的轻度风险区域面积大于后者，而中度及以上程度的风险区域面积要小于后者。

洪水风险模拟结果显示，降雨总量较大的 20130723 场次降雨所产生的中度风险以上区域面积却小于降雨总量相对较小的 20150803 场次降雨，这是由于后者的最大 1h 降雨强度要大于前者，同时结合降雨的时程分布可以发现，前者有两个雨峰且分布较为均匀，而后者的雨峰靠前且分布集中。由于地下管网排水能力有限，如果在较短的时间内有大量的雨水涌入，就会因排放不及时而溢出产生地面积水，20130723 场次降雨的第一峰降雨过后，有一段时间内降雨较少，利于管网恢复排放能力；而 20150803 场次降雨雨峰靠前且相对集中，排水管网始终处于满载状态而造成检查井溢水，从而出现较为严重的地面积水情况。

3. 基于物理机制的风险分区结果

利用雨洪模型计算得到研究区每个网格随时间变化的流速和水深，采用人体洪水风险计算模型计算研究区每个网格在每个时刻的风险值，并取该网格在模拟期内的最大风险值作为该网格的洪涝风险。应用该方法计算时将每个网格的水深和流速按时间一一对应，综合考虑水深、流速以及外部环境对行人风险的影响，更加符合洪水中行人遭遇风险的实际情况。

表 10-7 为实测降雨和设计暴雨条件下的研究区洪涝风险分区结果统计值，可以看出，随着重现期的增大，中、高风险区的面积逐渐增大，低风险区面积逐渐减小。中、高风险区域主要集中于坡度较大、水流汇集较多和排水管网能力较差的道路区域，并随着重现期的增大而逐渐向四周蔓延，同时中风险等级逐步转为高风险等级。两场实测降雨的统计结果对比表明，降雨强度对马路行洪具有决定性作用，短时间内大量降雨将使道路形成流速较大、水深相对较深的水流，在坡度和地面湿滑效应作用下，容易对行人造成巨大的威胁。

表 10-6　设计暴雨和实测降雨特性对比及经验公式法风险分区面积统计

设计暴雨和实测降雨	总降水量/mm	最大 1h 降雨强度/（mm/h）	风险面积/hm²			
			轻度风险	中度风险	重度风险	极度风险
M=1 年	26.7	—	179.773	1.112	0.605	0.003
M=5 年	38.84	—	178.003	1.504	1.981	0.006
M=10 年	44.06	—	176.923	1.597	2.966	0.008
M=20 年	49.29	—	175.543	1.809	4.129	0.013
20130723	71.3	22.9	179.210	1.357	0.924	0.002
20150803	62.1	39.6	177.732	1.506	2.249	0.006

表 10-7　实测降雨和设计暴雨特性对比及物理机制法风险分区面积统计

设计暴雨和实测降雨	降雨总量/mm	最大 1h 降雨强度/（mm/h）	风险面积/hm²		
			低风险	中风险	高风险
M=1 年	26.7	—	98.9	0.3	0.7
M=5 年	38.84	—	97.6	0.5	1.6
M=10 年	44.06	—	96.8	0.6	2.2
M=20 年	49.29	—	95.9	0.6	3.1
20130723	71.3	22.9	99.0	0.3	0.7
20150803	62.1	39.6	97.5	0.5	1.7

10.1.3　不同暴雨洪涝风险分区方法对比分析

1. 风险区域对比分析

从不同风险评估方法的结果可以看出，三者的洪涝风险分区均有一定的重叠，一些明显的低洼区域和排水系统较差的道路均表现出较高的洪涝风险，三种方法对由内涝积水引起的风险均具有较好的评估效果。不同历史实测降雨和设计暴雨的洪涝风险分区结果显示，三种方法中，除基于阈值法的风险分区结果存在不同等级风险区之间转换而趋势多变外，不同等级的风险区面积总体随着设计暴雨重现期的增大而增大，且与降雨的最大 1h 降雨量具有很好的相关性。

基于淹没水深和时间的阈值法基本上能识别出诸如十字路口、局部地形洼地和排水管网溢流点处的淹没风险，对指导防洪排涝和管网改造具有一定的指导作用，但多数地形坡度较大的道路均显示无风险或低风险，这与济南南部山区出现马路行洪造成车辆、人员损失的报告不符，一定程度上低估了研究区的洪涝风险。

基于经验公式的方法不仅能识别出阈值法中的低洼积水区域，也能考虑到坡度较大的道路行洪风险，能够显示出部分坡度较大和上游集水区来流较多的道路的风险。该方法简单实用，可以用于快速洪水评估，但最大风险区面积太小且对一些坡度较大区域的洪涝风险仍存在低估现象。

基于物理机制的模型能够识别出主要的低洼易涝点和大坡度区域，但对于风险的评估略显保守，识别出的高风险区范围显著大于中风险区范围。这是由于高风险区主要是成年人的风险区间，而中风险区是儿童的风险区间，两者的受力特性基本一致，但身体、体重的差异使风险区间范围出现一定差异，这种差异形成了中风险区间，因此分区方法的参数对结果的影响会很大。

阈值法没有明确的物理机制，从其风险等级的划分依据可看出，其主要考虑受淹损失，即仅考虑建筑物、道路设施、车辆等有形价值品的长时间洪水浸泡带来的损失风险，而对行人在洪水流速过大时遭受的风险估计不足，这对于山地和山前平原型城市（山东济南、陕西安康及西南地区的重庆、四川乐山等）的洪涝风险评估将带来较大隐患。

经验公式法采用国外的指导性文件，是科研人员和工程实践者结合理论和经验对洪涝风险的简单表达。经验公式中考虑了水深和流速的简单加乘组合，综合考虑了水深过大或流速过大的情况，同时也能反映出水深小、流速大与水深大、流速小的情况，对实际情况的反映较为全面。然而该方法仅考虑了水深和流速的简单组合，体现的是致灾因子的危险性程度，没有考虑到具体承灾体的个体特征和环境，即承灾体的脆弱性和孕灾环境的敏感性，一定程度上也可能低估洪涝风险。当然，经验方法的 DF 值本身就是对环境因子的一种体现（地表摩擦力或局地灾害可能性等），同时，考虑了流速的方法本身是对坡度的一种体现，因此能够一定程度上反映基于物理机制的风险模型机理，但地表坡度除了影响流速，还会影响人的受力特性，而人在洪水中的稳定性特征复杂，影响因素众多，需要基于物理机制的力学分析确定稳定性状态。

　　基于物理机制的方法从人体在洪水中受力的物理机制出发，通过对人体在洪水中发生不同类型的失稳所存在的受力状态进行分析，识别出人体在特定水深、流速和外部条件下的失稳风险。由于考虑了流速和坡度等信息，因此能够更准确地反映人体在洪水中的稳定状态。图 10-2 为不同坡度（0%～30%）情况下的水深（h）–流速（U）稳定性关系曲线，随着坡度越来越大，淹没临界曲线（红色圆框内）逐渐消失（坡度 6%），随后翻倒临界曲线逐渐消失（坡度＞30%），稳定临界曲线逐渐全部被滑倒临界曲线替代且在很小的水深和流速组合下即可出现滑倒失稳。

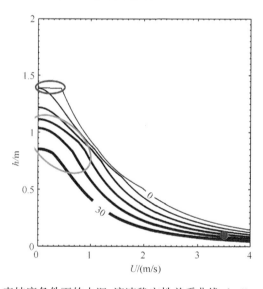

图 10-2　不同地表坡度条件下的水深–流速稳定性关系曲线（Milanesi et al.，2015）

2. 风险水平控制因素分析

　　上文对基于三种方法得到的研究区风险分区结果进行了对比分析，但只是从定性的角度进行了说明，仍需要从定量的角度对形成风险尤其是高风险区的机制进行进一步阐述。图 10-3 以 20070718 历史实测场次降雨为例，分析了三种方法评价得到的风险水平最高时的流速–水深分布情况，其中黑色实心点为三种方法共同识别的网格点，蓝色实心点是阈值法和物理法的共同网格点，紫色、红色和绿色分别为三者各自识别出的独有的网格点（以下均称"点"）。

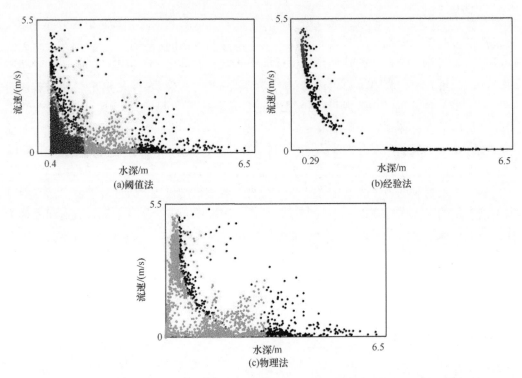

图 10-3　不同风险评估方法的最大风险对应的流速–水深散点图（以 20070718 场次降雨为例）

从图 10-3 中可以看出，三种方法评估的最高风险对应的水深和流速范围基本相同，其中，由于阈值法对最大风险的估计以水深≥0.4 m 为标准，因此水深范围为（0.4 m，6.5 m）的区间；应用经验公式法对最大风险的评价组合了水深、流速和区块类别因子 DF，由于水深 $h<0.25$ m 时区块因子为 0，水深 $h≥0.25$ m 则为 1，且计算方程考虑了流速的调整因子 0.5，因此最大风险对应的水深范围为（0.29 m，6.5 m）；基于物理机制的方法最大风险对应的水深范围为 0～6.5 m，原因是该法对最大风险的计算不仅考虑了水深和流速，还包括坡度、人的受力特征等，风险计算方法十分复杂，多种因素的组合计算实现了对风险的识别。

对比不同方法在最大风险时的流速和水深的关系可以发现，阈值法和基于物理机制的方法识别的风险水平最大的点包含大部分经验法识别的点（502/582），不同方法识别的最大风险值点的聚集特征不一样。

经验公式法的点主要集中在某一个曲线周围，这是由于经验公式法的阈值方程满足反比例曲线的特征，并由于流速调整因子和区块类别因子的存在，水深的起始点在 0.29 m 左右；阈值法以水深作为主要的评判依据，所有达到最大风险对应水深范围的点均被成功识别，从图 10-3（a）中可以发现，点集主要处于以约 0.4 m 为左边界的左下角某个曲线下方较为集中的一块区域；基于物理机制的方法的集中程度相对较低，除了较大一部分的点位于某个反比例曲线周围，其他的点分布为几个聚集区，并出现一个较为明显的空洞，这些空洞区域的水深和流速均不太大，有可能是形成这个空洞的原因，当然，数据点有可能样本不够，并没有覆盖到这块区域。

　　另外可以发现，三种方法除了相互重叠的点集，仍有部分独有的点集。其中经验公式法的独有点集数量较少，均是一些水深不太大但流速较大的点；阈值法识别了大部分经验公式法识别的最大风险点，但更多的是满足水深大于 0.4 m 的点，其数量远远大于经验公式法识别的点，其中有一些独有的点（紫色实心点）；基于物理机制的方法除了能识别绝大部分的经验公式法最大风险点，也识别了一部分阈值法最大风险点，同时还存在一部分独有的点，其中与阈值法相同的点均是水深大于 0.4m 的点，独有的点大部分具有较大的流速，但仍有一部分的流速较小。以下对基于物理机制的方法独有的点的特征进行分析，如图 10-4 所示，图中为显示需要，高程值均除以了 100。

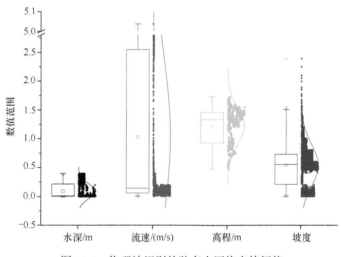

图 10-4　物理法识别的独有点网格点特征值

　　从图 10-4 中可以发现，这些点的水深均不太大（中位数趋近于 0），流速大部分也较小（中位数趋近于 0.1），但高程多数集中在 100m 以上（均值为 125 m 且中位数为 130 m），而坡度除了一部分集中在小于 0.25 的区域外，大部分集中在 0.5 以上（中位数和均值均大于 0.5）。联系到前文基于物理机制的风险计算方法，其考虑到坡度并通过力学分析计算了行人在洪水中的失稳风险。这些独有的点大部分位于高程较大、坡度较陡的区域，因此根据力学计算，即使较小的水深和流速，由于人在坡度较大的区域稳定性本身较差，在外界因素作用下，失稳风险很高。这些点网格所处的区域高程高、坡度大，一般位于上游山区或坡度较大的道路，水深和流速均不大，但风险极大，利用阈值法和经验公式法均可能忽略这些区域存在的风险。

　　相较于其他两种方法，基于物理机制的方法不仅能够涵盖绝大部分经验公式法的最大风险区域，且与阈值法具有较大的重叠性，对风险识别的代表性较好。需要注意的是，经验公式法和基于物理机制的方法均考虑了流速对于行人稳定性造成的风险，相对而言，后者具有更好的风险识别效果；阈值法以水深为主要控制因子，主要考虑人和物的受淹风险，即人和物长时间处于较大水深中存在的风险，是对损失的估计，而基于物理机制的方法考虑的是危险性，即人一旦失稳，将可能造成不可挽回的人员损失。基于物理机制的方法对人体受淹风险的评估以水深达到颈部高度为临界值，忽略部分群体在较低水深（$h>0.4$ m）时即可存在失稳或受淹损失，因此，从人员安全角度，应该以基于物理机制的方法为主要的参考指标，在结合阈值法对受灾损失风险估计的基础上，对城市的洪涝风险进行综合评估。

10.1.4　结　　论

本节基于阈值法、经验公式法以及基于物理机制的洪涝风险分区方法，分别对研究区在历史实测降雨和不同重现期设计暴雨下的洪水风险进行了分区，同时从分区结果和物理机制的角度对三种方法进行了对比，明确了各种方法的优缺点和适用条件。

分区结果表明，三种方法均能很好地识别出主要的风险区范围，尤其是显著的低洼地和排水能力较差的区域。不同风险等级的面积总体随着降雨重现期的增大而增大，并且与降雨强度和时程分布有很强的关联性。基于阈值法的风险分区能够识别主要的低洼点和排水系统能力不足区域，但几乎无法识别坡度较大的道路和坡地区域的风险区，一定程度上会低估风险；基于经验公式的方法除了能够识别低洼和溢流易涝区，还能识别多数坡度较大的道路区域的风险区，但仍忽略了一些坡度较大的区域，亦存在一定程度的低估；基于物理机制的风险分区方法能够识别出主要低洼易涝点和大坡度地区，但由于该方法仅考虑不同特征人群在洪水中受力的失稳临界点，分区结果受分区方法参数的影响较大。

通过分析20070718场次降雨的不同分区方法的最大风险值分区结果可以发现，三种分区方法的最大风险区范围均存在大量的重叠，其中经验公式法因其对极度风险区的分区规则过于严格，且只考虑了水深和流速的简单加乘组合，因此区域大部分被另外两种方法覆盖。阈值法和基于物理机制的方法除覆盖经验法大部分区域外，两者之间也有一些重叠，并且各自存在一些互不重叠的区域。基于物理机制的方法识别的独有最大风险区域中，水深和流速均不大，但区域多位于高程 100 m 以上和坡度 0.5°以上地区，区域的本底稳定性条件较差，在较小的流速和水深组合下即可形成失稳风险。但该方法对行人的受淹风险临界值取值偏高，容易低估部分人群在相对较低水深的受淹风险。综上所述，应综合考虑基于物理机制的方法和阈值法，考虑行人失稳风险和受淹风险，对区域洪涝风险进行综合评估。

10.2　海绵措施雨洪控制效果评价与分析

2015 年我国开始大力推行海绵城市建设，并在全国首批 16 个试点城市开展海绵城市建设试点工作，济南作为试点城市之一，选择千佛山片区作为试点区开展海绵城市设施建设。随着海绵城市建设的推广和有关研究工作的开展，人们开始认识到海绵城市作为新型城市雨水管理战略，旨在综合治理城市水问题，在合理利用雨洪资源、控制和减少面源污染以及削减暴雨洪涝风险方面实现综合效益最大化。

为进一步明晰海绵城市建设在城市洪涝风险削减方面的作用，本节针对济南海绵城市试点区实际海绵设施布设情况开展暴雨洪涝情景模拟，基于历史实测降雨事件和多种设计暴雨情景，评估试点区海绵城市布设方案对城市洪涝的控制效果；设置管网改造情景，对比分析海绵城市建设和排水管网改造在削减城市洪涝上的不同特征，识别低影响开发措施和城市排水管网改造在暴雨洪涝控制方面的协同作用；基于流域水循环视角，对 LID 设施和管网改造的布局进行分析，提出基于流域水循环视角的城市洪涝控制方案。通过对城市洪涝的形成机理和不同措施对洪涝控制特征的深入分析，提出合理的城市洪涝控制建议。

10.2.1　试点区海绵措施雨洪控制效果评估

1. 试点区海绵城市 LID 设施及管网改造方案

1）试点区海绵城市 LID 设施布设方案

图 10-5 是试点区海绵城市改造所针对的不同类型目标分类。研究区位于试点区内北部居中，包括 II、IV、V 和VI 4 种目标区域，根据目标区域的具体控制目标，主要设置渗透绿地、透水铺装和绿色屋顶。屋面区域设置绿色屋顶，而地面区域通过改变糙率系数（汇流参数）和入渗系数（产流参数）以模拟渗透绿地和透水铺装。

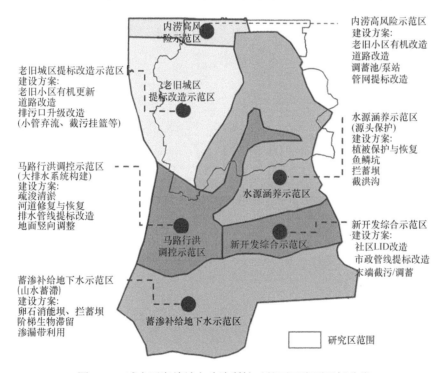

图 10-5　试点区海绵城市改造所针对的不同类型目标分类

图 10-6 为根据《山东省济南市海绵城市建设试点工作实施计划（2015～2017）》中的海绵城市设施规划图整理得到的研究区部分海绵设施分布图，不同海绵城市设施分类采用不同的处理方式。屋面区域布设绿色屋顶，采用水文学方法进行模拟；地面区域的 LID 设施的设置主要通过改变相应区域的地表糙率系数和入渗系数。同时，海绵城市规划报告中指出，对山区进行植树造林和山洪拦蓄，能够增强山区雨水涵养能力，阻滞山洪汇流速度，因此对山区的有关参数也进行修改，减小山区产流量，增大山区地表糙率系数。地面区域均采用基于网格的产流模型和二维水动力模型进行产汇流计算。

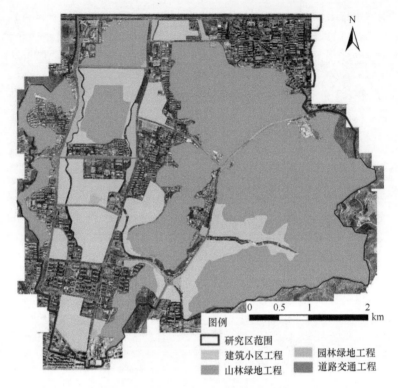

图 10-6　研究区海绵城市设施布置图

　　通过模拟不同重现期情景降雨下的地表洪涝过程，分析 LID 设施和排水管网系统改造对排水管网系统各运行指标、地表洪涝各淹没特征的影响作用。研究区不同区域各种 LID 设施的有关参数如表 10-8 所示，其中园林和山林绿地的参数为 Horton 模型的 3 个参数，绿色屋顶的参数如表 10-9 所示。

表 10-8　济南海绵城市试点区不同区域 LID 设施产汇流参数取值

项目		汇流参数		产流参数	
建筑小区	原始值	0.025		0.9	
	修改后	0.03		0.8	
园林绿地	原始值	0.025		0.9	
	修改后	0.05	125	6.3	2
道路交通	原始值	0.018		0.9	
	修改后	0.02		0.8	
山林绿地	原始值	0.065	76	2.5	2
	修改后	0.08	125	6.3	2

表 10-9　试点区雨洪模型绿色屋顶参数取值

介质类型	参数	参数值或其他
表面层	糙率	0.05
	坡度	0.005

续表

介质类型	参数	参数值或其他
土壤层	土壤类型	壤砂土
	土壤层厚度/mm	150
	土壤孔隙度	0.437
	田间持水量	0.105
	凋萎系数	0.047
	水力传导度	29.972
	水力传导度坡度	10
	负压水头	88.9
排水层	排水垫层厚度	50
	排水垫层孔隙率	0.5
	排水垫层粗糙度	0.1

2）试点区管网改造方案

众所周知的是，国外广泛推广绿色雨水设施（LID、BMPs 等）的主要目的是雨水收集利用和面源污染控制，兼顾径流削减，但其削减洪涝风险的作用并不明显（尤其是降雨量级较大的情况）。我国的海绵措施除了借鉴国外流行的各种雨水径流控制措施外，也考虑了灰色基础措施（地下排水系统）。因此，有必要对两种措施的雨洪控制作用及其协同作用进行深入研究。

根据试点区海绵城市规划中有关排水系统改造的内容（图 10-7），在 LID 设施基础上对相关管网进行改善，由于规划中并没有明确改造的具体指标，本节主要对规划中需

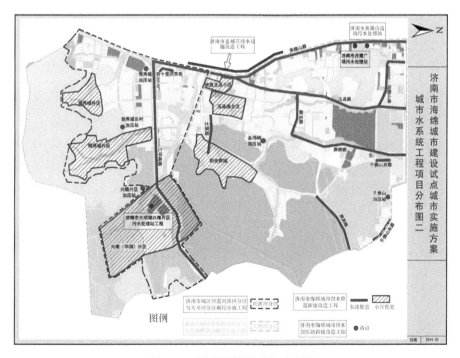

图 10-7　试点区管网系统改造图

要改造的排水管网进行参数修改，包括将管径增大 20%以及清理管道中的淤积（假定原始的管道淤积为管径或高度的 10%）。通过模拟不同设计暴雨情景下的排水系统状况和地表洪涝过程，对比 LID 设施和排水系统改造对径流削减和洪涝风险控制的作用。

2. 实测降雨洪涝控制特征分析

通过统计不同实测降雨事件的模拟结果，可得到排水系统和地表洪涝有关的指标统计数据，包括超载管段长度、溢流节点数、出口总径流量、总淹没面积（水深 h 大于等于 0.05 m）、浅水深淹没面积（水深 h 为 0.05～0.1 m）、中水深淹没面积（水深 h 为 0.1～0.2 m）、高水深淹没面积（水深 h 为 0.2～0.4 m）、超大水深淹没面积（水深 h 大于等于 0.4 m）以及风险区面积（水深 h 与流速 v 之积大于等于 0.3），如表 10-10 所示。

表 10-10　实测场次暴雨过程中不同雨洪控制措施组合径流总量削减率

实测降雨	总降雨量/mm 以及最大 1 h 降雨强度/（mm/h）	雨洪控制措施	超载管段长度	溢流节点数	总出流量	总淹没面积 $h \geqslant 0.05$ m	浅 0.05 m$\leqslant$ $h < 0.1$ m	中 0.1 m$\leqslant$ $h < 0.2$ m	高 0.2 m$\leqslant$ $h < 0.4$ m	超大 $h \geqslant 0.4$ m	风险区面积 $h \times v \geqslant 0.3$
20130723	71.3 以及 22.9	LID 设施	45.68	90.00	22.23	6.76%	8.72%	5.30%	6.45%	−2.29%	38.16%
		管网改造	40.19	70.00	−0.14	0.41%	0.55%	0.27%	0.09%	0.69%	0.00%
		LID 设施和管网改造	64.56	90.00	22.56	7.53%	9.25%	5.84%	7.35%	1.66%	38.16%
20150803	62.1 以及 39.6	LID 设施	42.33	87.80	22.48	8.28%	8.91%	9.17%	7.22%	−3.22%	30.89%
		管网改造	46.93	39.02	−0.74	1.67%	0.72%	3.08%	2.59%	0.23%	0.00%
		LID 设施和管网改造	67.62	97.56	22.71	9.87%	10.23%	11.01%	8.82%	−0.43%	30.89%
20070718	172.8 以及 86.5	LID 设施	13.12	20.17	13.89	5.63%	2.70	5.18%	9.02%	15.18%	35.27%
		管网改造	34.54	47.21	−2.81	9.37%	4.17	9.52%	17.00%	18.27%	29.98%
		LID 设施和管网改造	49.57	54.08	12.28	13.13%	7.11	13.24%	20.91%	26.15%	57.22%

1）LID 设施的洪涝控制效果分析

20130723 和 20150803 场次降雨是常遇降雨事件，而 20070718 场次降雨事件是稀遇降雨事件，该降雨彼时曾造成了济南市巨大的人员伤亡和经济损失。从表中可以明显发现：常遇降雨情况下，LID 设施的布设能够显著降低管网超载、节点溢流、总出流量以及 $h \times v \geqslant 0.3$ 的风险区域面积，对不同水深范围的淹没区域面积均有减少作用，但超大水深淹没面积反而增多，这是由于研究设置的 LID 设施增大了地表糙率系数，常遇降雨情况下流速和流量较小，从而导致雨水不易外排而增大了 LID 设施设置区的水深和相应的面积。

在稀遇降雨情况下，LID 设施对管网系统的减负作用大幅度降低，对总淹没面积和中、浅水深淹没面积的削减也有所降低，但能较为有效地减少大水深和超大水深淹没区域面积，这是因为常遇降雨条件下，降雨雨强和总量均较小，LID 设施足够消纳全部或大部分降雨，而随着降雨强度和总量继续增大，LID 设施的滞蓄能力并不显著增加，因此削减比例有所减小。对比不同降雨情况下的风险区面积削减率可以发现，降雨总量是主要的控制因素，而最大一小时降雨量的影响作用似乎较小。

2）LID 设施和管网改造洪涝控制协同效果分析

在 LID 设施的基础上对管网进行提升改造后，常遇降雨情况下其作用并不明显，这主要是由于 LID 设施在常遇降雨下能够削减大部分径流，需要由排水系统转移的径流量较少。由于管网改造会显著地增加地表径流排出量，能够对一些缺少 LID 设施布设的区域起到显著的内涝缓解作用，因此一定程度上降低了各水深范围的淹没面积，但对风险区面积的削减几乎没有任何效果，原因是区域内的洼地不直接与排水系统连接，LID 设施和管网改造对内涝不能发挥控制效果。

管网改造在稀遇降雨情况下的作用非常明显，其由于能够大幅增加地表径流排出量，因此显著地改善了排水管网状况和地表洪涝情况。这主要是由于在降雨强度和总量较大的情况下，LID 设施削减能力有限，初期降雨蓄渗后，原有地表和 LID 设施蓄渗空间被填满，形成径流进入管网系统，管网系统及其提升改造开始发挥作用。通过分析单独进行排水管网改造的模拟结果可以发现，管网改造本身除了能显著地提升管网运行状况以外，在稀遇降雨情况下对地表淹没和风险区面积的控制效果也十分明显，对洪涝淹没面积的控制效果也超过了 LID 设施。

10.2.2　洪涝控制措施与海绵措施布局位置关系分析

洪涝控制措施的布设要因地制宜，根据区域的地势、地质和气候因素选取合适的措施。本研究区位于济南南部山区边缘，山前坡地和南北向道路坡度大，容易形成马路行洪现象，而局部洼地则易形成积水，因此，洪涝设施的选取和布局对削减行洪和积涝具有重要影响。

城市排水在过去很长一段时间遵循迅速快排的理念，集水区（小区）的雨水会迅速汇集到排水支管，然后统一进入城市道路主干管道，最后进入城市内河。因此，在面临雨量和雨强均较大的暴雨时，主干道路的排水系统压力很大，很容易溢流形成洪涝。因此，必须考虑排水的上下游关系，对低影响开发措施和管网改造措施进行合理布局。本节基于前文建立的水文水动力耦合模型，通过设置 24 种不同的设计暴雨情景，分别模拟不同设施布设情景下的洪涝控制效果。本节主要设置两类洪涝措施情景：单独设置 LID 设施、LID 设施与管网改造结合，洪涝控制措施的布设情景以及相应参数的设置见表 10-11。

LID 设施的布设主要通过在建筑区屋面设置绿色屋顶、修改建筑区地表入渗系数和糙率系数以及修改道路入渗系数等方式实现，分别模拟绿色屋顶、小区渗透绿地和道路透水铺装。由于排水管网主要分布于下游主干道路，没有搜集到上游（小区）的管网资料，因此下游的管网改造通过增大管网直径为原始的 110% 来体现；上游管网改造通过减小地表糙率的方式实现，以体现排水管网改造对上游径流汇集速度的提升作用；均匀管网改造主要通过将下游主干管网增大为原始的 105% 以及降低上游地表糙率系数的方式实现，由于同时均匀地改造管网和布设 LID 设施，因此设定上游的地表糙率系数不变。

表 10-11　试点区海绵措施布局方案设计

海绵措施		参数设置	
LID 设施布局	上游布设 LID 设施	建筑区地表糙率系数	0.025→0.028
		建筑区地表入渗系数	0.9→0.8
		建筑区绿色屋顶比例	50%
		道路地表入渗系数	0.95→0.9
	下游布设 LID 设施	建筑区地表糙率系数	0.025→0.028
		建筑区地表入渗系数	0.9→0.8
		建筑区绿色屋顶比例	50%
		道路地表入渗系数	0.95→0.9
	均匀布设 LID 设施	建筑区地表糙率系数	0.025→0.0265
		建筑区地表入渗系数	0.9→0.85
		建筑区绿色屋顶比例	25%
		道路地表入渗系数	0.95→0.925
LID 设施与管网改造布局	上游布设 LID 设施 下游管网改造	上游建筑区地表糙率系数	0.025→0.028
		上游建筑区地表入渗系数	0.9→0.8
		上游建筑区绿色屋顶比例	50%
		上游道路地表入渗系数	0.95→0.9
		主干管网提标改造	管径增大 10%
	上游管网改造 下游布设 LID 设施	上游建筑区地表糙率系数	0.025→0.0225
		下游建筑区地表糙率系数	0.025→0.028
		下游建筑区地表入渗系数	0.9→0.8
		下游建筑区绿色屋顶比例	50%
		下游道路地表入渗系数	0.95→0.9
	上下游均匀布设 LID 设施和管网改造	建筑区地表入渗系数	0.9→0.85
		建筑区绿色屋顶比例	25%
		上游建筑区地表糙率系数	不变
		下游建筑区地表糙率系数	0.025→0.0265
		下游道路地表入渗系数	0.95→0.925

　　低影响开发布局分为上游（坡地区域）布设 LID 设施、下游（平原区域）布设 LID 设施和全区域均匀布设 LID 设施；LID 设施与管网改造的布局分为上游布设 LID 设施/下游提升管网、下游布设 LID 设施/上游提升管网和全区域均匀布设 LID 设施和提升管网。低影响开发设施布设区域如图 10-8 所示，上下游不同区域 LID 设施的面积如表 10-12 所示，其中建筑区的面积不包括屋面区域，从表 10-12 中可知，上下游相同区域类型的面积大体一致。

　　通过对洪涝模拟结果进行统计分析，分别得到不同降雨条件下（8 种降雨重现期和3 种雨峰系数）不同措施方案对排水管网 3 项指标、总淹没面积和风险区面积的削减率，以下分别从 LID 设施布局和 LID 设施与管网改造协同布局两个角度进行分析。

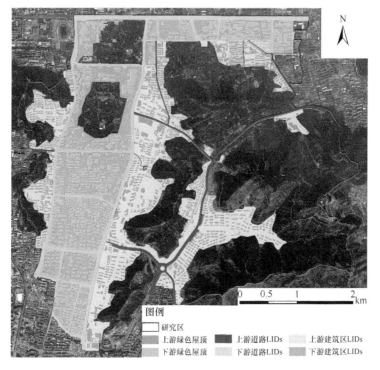

图 10-8　试点区海绵措施组合布局示意图

表 10-12　试点区上下游 LID 设施布设面积设置

区域	上游道路	上游建筑区	上游屋面	下游道路	下游建筑区	下游屋面
面积/hm²	42.18	385.39	139.73	112.72	352.99	140.19

1. LID 设施布局对洪涝控制的影响

本小节主要分析 LID 设施布局对洪涝控制的影响，图 10-9 显示了不同 LID 设施改造布局对城市洪涝过程各指标的削减率。由图 10-9 可知，不同 LID 设施改造措施对排水管网各指标具有较为显著的控制效果，控制效果总体随着重现期和雨峰系数的增大而

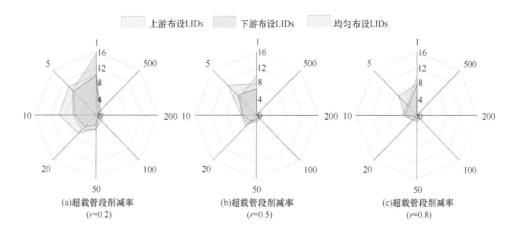

(a)超载管段削减率
(r=0.2)

(b)超载管段削减率
(r=0.5)

(c)超载管段削减率
(r=0.8)

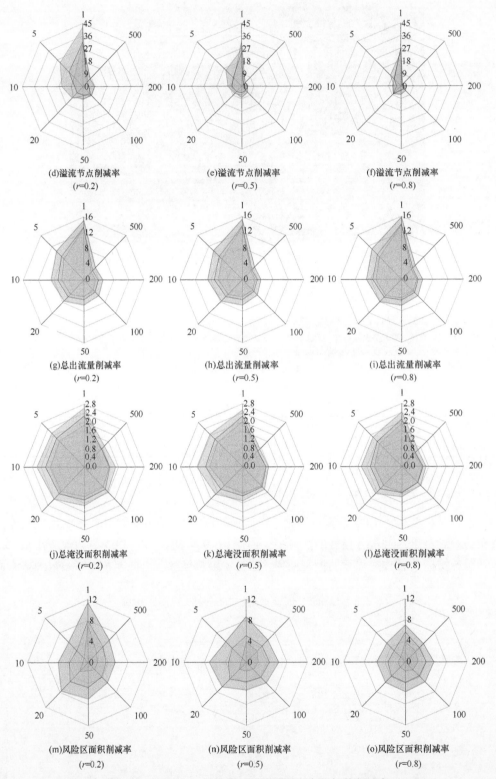

图 10-9 不同 LID 设施布局对洪涝过程各指标的削减率
图中各数字的单位为%

具有减小的趋势，但总出流量的削减率随着雨峰系数的增大有逐渐减小的趋势，这与前述结果一致。总淹没水深的削减率相对较小，但风险区淹没面积的削减率相对较大，这是由于本节布设的 LID 设施通过增强入渗削减径流，入渗系数的修改可能过于保守，而增大地表糙率系数会降低山前坡地和道路的行洪速度，风险区面积的计算考虑了水深和流速组合，因此能够得到较大的削减。

通过对比 LID 设施不同布局情况下的各指标削减率可以发现，下游布设 LID 设施在低重现期情况下对管网超载和节点溢流具有较好的控制效果，随着重现期增大，上游布设 LID 设施的控制效果逐渐增大并超过下游布设 LID 设施的控制效果。均匀布设 LID 设施对排水管网各项指标的控制效果相对最小，这与 LID 设施的分布式源头雨水控制理念不一致，主要原因是超载管网和溢流节点主要分布于少部分区域，这部分区域硬化率高、产流量大，通过较为集中的 LID 设施的布设，能够对短时强降雨大量产流引起的管网超载和节点溢流起到较大的控制效果，而均匀布设则削弱了 LID 设施的雨洪控制效果。

在排水系统总出流量方面，上游布设 LID 设施的削减率最大，其次是均匀布设 LID 设施，效果最差的是下游布设 LID 设施。主要原因是在上游区域布设 LID 设施不仅削减了上游坡地区域的径流，而且对山区的径流过程也形成了阻滞作用，导致雨水径流能够较长时间地在本地进行入渗。均匀布设 LID 设施时也在上游布设了一定的 LID 设施，对山区径流也有一定的阻滞效果；而下游的 LID 设施布设仅能蓄滞和削减本地的径流，因此效果最差。

在下游布设 LID 设施对总淹没面积的削减具有较好的效果，其次分别是均匀布设和上游布设，这主要是因为内涝一般在平原低洼区域形成，因此在下游布设 LID 设施能够更好地消纳地表径流，削减总淹没面积；而在上游布设 LID 设施对洪涝风险区面积的削减具有较好的效果，其次是均匀布设和下游布设，前文也提到，上游的 LID 设施布设通过增大地表糙率系数，能够阻滞上游本地及山区的径流，削弱坡度的作用，使坡面和道路水流速度大幅度减小，从而削减了风险区的范围。

2. LID 设施与管网改造协同布局分析

LID 设施在研究区上下游的不同布局对城市排水系统各项指标和城市洪涝各特征具有显著的影响，由前述分析可知，LID 设施对雨洪的控制作用随着降雨重现期和雨峰系数的增大逐渐减弱，而在排水管网的协同作用下则能发挥较好的效果。然而排水管网和 LID 设施作为两种不同功能的措施，其布设也应因地制宜，有必要分析两者布局对洪涝过程的影响。

图 10-10 为不同 LID 设施和管网改造布局在不同降雨情况下对城市排水管网各指标和城市洪涝各特征的削减率。由图 10-10 可知，LID 设施布设和管网改造的组合方案对排水管网系统各个指标的控制效果随着重现期和雨峰系数的增大而逐渐减弱，但对总淹没面积和风险区面积的削减率则变化相对较小。主要原因是排水管网能力和 LID 设施容量一定，随着重现期和雨峰系数增大而逐渐饱和，控制效果逐渐降低，削减的作用则主要体现在对水量的削减上；而淹没面积和风险区面积主要来源于较大水深和较大流速的淹没区域，LID 设施布设和管网改造能够较为有效地控制淹没水深和水流流速，在一定的范围内能够起到较好的控制效果。

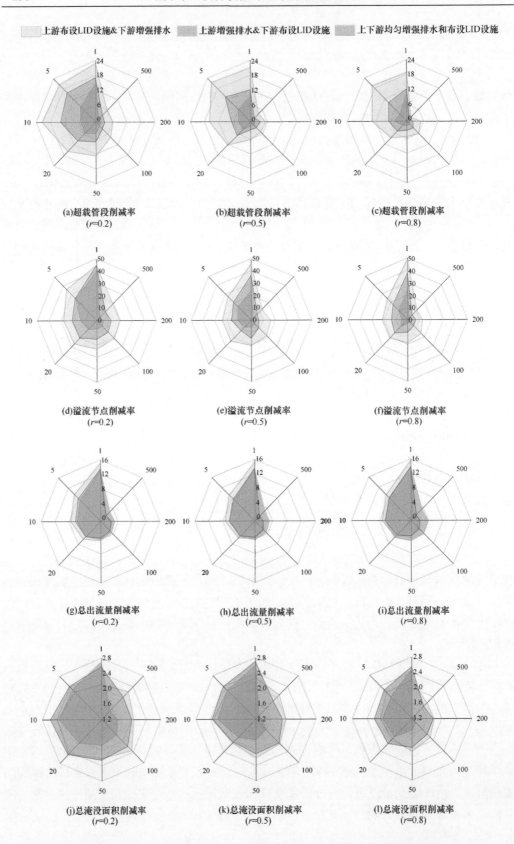

(a)超载管段削减率
(r=0.2)

(b)超载管段削减率
(r=0.5)

(c)超载管段削减率
(r=0.8)

(d)溢流节点削减率
(r=0.2)

(e)溢流节点削减率
(r=0.5)

(f)溢流节点削减率
(r=0.8)

(g)总出流量削减率
(r=0.2)

(h)总出流量削减率
(r=0.5)

(i)总出流量削减率
(r=0.8)

(j)总淹没面积削减率
(r=0.2)

(k)总淹没面积削减率
(r=0.5)

(l)总淹没面积削减率
(r=0.8)

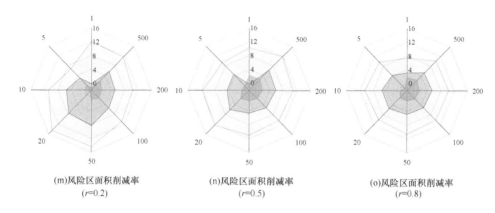

图 10-10　不同 LID 设施和管网改造布局对洪涝过程各指标的削减率

对比 LID 设施布设和管网改造不同上下游布局的结果可以发现，不同布局方式对排水系统各指标的削减率由大到小的总体排序为：上游布设 LID 设施&下游增强排水、上下游均匀增强排水和布设 LID 设施、上游增强排水&下游布设 LID 设施，同时，互相之间的差别随着重现期和雨峰系数的增大呈现缩小的趋势。

上游增强排水&下游布设 LID 设施对总出流量的削减率随着重现期和雨峰系数的增大则逐渐超过其他两种布局方式，原因主要在于降雨强度和总量足够大时，不同布局方式均已出现一定的饱和，排水管网严重超载，而上游径流不断汇到下游，因此下游的 LID 设施布设则能较为稳定地削减本地径流。

上下游均匀增强排水和布设 LID 设施对总淹没面积的削减率总体略大于其他布局方式，并且随着重现期和雨峰系数的增大保持稳定；但上游布设 LID 设施&下游增强排水对总淹没面积的削减率随着重现期和雨峰系数的增大逐渐超过其他布局方式。其原因可能是重现期和雨峰系数较大时，相对于其他布局方式，LID 设施的布设能够较大地阻滞本地和上游山区的径流，从而削减了上游径流对管网的压力；虽然下游管网改造对径流量的削减随着重现期和雨峰系数增大而逐渐减弱，但对淹没水深较大的部分区域具有很好的洪涝控制效果。

由图 10-10（m）和图 10-10（n）可以看出，上游布设 LID 设施&下游增强排水的方式对风险区面积的削减率相对于其他两种方式具有非常大的优势。这主要有两个方面的原因：一是上游的 LID 设施布设不仅通过增强入渗削减了本地和上游山区径流，更主要的是通过 LID 设施对洪水的阻滞作用大幅降低了水流速度，使坡面行洪造成的洪涝风险显著降低；二是下游的排水管网改造能够增加出流量，减少地表积水，降低洪涝风险。

3. 排水管网改造与 LID 设施布局优化分析

城市防洪排涝系统的提升改造是关乎国计民生的重要举措，是城市社会的"里子"。随着社会经济的迅速发展，城市人员财富集中，暴露性和脆弱性显著增大，必须对城市排水系统进行优化管理。城市排水管网系统的改造能够增加雨水径流排出速度，但管网改造不仅需要对城市道路进行大规模破坏性挖掘，同时，管网改造后，雨水径流迅速汇集到下游，易使下游面临严重洪涝问题，且雨水快排的方式与当前雨水资源化利用和海绵城市建设的理念相悖。从前述的分析可知，LID 设施和管网改造的布局对城市洪涝过程具有显著的影响，对排水管网系统运行状态、地表淹没面积和风险区面积的控制效果也随降雨条件的变化而改变。

LID 设施作为源头径流控制措施，主要作用是通过各种蓄渗措施削减径流，减少径流的外排，能够一定程度上控制洪涝淹没面积和风险区面积。在平原低洼区域，LID 设施的布设能够有效地消纳本地径流，削减总淹没面积，当降雨强度较大时，LID 设施控制效果减弱；而在坡地区域，LID 设施的布置一方面削减部分本地径流，另一方面通过设施的阻滞作用，降低汇流速度，使地表行洪风险减小。由前文分析可知，LID 设施均匀布设的效果总体位于其他两种布设方式之间，这种布设方式较为稳妥，能够在区域资金投入和洪涝风险控制效果两方面实现平衡。

以本研究区为例，区域下游是较为重要的商业中心、学校和党政机关单位，道路区域的行人和车辆也相对较多，因此暴露度和脆弱性非常高，较大的积水深度容易造成地下广场进水、道路车辆淹没，使人员和商品遭受重大损失，如济南"7·18"期间上游大量洪水涌入银座地下商城，造成了巨大的人员伤亡和经济损失[图 10-11（a）]。区域上游一般是较为集中的居民区，区域道路坡度大，容易产生马路行洪[图 10-11（b）]，更为上游的山区径流也使行洪压力大幅增大。研究结果表明上游布设 LID 设施能够削减风险区面积，下游布设 LID 设施能够减少淹没面积，除非全区域布设 LID 设施（区别于均匀布设），否则较难同时实现对上下游洪涝风险的良好控制，但全区域布设 LID 设施需要占用大量的建设用地，这在土地稀缺的城市区域尤其是下游商业集中区是不可接受的。

(a)银座地下商场　　　　　　　　　　　　　　　(b)马路行洪

图 10-11　济南"7·18"暴雨期间洪涝灾害实景图

前述分析结果表明，上游布设 LID 设施/下游增强排水不仅能够大幅度地削减风险区面积，同时在削减总淹没面积方面与另外两种方式差距不大，并且削减总淹没面积的相对优势随着降雨重现期的增大而愈加明显。上游布设 LID 设施/下游管网改造的方式在上游仅需对小区和道路的花坛、绿地进行改造，不仅可以削减洪涝，还可以增加绿化和景观；在下游则仅需对主干道路进行短暂的开挖，不占用地面建设用地，结合综合管廊改造的机遇，可迅速完成城市防洪排涝系统的提升改造。

当然,本节的试验方案设计和相关的结果与研究区的特征是具体相关的,该研究对典型的坡地和山前平原型地区具有较好的借鉴意义,如重庆和四川地区的山地型城市。而大部分城市区域,整体地表较为平缓,城市面对的压力主要在于内涝雨水的排除,如武汉以及华北的平原型城市,海绵城市的布设应选择适用于具体区域特征以及具体降雨特点的方案。然而,城市的总体布局多是依河而建,周围径流一般均需经过城市进入河道,城市扩张使城市面积迅速扩大,地表径流量急剧增大,开发建设侵占河道区域,使城市排水压力增大。因此,对城市排水问题的解决应从整体上进行规划,在对城市进行海绵化改造时,应遵循流域水循环的基本原理,对径流进行分区处置,合理布置海绵措施,实现雨水本地蓄存和排水防涝的有机结合。

10.3　本 章 小 结

本章分别基于阈值法、经验公式法以及基于物理机制的方法对实测降雨和设计暴雨情况下城市洪涝风险进行评估,并从风险分区结果和形成机制的角度对三种方法进行了对比,分析了各种方法的优缺点和适用条件,提出应考虑多种因素或方法组合进行综合风险评估;对海绵措施实际布设情景的洪涝控制效果进行了评估,并基于多种设计暴雨情景的模拟结果,分析对比了不同降雨条件下低影响开发措施和传统管网改造措施对城市洪涝过程的影响,辨析 LID 设施与管网改造组合方案在径流控制和洪涝控制方面的协同作用,最后,对管网改造和 LID 设施不同布局情况下的协同作用进行分析,明确了基于上下游关系的洪涝控制措施布局,提出了基于流域水循环视角的洪涝控制策略。结果表明:

三种风险分区方法均能识别出主要的风险区范围,尤其是低洼地和排水能力较差区域,其中基于物理机制的方法能够识别低洼易涝区和坡度较大区域的洪涝风险,区域适用性较好,但受具体人体参数的影响较大;不同方法之间识别的风险范围有部分重叠,其中基于物理机制的方法考虑了坡度因素对稳定性的影响,相对于阈值法和经验公式法,能够识别大坡度区域在流速和水深较小情况下的失稳风险,但考虑到受淹风险阈值偏高,应调整受淹风险临界值或与阈值法结合进行综合风险评估。

LID 设施对常遇降雨具有较好的控制效果,但对稀遇降雨情况的作用有限,组合方案对控制常遇降雨和稀遇降雨均有较好效果;LID 设施和管网改造组合方案的雨洪控制效果较好,其协同作用总体随重现期增大和雨峰系数减小而增大,源头削减和末端排除作用对较大水深淹没面积和风险区面积协同控制效果较好;采用上游布设 LID 设施&下游增强排水的方式兼顾控制上游马路行洪风险和下游内涝风险具有较好的雨洪控制效果,具有类似或不同特征的城市应从流域尺度出发,根据流域水循环特征,基于城市暴雨洪涝过程模拟结果,采取适合本地特征的洪涝控制措施和组合方式。

第 11 章　城市暴雨洪涝灾害防控与海绵城市建设对策与建议

随着观测技术和计算机水平的快速提升，城市暴雨洪涝过程模拟技术逐渐成为城市洪涝灾害防控和海绵城市建设规划设计的关键技术之一。在城市洪涝灾害防控中，城市暴雨洪涝过程模拟技术可以结合降雨预报技术提供具有一定预见期的洪涝灾害预警信息，也可以通过情景设置提供不同自然因素或人为因素影响下洪涝灾害出现的可能性、影响范围和影响程度等信息，为城市防灾措施和应急管理对策的制定提供科学依据。在海绵城市建设规划和设计阶段，则可以借助城市暴雨洪涝过程模拟技术核算区域、各地块或各片区的海绵城市建设控制目标，运用城市暴雨洪涝过程模拟技术确定海绵措施或低影响开发雨水系统的类型、布局及其规模等。

城市暴雨洪涝过程模拟技术及其模拟结果虽然能够为城市洪涝灾害防控与海绵城市建设提供一定的参考依据，但是该技术目前也存在着模型物理机理不够完善，模拟结果可靠性很大程度上依赖模型结构和输入数据精度等问题。因此，在实际的洪涝灾害防控和海绵城市建设过程中，还需要从制度层面以及具体的规划、设计、建设施工和维护管理层面共同发力。本章在前文相关研究成果的基础上，结合当前城市洪涝灾害防控与海绵城市建设中存在的部分问题，将分别从工程措施和非工程措施的角度，提出城市洪涝灾害防控与海绵城市建设的对策和建议。

11.1　工　程　措　施

针对现阶段城市暴雨洪涝灾害防控和海绵城市建设中存在的主要问题，本节从工程措施角度提出以下五点对策和建议：

（1）正确认识城市洪涝防控和海绵城市建设中低影响开发雨水系统的功能和效果。低影响开发雨水系统建设是我国当前海绵城市建设的重要途径，同时也是城市洪涝防治综合体系建设的重要组成部分。从广义上来说，低影响开发雨水系统不仅包括以源头分散式的生态绿色基础设施为主的源头径流控制系统，还包括由管道、闸坝泵站、调蓄池等组成的雨水管渠系统以及河湖湿地等构成的超标雨水径流排放系统（张毅等，2016）。一般来说，源头径流控制系统对常遇降雨有很好的径流总量和径流污染控制效果，但对稀遇降雨的雨洪控制效果不佳。雨水管渠系统即传统的灰色基础设施系统，主要起到传输雨水径流的作用或通过将源头径流控制系统中溢流部分径流传输到雨水调蓄设施从而实现削减洪峰的作用。超标雨水径流排放系统通过闸坝等调度手段将径流有序存储和排放，从而实现径流总量控制、径流峰值削减和雨水资源化利用等目的。这三个系统在城市洪涝防控方面各有侧重，实际建设过程中需要注意三个系统的有效衔接，通过各系统间的有机结合实现雨洪控制的最大功效。

（2）分析区域洪涝成因及洪涝风险，提升洪涝灾害监测水平，制定洪涝灾害防控预案。基于区域自然地理环境、经济社会状况、气象水文特征、用水供需情况、水环境污染状况、暴雨洪涝历史成灾情况的调查结果，分析区域洪涝灾害的成因以及城市开发建设过程中存在的主要问题。结合暴雨洪涝过程的情景模拟结果，分析区域洪涝灾害的主要致灾原因和风险分布情况，确定区域洪涝灾害防控和海绵城市建设的重点区域和适用于本地的控制目标。在重点区域范围内应布设降雨监测、雨水井水位监测、道路和河道流量水位监测等设备。利用监测数据、遥感数据等多源高分辨率数据，结合大数据分析和暴雨洪涝过程模拟等技术实现区域洪涝灾害的实时监测和预警，制定区域洪涝灾害防控预案。校核现有洪涝灾害防控系统的防洪排涝能力，完善现有排水防涝工程体系，提升城市防洪排涝规划设计标准以及建设管护水平。规范洪涝风险的评估标准与洪涝风险图的编制，绘制区域洪涝灾害风险分布图，并将其作为各层级规划控制目标和具体项目建设、设计、施工、验收等过程中控制指标确定的依据。

（3）生态优先，以问题和需求为导向确定城市低影响开发雨水系统建设方案。各地应根据本地自然地理条件、水文地质特点、水资源禀赋状况、降雨规律、水环境保护与洪涝防治要求等，以问题和需求为导向，根据城市总体规划、专项规划及详细规划明确的控制目标，科学制定城市低影响开发雨水系统建设方案。开发建设过程中需要对城市原有的生态系统进行保护，尤其是对河流、湖泊、湿地、坑塘、沟渠等水敏感地区的保护，最大限度地保护"山水林田湖"（北京建筑大学，2015）。对已经受到破坏的水体和其他自然环境进行生态恢复和修复，维持城市一定比例的生态空间。在对城市进行新的开发建设过程中要借鉴低影响开发建设的理念，合理控制开发强度，在城市中保留足够的生态用地，遵循生态优先的原则，将自然途径与人工措施相结合，控制城市不透水面积比例，最大限度地减少对原有水生态环境的破坏，增加水域面积，促进雨水的积存、渗透和净化。在确保城市排水防涝安全的前提下，充分利用雨水资源，保护生态环境。

（4）注重原有设施和土地空间的多功能使用，确定综合效益最优的组合系统布局方案。本着资源节约、生态环境保护、因地制宜和经济适用的原则，结合汇水区特征和各项设施的主要功能、经济性、适用性、景观效果等因素，灵活选择综合效益较优的单项设施及其组合系统（郑昭佩和宋德香，2016）。组合系统的优化应遵循以下原则：①注重现有设施和土地空间的多功能使用，优先考虑利用现有设施和用地，结合项目周边用地性质、绿地率、水域面积率等条件，综合确定组合系统中各项设施的类型与布局。②组合系统中各项设施的适用性应符合场地土壤渗透性、地下水位、地形等特点（北京建筑大学，2015）。在土壤渗透性能差、地下水位高、地形较陡的地区选用渗透设施时应进行必要的技术处理。③组合系统中各项设施的主要功能应与规划控制目标相对应。以雨水资源化利用为主要目标的缺水地区，可优先采用雨水罐、蓄水池、湿地等雨水集蓄利用设施；以径流峰值控制为主要目标的洪涝风险严重地区，可优先选用透水铺装、绿地、调节池等雨水调蓄设施；以径流污染控制和径流峰值控制为主要目标的水资源丰沛地区，可优先选用生物滞留池、植被缓冲带、湿地等雨水净化和调节设施。④在满足控制目标的前提下，进行经济技术比较，使得组合系统中各项设施的总投资成本最低，组合系统的环境效益和社会效益最大。

（5）结合各地块用地特点，合理选择低影响开发雨水系统中各项设施的类型和规模。低影响开发雨水系统的设计目标应满足城市各层级相关规划提出的低影响开发控制目标与指标要求，并结合各地块的用地特点，合理选择单项或设施组合。例如，建筑与小区建议采取屋顶绿化、雨水调蓄与收集利用、微地形等措施，提高雨水积存和蓄滞能力；道路和广场建议在非机动车道、人行道、步行街、停车场、广场等区域使用透水铺装；在城市低洼区，建议结合城市洪涝风险评估和实地调研的方法识别城市易涝点，在此基础上进行海绵措施和排水措施的布局优化，加快改造和消除城市易涝点；对公园绿地、街旁绿地建议因地制宜采用雨水花园、下凹式绿地、小微湿地、旱溪等形式，优化雨水径流路径，增强蓄洪排洪能力；对道路两侧绿化带建议采用生物滞留池、植草沟、生态树池等形式，充分接纳路面径流雨水；加强对城市坑塘、河湖、湿地等水体自然形态的保护和恢复，推进水系连通循环工程建设；加快蓄滞洪区建设，提高区域雨洪资源的调蓄、水质净化及防洪排涝能力（北京建筑大学，2015）。此外，低影响开发雨水系统中各项设施的规模应根据设计目标，经水文水力学方法计算后确定。有条件时建议采用暴雨洪涝过程模拟技术对整个系统的雨洪控制效果和成本效益进行评估，优选出最佳方案。

11.2　非工程措施

针对现阶段城市暴雨洪涝灾害的防控情况，建议采取以下非工程措施：

（1）利用城市暴雨洪涝过程模拟技术，建立不同暴雨情景下的城市易涝类风险分布图和风险隐患清单，健全和完善相关部门间的协同联动机制。

（2）提高暴雨预报的准确性和预见期，提前掌握城市暴雨洪涝过程中可能引发的各类风险。基于相关模拟预报结果，针对城市河湖进行预排；针对易涝区域发布预警并采取预备措施，保证暴雨期间泵站排涝能力；增加公共区域洪涝风险警示设施，基于洪涝风险模拟结果，实时发布洪涝风险信息。

（3）加强城市暴雨洪涝监测设施建设，汛期前应对下沉式建筑、在建工程基坑、蓄滞洪空间、泄洪通道、排涝管渠泵站、涵闸、排水管网等设施的管理运行情况进行重点检查，积极采取疏浚措施。

（4）建立健全重大气象灾害红色预警高效应急联动机制，提前转移低洼地带、河道周边、水库下游等易涝区域和重点特殊场所人员。坚持力量跟着汛情走、救援抢在成灾前，提前预置防汛抢险救援力量。

（5）面向公众广泛深入宣传防汛排涝知识，视汛情停学、暂停户外文体和商业活动，提前关闭旅游景区和在建工地，及时关停地铁、地下商场、地下停车场等地下空间。

（6）加强城市上游"头顶库"巡查防守，发现险情立即处置并果断转移受威胁群众。强化应急救援救灾工作实效，提升城市应急排涝专业队伍和抢险救援队伍的专业水平。

（7）落实责任主体，各地区党政主要负责人要肩负起防控重大安全风险第一责任人的责任，发挥各有关部门机构的专业优势，及时做出科学决策。

针对现阶段海绵城市建设中存在的主要问题，建议采取以下非工程措施：

（1）从规划层面统筹开展海绵城市建设。低影响开发雨水系统建设内容应纳入城市总体规划、水系规划、绿地系统规划、排水防涝规划、道路交通规划等相关规划以及城市开发建设规划、设计和实施的各个环节中（北京建筑大学，2015），并统筹协调城市规划、排水、园林、道路交通、建筑、水文等专业，共同落实低影响开发控制目标。除了海绵城市建设试点城市，有条件的城市也可以着手部署海绵城市专项规划编制工作，有计划地把海绵城市建设纳入城市建设工作议程中（陈展图和覃洁贞，2017）。

（2）从政策体制上保障海绵城市建设的持续性。低影响开发雨水系统建设项目因单位面积建设成本高且建设面积大，对资金的需求量较高，由此产生的债务风险源需要建设者承担，这或多或少降低了地方政府的积极性。同时，由于低影响开发雨水系统建设工程不会带来立竿见影的效果，因此要从政策和制度上防范地方政府外溢政绩最小化行为，从更高一级区划上设计长期规划的机制，保证地方政府每届领导班子都在此规划上补充完善（方世南和戴仁璋，2017；纪秀娟和张景奇，2019）。低影响开发雨水系统中各项设施建成后应明确维护管理责任单位，落实设施管理人员，细化日常维护管理内容，确保各项设施运行正常。

（3）海绵城市建设要与城市土地开发、老城区改造、管网改造等基础设施建设相结合。海绵城市建设与城市开发建设过程的结合能够避免城区建成后再单独为海绵城市建设筹措资金，同时能避免重复建设。海绵城市建设应充分结合老旧城区改造、管网改造、园林绿化、景观生态建设等，尤其是当前正在进行的综合管廊建设，地上地下、绿色灰色基础设施建设统筹推进（郑昭佩和宋德香，2016；仲笑林和李迪华，2020）。对老旧管网系统进行升级、改造、疏通，提高排水效率和能力，延长其使用年限。新区排涝工程要高标准、高起点提前建设，要具备应对罕见大暴雨的能力。

（4）充分利用城郊空间，扩大海绵城市建设覆盖面，推广海绵城市建设理念。应统筹考虑城郊山体、湿地、城市排水河道，充分利用城郊空间缓解海绵城市建设用地紧张的压力。为了增加城区地下水的补给量和减少城郊地表径流向城区的汇入量，可以采用在城区与山体之间沿等高线建设拦水堤的方式，使城郊雨水不以地表径流的方式进城，而是在郊区的山坡上被截洪渠拦下，渗入地下后以地下径流的方式补充城区的地下水，发挥城区硬化地面下的蓄水功能（郑昭佩和宋德香，2016）。这种提高城郊山体水源涵养功能的措施也能在一定程度上实现对山体的保护，达到促进植被恢复和降低表土侵蚀的效果。

（5）完善相关法律法规、标准规范或技术导则。虽然我国已发布《海绵城市建设技术指南——低影响开发雨水系统构建》（简称《指南》），但《指南》缺乏强有力的约束力，因此，需要政策和法规等强制性手段支持（陈展图和覃洁贞，2017）。应立足城市实际情况开展海绵城市专项课题研究，制定完善与海绵城市建设相关的设计、施工、验收、养护的标准规范或技术导则，因地制宜指导海绵城市建设。

（6）拓宽投融资渠道，积极推广 PPP 模式、特许经营等模式。大力探索、创新企业化、市场化融资开发模式，逐步推广以 PPP 模式、各类基金直接投资等为主的债权性投资模式（张毅等，2016；纪秀娟和张景奇，2019）。以国有资产为引导，设立一批专门用于城市公共服务和基础设施方面 PPP 项目建设的产业基金，引导更多社会资金投入。

鼓励技术力量和资金实力强的企业通过总承包的方式承接海绵城市建设项目，政府通过竞争性磋商等市场机制对社会资本进行甄别，择优合作。赋予社会资本优先开发权以鼓励社会资本投入的积极性，对建设成效符合条件的开发商给予一定的奖励，做到"谁出资，谁受益"。

应该客观地认识到，由于水循环的周期性特点，城市暴雨洪涝灾害问题很难在短期内得到根本解决，海绵城市更不可能应对所有的洪涝灾害。在今后的城市规划建设当中，应该自始至终贯彻海绵城市的理念，尽可能给洪水涝水预留足够的通道和蓄泄空间，提高城市的韧性，提高人们对洪水的防范意识。2021年7月发生的郑州"7·20"暴雨洪涝灾害应该引起全社会的高度重视，重要城市一定要提前制定应对极端暴雨洪涝灾害的应急预案，必要时地下停车场、地铁等地下空间也可以作为应急蓄水场所，本着以人为本的原则，尽量减轻城市洪涝灾害，尤其是要尽可能避免人员伤亡。"人水和谐"、提高城市韧性、适应特殊的城市洪涝环境可能是未来城市发展的必由之路。

参 考 文 献

鲍振鑫. 2010. 水文频率分析适线法参数估计研究. 南京: 南京水利科学研究院.

北京建筑大学. 2015. 海绵城市建设技术指南: 低影响开发雨水系统构建(试行). 北京: 中国建筑工业
出版社.

北京日报. 2020. 大兴机场变海绵机场! 北京将构建"1+16+N"海绵城市. https://baijiahao.baidu.com/
s?id=1666379772746658004&wfr=spider&for=pc [2021-8-6].

北京日报. 2021. 北京今年生产生活用水总量将控制在 28 亿立方米. https://ie.bjd.com.cn/a/202102/07/
AP601f8832e4b0653881df4fe2.html [2021-8-6].

北京师范大学城市水循环与海绵城市技术北京市重点实验室. 2019. 北京市通州试验基地. http://
hydrocity. bnu.edu.cn/tabid/95/ArticleID/1155/settingmoduleid/581/frtid/178/Default.aspx [2021-8-6].

北京市人民政府办公厅. 2017. 北京市人民政府办公厅关于推进海绵城市建设的实施意见. http://www.
beijing.gov.cn/zhengce/zhengcefagui/201905/t20190522_60725.html [2021-8-6].

北京市统计局. 2021. 北京市第七次全国人口普查主要数据情况. http://tjj.beijing.gov.cn/zt/bjsdqcqgrkpc/
qrpbjjd/202105/t20210519_2392982.html [2022-5-10].

北京市统计局. 2021. 北京市 2020 年国民经济和社会发展统计公报. http://www.beijing.gov.cn/gongkai/
shuju/tjgb/202103/t20210312_2305454.html [2021-8-6].

北京市通州区人民政府办公室. 2017. 北京市通州区人民政府办公室关于印发通州区海绵城市建设试
点建设管理暂行办法的通知. https: //bj.zhaoshang.net/2017-07-27/576065.html [2021-8-6].

北京市通州区人民政府办公室. 2018. 北京市通州区人民政府办公室关于印发通州区海绵城市建设试
点补助资金使用管理办法的通知. http://www.bjtzh.gov.cn/bjtz/xxfb/201808/1175641.shtml [2021-8-6].

北京市通州区人民政府办公室. 2021. 北京市通州区人民政府行政区划. http://www.bjtzh.gov.cn/bjtz/
fzx/xzqh/index.shtml [2021-8-6].

蔡殿卿, 于磊, 潘兴瑶, 等. 2019. 北京海绵城市试点区建设实践. 建设科技, (3): 92-95.

岑国平. 1990. 城市雨水径流计算模型. 水利学报, (10): 68-75.

岑国平, 沈晋. 1998. 城市设计暴雨雨型研究. 水科学进展, 9: 41-46.

岑国平, 沈晋, 范荣生, 等. 1997. 城市地面产流的试验研究. 水利学报, (10): 47-52.

常晓栋, 徐宗学, 赵刚, 等. 2016. 基于 SWMM 模型的城市雨洪模拟与 LID 效果评价——以北京市清
河流域为例. 水力发电学报, 35(11): 84-93.

常晓栋, 徐宗学, 赵刚, 等. 2017. 济南市降水特征时空演变规律分析. 北京师范大学学报(自然科学版),
53(5): 567-574.

常晓栋, 徐宗学, 赵刚, 等. 2018. 基于 Sobol 方法的 SWMM 模型参数敏感性分析. 水力发电学报, 37(3):
59-68.

陈浩, 洪林, 梅超, 等. 2016. 基于 D8 算法的分布式城市雨洪模拟. 武汉大学学报(工学版), 49(3):
335-340, 346.

陈强. 2021. 小雨不湿鞋、大雨不积水, 北京城市副中心完成 130 余万平方米"海绵"改造. https://news.
bjd.com.cn/2021/06/07/103255t100.html [2021-8-6].

陈赛男. 2013. 北京"6.23"暴雨天气形成特征及云物理过程的影响研究. 北京: 中国气象科学研究院.

陈秀洪, 刘丙军, 陈刚. 2017. 城市化建设对降水特征的影响. 自然资源学报, 32(9): 1591-1601.

陈言菲, 李翠梅, 龙浩, 等. 2016. 基于 SWMM 的海绵城市与传统措施下雨水系统优化改造模拟. 水电

能源科学, 34(11): 86-89.

陈洋波, 张会, 杜国明. 2015. 城市内涝预警综合评价方法. 中国防汛抗旱, 25(4): 25-32.

陈垚森, 陈洋波, 周浩澜, 等. 2012. 多普勒天气雷达资料在城市内涝预警的应用. 中国农村水利水电, (8): 79-83.

陈元芳, 李兴凯, 陈民, 等. 2008. 考虑历史洪水时 Gumbel 分布线性矩法的研究. 水电能源科学, 26: 1-4.

陈展图, 覃洁贞. 2017. 我国海绵城市建设对策研究——非工程性措施视角. 改革与战略, 33(5): 53-55.

程崇木, 张俊华, 孙炜, 等. 2010. 固定翼无人机航空摄影测量精度探讨. 人民长江, 41(11): 54-56.

程涛, 孙文超, 徐宗学, 等. 2017. 基于 MODIS 遥感反演冠层温度在东北地区的应用. 中国农村水利水电, (8): 9-13.

程涛, 徐宗学, 洪思扬, 等. 2018. 济南市山前平原区暴雨内涝模拟. 北京师范大学学报(自然科学版), 54(2): 246-253, 148.

程涛, 徐宗学, 洪思扬, 等. 2019. 城市洪涝模拟中无人机摄影测量技术应用进展. 水力发电学报, 38(4): 1-10.

初祁. 2018. 基于数值降水预报的北京典型区域城市暴雨内涝模拟研究. 北京: 北京师范大学.

邓培德. 1996. 暴雨选样与频率分布模型及其应用. 给水排水, (2): 5-9, 2.

邓培德. 1998. 再论城市暴雨公式统计中的若干问题. 给水排水, 24: 15-19.

董军刚. 2014. 城市暴雨内涝灾害风险评估工具集开发与应用研究. 上海: 华东师范大学.

董璐璐. 2011. 从北京暴雨看国外"水管理". 中国减灾, (15): 54-55.

范泽华. 2011. 天津市降雨趋势分析及设计暴雨研究. 天津: 天津大学.

方世南, 戴仁璋. 2017. 海绵城市建设的问题与对策. 中国特色社会主义研究, (1): 88-92, 99.

冯维静. 2019. 《北京城市副中心海绵城市建设技术导则》发布实施 未来通州每年可留住 80%雨水. http://www.bjtzh.gov.cn/hmcs/c102566/201903/1220690.shtml [2021-8-6].

符素华, 刘宝元, 吴敬东, 等. 2002. 北京地区坡面径流计算模型的比较研究. 地理科学, 22(5): 604-609.

耿艳芬. 2006. 城市雨洪的水动力耦合模型研究. 大连: 大连理工大学.

郭生练, 刘章君, 熊立华. 2016. 设计洪水计算方法研究进展与评价. 水利学报, 47: 302-314.

国务院. 2014. 国务院关于调整城市规模划分标准的通知. http://www.gov.cn/zhengce/content/2014-11/20/content_9225.htm [2021-8-6].

韩浩. 2017. 基于情景分析的城市暴雨内涝模拟研究. 西安: 西安理工大学.

汉京超. 2014. 应用 InfoWorks ICM 软件优化排水系统提标方案. 中国给水排水, 30(11): 34-38.

何文华. 2010. 城市化对济南市暴雨洪水的影响及其洪水模拟研究. 广州: 华南理工大学.

红黑统计公报. 2021. 北京市人口数据. https://www.hongheiku.com/shijirenkou/1088.html. [2021-8-6].

侯贵兵. 2010. 济南市城市洪水数值模拟研究. 济南: 山东大学.

胡伟贤, 何文华, 黄国如, 等. 2010. 城市雨洪模拟技术研究进展. 水科学进展, 21(1): 137-144.

黄国如, 吴思远. 2013. 基于 Infoworks CS 的雨水利用措施对城市雨洪影响的模拟研究. 水电能源科学, 31(5): 1-4, 17.

黄国如, 冯杰, 刘宁宁, 等. 2013. 城市雨洪模型及应用. 北京: 中国水利水电出版社.

黄海波, 陈春艳, 朱雯娜. 2011. WRF 模式不同云微物理参数化方案及水平分辨率对降水预报效果的影响. 气象科技, 39(5): 529-536.

黄津辉, 向文艳, 户超, 等. 2013. 天津市设计暴雨方法比较及公式修正. 天津大学学报, 46: 354-360.

黄宁. 2016. 降雨事件联合概率分析及其在城市内涝风险评估中的应用. 杭州: 浙江大学.

济南日报. 2021. 我市就全面推进海绵城市建设公开征求意见. http://www.jinan.gov.cn/art/2021/6/16/art_1812_4789032.html [2021-8-6].

济南市人民政府. 2015. 山东省济南市海绵城市建设试点工作实施计划(2015～2017).

济南市统计局. 2020. 2020 济南统计年鉴.

济南市统计局. 2021. 济南市第七次全国人口普查公报.

纪秀娟, 张景奇. 2019. 北方半湿润地区海绵城市建设的问题与对策——以辽宁省沈阳市为例. 水土保持通报, 39(03): 200-205.

贾绍凤. 2017. 我国城市雨洪管理近期应以防涝达标为重点. 水资源保护, 33(2): 13-15.

姜仁贵, 解建仓. 2016. 变化环境下城市内涝特征与应对研究//中国气象学会. 西安: s9 水文气象灾害预报预警.

金光炎. 1999. 水文频率分析述评. 水科学进展, 10: 319-327.

雷晓辉, 王浩, 廖卫红, 等. 2018. 变化环境下气象水文预报研究进展. 水利学报, 49(1): 9-18.

李超超, 程晓陶, 申若竹, 等. 2019. 城市化背景下洪涝灾害新特点及其形成机理. 灾害学, 34(2): 57-62.

李琛, 李津, 张明英, 等. 2015. 北京短历时强降雨的时空分布. 气象科技, 43(4): 704-708.

李春林, 刘淼, 胡远满, 等. 2017. 基于暴雨径流管理模型(SWMM)的海绵城市低影响开发措施控制效果模拟. 应用生态学报, 28(8): 2405-2412.

李刚. 2007. 网格计算在气象应用中的实现与研究. 天津: 南开大学.

李建, 宇如聪, 王建捷. 2008. 北京市夏季降水的日变化特征. 科学通报, 7: 829-832.

李莉. 2008. 基于遗传算法的多目标寻优策略的应用研究. 无锡: 江南大学.

李明财, 任雨, 熊明明, 等. 2012. 天津市设计暴雨的空间分布特征. 地理科学, 32: 1538-1544.

李娜, 仇劲卫, 程晓陶, 等. 2002. 天津市城区暴雨沥涝仿真模拟系统的研究. 自然灾害学报, (2): 112-118.

李娜, 孟雨婷, 王静, 等. 2018. 低影响开发措施的内涝削减效果研究——以济南市海绵试点区为例. 水利学报, 49(12): 1489-1502.

李佩君, 左德鹏, 徐宗学, 等. 2019. 济南市降水变化特征分析及其与土地利用变化的关系. 北京师范大学学报(自然科学版), 55(5): 572-580.

李嵩, 王翼. 2011. 北京市短历时强降水变化特征及未来预估//中国气象学会. 第 28 届中国气象学会年会论文集. 厦门: 中国气象学会年会.

李雁, 李峰, 赵志强, 等. 2013. 中国区域自动气象站运行监控系统建设. 气象科技, 41(2): 231-235.

林惠娟, 冀春晓. 2010. WRF 参数化方案对台风路径和强度模拟的影响. 嘉兴: 第七届长三角气象科技论坛.

林齐, 傅金祥. 2006. 铁岭市暴雨强度公式的推求与优化. 沈阳建筑大学学报, 22: 613-616.

刘昌明, 张永勇, 王中根, 等. 2016. 维护良性水循环的城镇化 LID 模式: 海绵城市规划方法与技术初步探讨. 自然资源学报, 31(5): 719-731.

刘成林. 2015. 城市排水防涝系统设计降雨时空分布特性研究. 北京: 北京工业大学.

刘成林, 周玉文, 隋军, 等. 2016. 城市排水防涝系统降雨空间分布特性研究. 给水排水, 42: 46-49.

刘光文. 1990. 皮尔逊III型分布参数估计. 水文, 4: 1-15.

刘慧娟. 2016. 城市微型景观格局与配置对降雨产流的影响. 北京: 中国地质大学(北京).

刘宁微, 王奉安. 2006. WRF 和 MM5 模式对辽宁暴雨模拟的对比分析. 气象科技, 34(4): 364-369.

刘佳明. 2016. 城市雨洪放大效应及分布式城市雨洪模型研究. 武汉: 武汉大学.

刘家宏, 夏霖, 梅超, 等. 2019. 深隧排水系统在城市内涝防治中的作用分析. 应用基础与工程科学学报, 27(2): 252-263.

刘俊, 鞠永茂, 杨弘. 2015. 气候变化背景下的城市暴雨内涝问题探析. 气象科技进展, (2): 63-65.

刘娜. 2013. 南京市主城区暴雨内涝灾害风险评估. 南京: 南京信息工程大学.

刘兴昌. 2006. 市政工程规划. 北京: 中国建筑工业出版社.

刘兴坡. 2009. 基于径流系数的城市降雨径流模型参数校准方法. 给水排水, 35(11): 213-217.

刘勇, 张韶月, 柳林, 等. 2015. 智慧城市视角下城市洪涝模拟研究综述. 地理科学进展, 34(4): 494-504.

卢茜, 周冠南, 李良松, 等. 2019. 基于 SWMM 的城市排涝措施研究及应用. 水利水电技术, 50(7):

13-21.

骆丽楠, 李洪权, 张喜亮, 等. 2012. 湖州城市暴雨内涝预警预报系统研制. 浙江气象, 33(1): 31-35.

吕宗恕, 赵盼盼. 2013. 首份中国城市内涝报告: 170 城市不设防 340 城市不达标. 中州建设, (15): 56-57.

马建明, 喻海军. 2017. 洪水分析软件 IFMS/Urban 特点及应用. 中国水利, (5): 74-75.

马建明, 喻海军, 张大伟, 等. 2017. 洪水分析软件在洪水风险图编制中的应用. 中国水利, (5): 17-20.

马燮铫, Yoshikane M, Hara M, 等. 2007. 应用区域气候模型对黄河流域进行降雨模拟//骆向新, 尚宏琦. 第三届黄河国际论坛论文集. 郑州: 黄河水利出版社.

梅超. 2019. 城市水文水动力耦合模型及其应用研究. 北京: 中国水利水电科学研究院.

梅超, 刘家宏, 王浩, 等. 2017. 城市设计暴雨研究综述. 科学通报, 62(33): 3873-3884.

梅胜, 许明华, 周倩倩, 等. 2018. 排水管网改造与 LID 径流控制在城市雨洪管理中的应用和组合优化. 水电能源科学, 36(3): 67-70.

齐文超. 2019. 径流调蓄设施对洪涝调控作用模拟研究. 西安: 西安理工大学.

仇劲卫, 李娜, 程晓陶, 等. 2000. 天津市城区暴雨沥涝仿真模拟系统. 水利学报, 31(11): 34-42.

邱绍伟, 董增川, 李娜, 等. 2008. 暴雨洪水仿真模型在上海防汛风险分析中的应用. 水力发电, 34(5): 11-14.

朴希桐. 2015. 下垫面变化对城市内涝的影响研究. 北京: 中国水利水电科学研究院.

任伯帜, 邓仁建. 2006. 城市地表雨水汇流特性及计算方法分析. 中国给水排水, 22(14): 39-42.

任雨, 李明财, 郭军, 等. 2012. 天津地区设计暴雨强度的推算与适用. 应用气象学报, 23: 364-368.

芮孝芳, 蒋成煜, 陈清锦. 2015. 论城市排水防涝工程水文问题. 水利水电科技进展, 35: 42-48.

闪电新闻. 2020. 济南海绵城市累计建成面积 179.85 平方公里 占建成区面积的 25.1%. https://baijiahao. baidu.com/s?id=1686296974933466349&wfr=spider&for=pc. [2021-8-6].

上海市政工程设计研究院. 2002. 给水排水设计手册. 北京: 中国建筑工业出版社.

石怡. 2014. 城市化对水系格局、水文过程及洪灾风险的影响研究——以秦淮河中下游平原区为例. 南京: 南京大学.

史蓉, 庞博, 赵刚, 等. 2014. SWMM 模型在城市暴雨洪水模拟中的参数敏感性分析. 北京师范大学学报(自然科学版), 50(5): 456-460.

史文军. 2016. 安全防范, 应对暴雨袭击. 现代物业中旬刊, (5): 24-27.

宋翠萍, 王海潮, 尚静石. 2014. InfoWorks CS 在北京香山地区应用研究. 水利水电技术, 45(7): 13-17.

宋海燕. 2015. 城市规划视角下的城市暴雨内涝问题及对策研究——以梅州市中心城区暴雨内涝分析及解决方案为例. 建设科技, (22): 90-91.

宋苏林, 高晓曦, 左德鹏, 等. 2018. 小清河流域汛期多年降水变化趋势. 南水北调与水利科技, 16(6): 46-52.

宋松柏, 康艳. 2008. 3 种智能优化算法在设计洪水频率曲线适线法中的应用. 西北农林科技大学学报, 36: 205-209.

宋晓猛, 张建云, 王国庆, 等. 2014. 变化环境下城市水文学的发展与挑战——II. 城市雨洪模拟与管理. 水科学进展, 25(5): 752-764.

宋晓猛, 张建云, 占车生, 等. 2015. 水文模型参数敏感性分析方法评述. 水利水电科技进展, (6): 105-112.

宋晓猛, 张建云, 孔凡哲, 等. 2017. 北京地区降水极值时空演变特征. 水科学进展, 2: 161-173.

孙阿丽. 2011. 基于情景模拟的城市暴雨内涝风险评估. 上海: 华东师范大学.

孙继松, 雷蕾, 于波, 等. 2015. 近 10 年北京地区极端暴雨事件的基本特征. 气象学报, 73(4): 609-623.

孙健, 赵平. 2003. 用 WRF 与 MM5 模拟 1998 年三次暴雨过程的对比分析. 测绘科学, 61(6): 692-701.

唐莉华, 彭光来. 2009. 分布式水文模型在小流域综合治理规划中的应用. 中国水土保持, (3): 34-36.

田济扬. 2017. 天气雷达多源数据同化支持下的陆气耦合水文预报. 北京: 中国水利水电科学研究院.

屠妮妮, 何光碧, 张利红. 2011. WRF 模式中不同积云对流参数化方案对比试验. 高原山地气象研究,

31(2): 18-25.

王建鹏, 薛春芳, 薛荣, 等. 2008. 西安城市暴雨内涝灾害气象预警系统研究. 灾害学, 23(b09): 45-49.

王静, 李娜, 程晓陶. 2010. 城市洪涝仿真模型的改进与应用. 水利学报, 41(12): 1393-1400.

王崴, 许新宜, 王成, 等. 2013. 北京市暴雨内涝的现状分析//中国环境科学学会. 昆明: 2013 中国环境科学学会学术年会论文集, 第八卷.

王睿, 徐得潜. 2016. 合肥市暴雨强度公式的推求研究. 水文, 36: 71-74.

王子谦, 段安民, 吴国雄. 2014. 边界层参数化方案及海气耦合对 WRF 模拟东亚夏季风的影响. 中国科学: 地球科学, (3): 548-566.

汪子棚, 王亚娟, 白国营, 等. 2011. 北京市暴雨分区研究. 北京水务, (5): 8-11.

温会. 2015. 城市内涝积水量计算模型研究与应用. 太原: 太原理工大学.

伍成成. 2011. Mike11 在盘锦双台子河口感潮段的应用研究. 青岛: 中国海洋大学.

吴海春, 黄国如. 2016. 基于 PCSWMM 模型的城市内涝风险评估. 水资源保护, 32(5): 11-16.

吴思远. 2013. 广州市城市暴雨内涝成因及雨洪利用技术研究. 广州: 华南理工大学.

吴遥, 李跃清, 蒋兴文, 等. 2015. 两种边界层参数化方案对 WRF 模拟青藏高原 2013 年夏季降水的影响. 高原山地气象研究, 35(2): 7-16.

伍华平, 束炯, 顾莹, 等. 2008. WRF 模式中积云对流参数化方案的对比试验. 台州: 第四届长三角科技论坛.

伍华平, 束炯, 顾莹, 等. 2009. 暴雨模拟中积云对流参数化方案的对比试验. 热带气象学报, 25(2): 175-180.

夏军. 2019. 我国城市洪涝防治的新理念. 中国防汛抗旱, 29(8): 2-3.

夏军, 张印, 梁昌梅, 等. 2018. 城市雨洪模型研究综述. 武汉大学学报(工学版), (2): 95-105.

解以扬, 李大鸣, 沈树勤, 等. 2004. "030704"南京市特大暴雨内涝灾害的仿真模拟. 长江科学院院报, 21(6): 73-76.

解以扬, 李大鸣, 李培彦, 等. 2005. 城市暴雨内涝数学模型的研究与应用. 水科学进展, 16(3): 384-390.

新华网. 2018. 北京城市副中心启动 20 余个海绵城市改造项目. http://www.gov.cn/xinwen/2018-09/16/content_5322493.htm [2021-8-6].

徐军, 蒋建军, 张义顺, 等. 2007. 基于 Landsat TM 影像的城镇用地提取方法探讨//中国地理学会. 南京: 中国地理学会 2007 年学术年会论文摘要集.

徐向阳. 1998. 平原城市雨洪过程模拟. 水利学报, (8): 35-38.

徐宗学, 程涛. 2019. 城市水管理与海绵城市建设之理论基础——城市水文学研究进展. 水利学报, 50(1): 53-61.

徐宗学, 程涛, 洪思扬, 等. 2018. 遥感技术在城市洪涝模拟中的应用进展. 科学通报, 63(21): 2156-2166.

央广网. 2019. 济南完成 250 个"海绵化"工程海绵城市建设改善居民生活品质. http://news.cnr.cn/native/city/20190415/t20190415_524577936.shtml [2021-8-6].

杨钢, 徐宗学, 赵刚, 等. 2018. 基于 SWMM 模型的北京大红门排水区雨洪模拟及 LID 效果评价. 北京师范大学学报(自然科学版), 54(5): 628-634.

杨龙. 2014. 城市下垫面对夏季暴雨及洪水的影响研究. 北京: 清华大学.

杨明祥. 2015. 基于陆气耦合的降水径流预报研究. 北京: 清华大学.

杨伟明, 刘子龙, 周玉文, 等. 2016. 基于 CADTableConvert 和雨水管网设计计算表的自动 SWMM 水力模型构建方法研究. 给水排水, 52(4): 124-127.

叶青. 2012. 城市暴雨内涝气象监测预警系统的设计与实现. 成都: 电子科技大学.

余峰. 2016. 我国城市化发展的问题及对策. 财讯, 14: 1-1.

喻海军. 2015. 城市洪涝数值模拟技术研究. 广州: 华南理工大学.

袁建新, 王寿兵, 王祥荣, 等. 2011. 基于土地利用/覆盖变化的珠江三角洲快速城市化地区洪灾风险驱动力分析——以佛山市为例. 复旦学报: 自然科学版, (2): 238-244.

袁宇锋. 2017. 北京地区夏季降水变化特征及城市热岛对小时强降水的影响分析. 南京: 南京信息工程大学.

臧文斌. 2019. 城市洪涝精细化模拟体系研究. 北京: 中国水利水电科学研究院.

张保林. 2018. 基于雷达及静止气象卫星的遥感降水临近预报研究. 北京: 中国地质大学(北京).

张兵, 辜旭赞, 李俊. 2007. WRF 模式中不同对流参数化方案对长江流域降水预报效果影响对比试验. 武汉: 中国气象局武汉暴雨研究所.

张辰, 支霞辉, 朱广汉, 等. 2012. 新版《室外排水设计规范》局部修订解读. 给水排水, 38: 34-38.

张芳华, 马旭林, 杨克明. 2004. 2003 年 6 月 24～25 日江南特大暴雨数值模拟和诊断分析. 气象, 30(1): 28-32.

张建云, 宋晓猛, 王国庆, 等. 2014. 变化环境下城市水文学的发展与挑战—I.城市水文效应. 水科学进展, 25(4): 594-605.

张蕾, 王明洁, 李辉. 2015. 短时强降水临近预报相对准确率的探讨. 广东气象, 37(2): 1-6.

张曼, 周可可, 张婷, 等. 2019. 城市典型 LID 措施水文效应及雨洪控制效果分析. 水力发电学报, 38(5): 59-73.

张明, 柏绍光. 2013. 概率权重混合矩法在几种三参数概率分布参数估计中的应用. 水电能源科学, 31: 16-18.

张宁. 2016. WRF 模式云微物理参数化方案预报效果分析. 气象与环境科学, 39(3): 50-59.

张炜, 李思敏, 时真男. 2012. 我国城市暴雨内涝的成因及其应对策略. 自然灾害学报, (5): 180-184.

张晓婧. 2015. 北京市暴雨特性及对设计暴雨时程的影响分析. 南京: 南京信息工程大学.

张小娜. 2007. 城市雨水管网暴雨洪水计算模型研制及应用. 南京: 河海大学.

张小娜, 冯杰, 刘方贵. 2008. 城市雨水管网暴雨洪水计算模型研制及应用. 水电能源科学, 26(5): 40-42.

张新华, 隆文非, 谢和平, 等. 2006. 二维浅水波模型在洪水淹没过程中的模拟研究. 四川大学学报(工程科学版), 38(1): 20-25.

张新华, 隆文非, 谢和平, 等. 2007. 任意多边形网格 DFVM 型及其在城市洪水淹没中的应用. 四川大学学报(工程科学版), 39(4): 6-11.

张毅, 李俊奇, 王文亮. 2016. 海绵城市建设的几大困惑与对策分析. 中国给水排水, 32(12): 7-11.

张质明, 胡蓓蓓, 李俊奇, 等. 2018. 北京不同年径流总量控制率下设计降雨量的空间分布. 中国给水排水, (5): 126-130.

张子贤, 孙光东, 孙建印, 等. 2015. 采用不同路径求推求城市暴雨强度总公式的拟合误差分析. 水利学报, 46: 97-101.

赵刚, 史蓉, 庞博, 等. 2016. 快速城市化对产汇流影响的研究: 以凉水河流域为例. 水力发电学报, 35(5): 55-64.

赵刚, 徐宗学, 庞博, 等. 2018. 基于改进填洼模型的城市洪涝灾害计算方法. 水科学进展, 29(1): 20-30.

赵彦军, 徐宗学, 赵刚, 等. 2019. 城市化对济南小清河流域产汇流的影响研究. 水力发电学报, 28(10): 35-46.

郑辉. 2014. 南京市主城区暴雨内涝灾害预报模拟. 南京: 南京信息工程大学.

郑昭佩, 宋德香. 2016. 山地城市海绵城市建设的对策研究——以济南市为例. 生态经济, 32(11): 161-164.

仲笑林, 李迪华. 2020. 镇江海绵城市建设老旧小区改造中的挑战与对策. 中国给水排水, 36(24): 34-38.

周浩澜. 2012. 气候变化下东莞城区极端降雨及洪涝响应研究. 广州: 华南理工大学.

周浩澜. 2013. 城市洪水模型在东莞城区洪水风险图编制中的应用. 人民珠江, 34(4): 13-16.

周倩倩, 曾经, 许苗苗, 等. 2018. 城市内涝区改造措施的降雨径流模拟和评估. 水电能源科学, 36(1): 13-15, 47.

周文德, 张永平. 1983. 城市暴雨排水设计问题的预测——概率的考虑. 水文, 1: 38-41.

周玉淑, 刘璐, 朱科锋, 等. 2014. 北京"7.21"特大暴雨过程中尺度系统的模拟及演变特征分析. 大气科学, 38(5): 885-896.

周玉文, 赵洪宾. 1997. 城市雨水径流模型研究. 中国给水排水, 13(4): 4-6, 2.

左斌斌, 徐宗学, 任梅芳, 等. 2019. 北京市通州区 1966-2016 年降水特性研究. 北京师范大学学报(自然科学版), (5): 556-563.

Maidment D R, 张建云, 李纪生. 2008. 水文学手册. 北京: 科学出版社.

Abbe C. 1901. The physical basis of long-range weather forecasts. Monthly Weather Review, 29: 551-561.

Agency D E. 2006. Defra/Environment Agency Flood and Coastal Defence R&D Programme. R&D OUTPUTS: FLOOD RISKS TO PEOPLE Phase 2.

Aligo E A, Gallus W A, Segal M. 2009. On the impact of WRF Model vertical grid resolution on midwest summer rainfall forecasts. Weather & Forecasting, 24(2): 575-594.

Barco J, Wong K M, Stenstrom M K. 2008. Automatic calibration of the U.S. EPA SWMM Model for a large urban catchment. Journal of Hydraulic Engineering, 134(4): 466-474.

Bauer P, Thorpe A, Brunet G. 2015. The quiet revolution of numerical weather prediction. Nature, 525(7567): 47.

Bjerknes V. 1904. Das Problem der Wettervorhersage betrachtet vomStandpunkt der Mechanik und Physik. Meteorology, 21: 1-7.

Blanc J, Hall J W, Roche N, et al. 2012. Enhanced efficiency of pluvial flood risk estimation in urban areas using spatial-temporal rainfall simulations. Journal of Flood Risk Management, 5(2): 143-152.

Brömmel D, Frings W, Wylie B. 2015. Technical Report Juqueen Extreme Scaling Workshop 2015. http://hdl.handle.net/2128/8435 [2021-8-6].

Chen J, Hill A A, Urbano L D. 2009. A GIS-based model for urban flood inundation. Journal of Hydrology, 373(1-2): 184-192.

Chen J, Zheng Y G, Zhang X L, et al. 2013. Distribution and diurnal variation of warm-season short-duration heavy rainfall in relation to the MCSs in China. Journal of Meteorological Research, 27(6): 868-888.

Chen W G, Huang G H, Zhang H, et al. 2018. Urban inundation response to rainstorm patterns with a coupled hydrodynamic model: A case study in Haidian Island. China. Journal of Hydrology, 564: 1022-1035.

Chu Q, Xu Z, Chen Y, et al. 2018. Evaluation of the ability of the Weather Research and Forecasting model to reproduce a sub-daily extreme rainfall event in Beijing, China using different domain configurations and spin-up times. Hydrology & Earth System Sciences, 22: 3391-3407.

Clark E P, Cosgrove B, Salas F. 2016. NOAA's National Water Model-Integration of National Water Model with Geospatial Data creating Water Intelligence. San Francisco: AGU Fall Meeting.

Cranston M, Speight L, Maxey R, et al. 2015. Urban flood early warning systems: Approaches to hydrometeorological forecasting and communicating risk. Vienna: EGU General Assembly Conference.

Crétat J, Pohl B, Richard Y, et al. 2012. Uncertainties in simulating regional climate of Southern Africa: Sensitivity to physical parameterizations using WRF. Climate Dynamics, 38(3-4): 613-634.

Cuo L, Pagano T C, Wang Q J. 2011. A review of quantitative precipitation forecasts and their use in Short to medium-range streamflow forecasting. Journal of Hydrometeorology, 12(5): 713-728.

Danish Hydraulic Institute. 2012a. MIKE 11 User Mannual. Copenhagen: DHI.

Danish Hydraulic Institute. 2012b. MIKE 21 User Mannual. Copenhagen: DHI.

Danish Hydraulic Institute. 2012c. MIKE Urban User Mannual. Copenhagen: DHI.

Danish Hydraulic Institute. 2012d. MIKE Flood User Mannual. Copenhagen: DHI.

Deb K, Pratap A, Agarwal S, et al. 2002. A fast and elitist multiobjective genetic algorithm: NSGA-II. IEEE Transactions on Evolutionary Computation, 6(2): 182-197.

Dee D P, Uppala S M, Simmons A J, et al. 2011. The ERA-Interim reanalysis: Configuration and performance of the data assimilation system. Quarterly Journal of the Royal Meteorological Society, 137(656): 553-597.

Di Z, Duan Q, Gong W, et al. 2015. Assessing WRF model parameter sensitivity: A case study with 5 day summer precipitation forecasting in the Greater Beijing Area. Geophysical Research Letters, 42(2):

579-587.

Done J, Davis C A, Weisman M. 2004. The next generation of NWP: Explicit forecasts of convection using the weather research and forecasting (WRF) model. Atmospheric Science Letters, 5(6): 110-117.

Eckart K, McPhee Z, Bolisetti T. 2017. Performance and implementation of low impact development-A review. Science of the Total Environment, 607-608: 413-432.

Efstathiou G, Melas D, Zoumakis N, et al. 2013. Evaluation of WRF-ARW Model in Reproducing a Heavy Rainfall Event Over Chalkidiki, Greece: The Effect of Land-Surface Features on Rainfall. Advances in Meteorology, Climatology and Atmospheric Physics. http://dx.doi.org/10.1007/978-3-642-29172-2_10 [2022-10-20].

Ek M B, Mitchell K E, Lin Y, et al. 2003. Implementation of Noah land surface model advances in the National Centers for Environmental Prediction operational mesoscale Eta model. Journal of Geophysical Research Atmospheres, 108: D22.

Evans J P, Ekström M, Ji F. 2012. Evaluating the performance of a WRF physics ensemble over South-East Australia. Climate Dynamics, 39(6): 1241-1258.

Falkovich A, Lord S, Treadon R. 2000. A new methodology of rainfall retrievals from indirect measurements. Meteorology and Atmospheric Physics, 75(3-4): 217-232.

Fierro A O, Rogers R F, Marks F D, et al. 2009. The impact of horizontal grid spacing on the microphysical and kinematic structures of strong tropical cyclones simulated with the WRF-ARW Model. Monthly Weather Review, 137(11): 581-594.

Gao Y, Fu J S, Drake J B, et al. 2012. Projected changes of extreme weather events in the eastern United States based on a high-resolution climate modeling system. Environmental Research Letters, 7(4): 044025.

Gironas J, Roesner L A, Davis J, et al. 2009. Storm Water Management Model Applications Manual. National Risk Management Research Laboratory, Office of Research and Development, US Environmental Protection Agency Cincinnati, OH.

Givati A, Gochis D, Rummler T, et al. 2016. Comparing One-way and Two-way Coupled Hydrometeorological Forecasting Systems for Flood Forecasting in the Mediterranean Region. 3(2): 19.

Griffis V W. 2007. Log-Pearson type 3 distribution and its application in flood frequency analysis (II): Parameter estimation methods. Journal of Hydrologic Engineering, 12: 492-500.

Goswami P, Shivappa H, Goud S. 2012. Comparative analysis of the role of domain size, horizontal resolution and initial conditions in the simulation of tropical heavy rainfall events. Meteorological Applications, 19(2): 170-178.

Grell G A, Dévényi D. 2002. A generalized approach to parameterizing convection combining ensemble and data assimilation techniques. Geophysical Research Letters, 29(6): 587-590.

Guo C, Xiao H, Yang H, et al. 2015. Observation and modeling analyses of the macro-and microphysical characteristics of a heavy rain storm in Beijing. Atmospheric Research, 156: 125-141.

Hapuarachchi H A P, Wang Q J, Pagano T C. 2011. A review of advances in flash flood forecasting. Hydrological Processes, 25(18): 2771-2784.

Hawkes P J, Svensson C. 2003. Joint Probability: Dependence Mapping and Best Practice. Wallingford: Defra/Environment AGency R & D Interim Technical Report FD2308/TR1.

Heinzeller D, Duda M G, Kunstmann H. 2016. Towards convection-resolving, global atmospheric simulations with the Model for Prediction Across Scales (MPAS): An extreme scaling experiment. Geoscientific Model Development, 8(8): 6987-7061.

Heming J T, Radford A M. 1998. The Performance of the United Kingdom meteorological office global Model in predicting the tracks of Atlantic Tropical Cyclones in 1995. Monthly Weather Review, 126(5): 1323-1331.

Hong S Y, Lee J W. 2009. Assessment of the WRF model in reproducing a flash-flood heavy rainfall event over Korea. Atmospheric Research, 93(4): 818-831.

Hong S Y, Lim J O J. 2006. The WRF single-moment 6-class microphysics scheme (WSM6). Journal of Korean Meteorology Society, 42(2): 129-151.

Hong S Y, Noh Y, Dudhia J. 2006. A new vertical diffusion package with an explicit treatment of entrainment processes. Monthly Weather Review, 134(9): 2318-2341.

Horton R E. 1933. The role of infiltration in the hydrologic cycle. Eos, Transactions American Geophysical Union, 14(1): 447-460.

Horton R E. 1941. An approach toward a physical interpretation of infiltration-capacity 1. Soil Science Society of America Journal, 5(C): 399-417.

Horton R E. 1942. Derivation of infiltration-capacity curve from infiltrometer experiments.

Hosking J R M. 1990. L-moments analysis and estimation of distributions using linear combination of order statistics. Journal of the Royal Statistical Society. Series B: Methodological, 52(1): 105-124.

Huber W C. 2001. New options for overland flow routing in SWMM. Urban Drainage Modeling. 22-29. 10.1061/40583(275)3.

Huber W C, Heaney J P, Medina M A, et al. 1975. Storm Water Management Model: User's Manual, VERSION II.

Huong H T L, Pathirana A. 2013. Urbanization and climate change impacts on future urban flood risk in Can Tho city, Vietnam. Hydrology & Earth System Sciences, 17(1): 379-394.

Iacono M J, Delamere J S, Mlawer E J, et al. 2008. Radiative forcing by long-lived greenhouse gases: Calculations with the AER radiative transfer models. Journal of Geophysical Research Atmospheres, 113: D13103.

Jamali B, Löwe R, Bach P M, et al. 2018. A rapid urban flood inundation and damage assessment model. Journal of Hydrology, 564: 1085-1098.

Jiang P, Tung Y K. 2013. Establishing rainfall depth-duration-frequency relationships at daily raingauge stations in Hong Kong. Journal of Hydrology, 504: 80-93.

Jiang Y, Zevenbergen C, Ma Y. 2018. Urban pluvial flooding and stormwater management: A contemporary review of China's challenges and "sponge cities" strategy. Environmental Science & Policy, 80: 132-143.

Kain J S, Weiss S J, Bright D R, et al. 2008. Some practical considerations regarding horizontal resolution in the first generation of operational convection-Allowing NWP. Weather Forecasting, 23(5): 931952.

Karamouz M, Hosseinpour A, Nazif S. 2010. Improvement of urban drainage system performance under climate change impact: Case study. Journal of Hydrologic Engineering, 16(5): 395-412.

Kavvas M L, Delleur J W. 1981. A stochastic cluster model of daily rainfall sequences. Water Resources Research, 17: 1151-1160.

Kleczek M A, Steeneveld G J, Holtslag A A M. 2014. Evaluation of the weather research and forecasting mesoscale model for GABLS3: Impact of boundary-layer schemes, boundary conditions and Spin-Up. Boundary-Layer Meteorology, 152(2): 213-243.

Klemp J B. 2006. Advances in the WRF model for convection-resolving forecasting. Advances in Geosciences, 7: 25-29.

Kumar P, Kishtawal C M, Pal P K. 2017. Impact of ECMWF, NCEP, and NCMRWF global model analysis on the WRF model forecast over Indian Region. Theoretical & Applied Climatology, 127(1-2): 143-151.

Kusaka H, Crook A, Dudhia J, et al. 2005. Comparison of the WRF and MM5 Models for simulation of heavy rainfall along the Baiu Front. SOLA-Scientific Online Letters on the Atmosphere, 1(3): 197-200.

Leduc M, Laprise R. 2009. Regional climate model sensitivity to domain size. Climate Dynamics, 32(6): 833-854.

Li Q, Wang F, Yu Y, et al. 2019. Comprehensive performance evaluation of LID practices for the sponge city construction: A case study in Guangxi, China. Journal of Environmental Management, 231: 10-20.

Lin B, Bonnin G M, Martin D L, et al. 2006. Regional frequency studies of annual extreme precipitation in the United States based on regional L-moments analysis. World Environmental and Water Resources Congress. New York: American Society of Civil Engineers.

Lin B Z, Vogel J L. 1993. A comparison of L-moments with method of moments. Proceedings of the Symposium, San Francisco ASCE. New York: American Society of Civil Engineers.

Liu J, Bray M, Han D W. 2012. Sensitivity of the Weather Research and Forecasting (WRF) model to downscaling ratios and storm types in rainfall simulation. Hydrological Processes, 26(20): 3012-3031.

Liu Y, Engel B A, Flanagan D C, et al. 2017. A review on effectiveness of best management practices in improving hydrology and water quality: Needs and opportunities. Science of the Total Environment, 601: 580-593.

Luna T, Castanheira M, Rocha A. 2013. Assessment of WRF-ARW forecasts using warm initializations. http://climetua.fis.ua.pt/publicacoes/APMG_extended_abstract_2013_Luna_et_al.pdf [2021-08-06].

Ma N, Szilagyi J, Niu G, et al. 2016. Evaporation variability of Nam Co Lake in the Tibetan Plateau and its role in recent rapid lake expansion. Journal of Hydrology, 537: 27-35.

Mcqueen J T, Valigura R A, Stunder B J B. 1997. Evaluation of the RAMS model for estimating turbulent fluxes over the Chesapeake Bay. Atmospheric Environment, 31(22): 3803-3819.

Mein R G, Larson C L. 1973. Modeling infiltration during a steady rain. Water Resources Research, 9(2): 384-394.

Mesinger F, Gomes J L, Jovic D, et al. 2012. An upgraded version of the Eta model. Meteorology & Atmospheric Physics, 116(3-4): 63-79.

Miguez M, Gonzalo. 2004. Spectral nudging to eliminate the effects of domain position and geometry in regional climate model simulations. Journal of Geophysical Research Atmospheres, 109: D13104.

Milanesi L M, Pilotti M, Ranzi R. 2015. A conceptual model of people's vulnerability to floods. Water Resources Research, 51(1): 182-197.

Milly P C D, Betancourt J, Falkenmark M, et al. 2008. Stationarity is dead: Whither water management. Science, 319(5863): 573-574.

Mishra S K, Singh V P. 2007. Soil conservation service curve number (SCS-CN) methodology. Water Science & Technology Library, 22(3): 355-362.

Moftakhari H R, AghaKouchak A, Sanders B F, et al. 2018. What is nuisance flooding? Defining and monitoring an emerging challenge. water Resources Research, 54(7): 4218-4227.

Mooers E W, Jamieson R C, Hayward J L, et al. 2018. Low-impact development effects on aquifer recharge using coupled surface and groundwater Models. Journal of Hydrologic Engineering, 23(9): 04018040.

Müller H, Haberlandt U. 2018. Temporal rainfall disaggregation using a multiplicative cascade model for spatial application in urban hydrology. Journal of Hydrology, 556: 847-864.

Nakada R, akigawa M, Ohga T, et al. 2016. Verification of potency of aerial digital oblique cameras for aerial photogrammetry in Japan. International Archives of the Photogrammetry, Remote Sensing & Spatial Information Sciences, 41: 63-68.

Nguyen T T, Ngo H H, Guo W, et al. 2020. A new model framework for sponge city implementation: Emerging challenges and future developments. Journal of Environmental Management, 253: 109689.

Nossent J, Elsen P, Bauwens W. 2011. Sobol' sensitivity analysis of a complex environmental model. Environmental Modelling & Software, 26(12): 1515-1525.

Novakovskaia E, Cordazzo J, Mello U, et al. 2008. Calibration and Verification of a Hydrometeorological System for Urban Flash Flood Forecasting. AGU Fall Meeting.

Onof C, Chandler R E, Kakou A, et al. 2000. Rainfall modelling using Poisson-cluster processes: A review of developments. Stochastic Environmental Research & Risk Assessment, 14(6): 384-411.

Paik D, Lim Y, Choi J, et al. 2005. Study on the runoff characteristics of non-point source pollution in municipal area using SWMM model-A case study in Jeonju City. Journal of Environmental Science International, 14(12): 1185-1194.

Philip J R. 1969. Theory of infiltration. Advances in Hydroscience, 5(5): 215-296.

Prein A F, Langhans W, Fosser G, et al. 2015. A review on regional convection-permitting climate modeling: Demonstrations, prospects, and challenges. Reviews of Geophysics, 53(2): 323-361.

Rao Y V R, Alves L, Seulall B, et al. 2012. Evaluation of the weather research and forecasting (WRF) model over Guyana. Natural Hazards, 61(3): 1243-1261.

Reisner J, Rasmussen R M, Bruintjes R T. 2010. Explicit forecasting of supercooled liquid water in winter storms using the MM5 mesoscale model. Quarterly Journal of the Royal Meteorological Society, 124(548): 1071-1107.

Ren M F, Xu Z X, Pang B, et al. 2020. Spatiotemporal variability of precipitation in Beijing, China during the Wet Seasons. Water, 12(3): 716.

Richard S, James P R. 2010. Fibonacci grids: A novel approach to global modelling. Quarterly Journal of the Royal Meteorological Society, 132(619): 1769-1793.

Roberts N M, Lean H W. 2008. Scale-selective verification of rainfall accumulations from high-resolution forecasts of convective events. Monthly Weather Review, 136(1): 78.

Rodrigueziturbe I, Cox D R, Isham V. 1987. Some Models for Rainfall Based on Stochastic Point Processes. Proceedings of the Royal Society of London. New York: Oxford University Press.

Rossman L A. 2015. Storm Water Management Model User's Manual Version 5.1. National Risk Management Research Laboratory, Office of Research and Development, US Environmental Protection Agency Cincinnati.

Ruiz J J, Saulo C, Noguéspaegle J. 2010. WRF Model sensitivity to choice of parameterization over South America: validation against surface variables. Monthly Weather Review, 138(8): 3342-3355.

Russo B, Suñer D, Velasco M, et al. 2012. Flood hazard assessment in the Raval District of Barcelona using a 1D/2D coupled model. Belgrade: Proc. Ninth Int. Conf. on Urban Drainage Modelling, Serbia, University of Belgrade.

Saltelli A. 2002. Sensitivity analysis for importance assessment. Risk Analysis, 22(3): 579-590.

Schellart A, Liguori S, Simões N, et al. 2014. Comparing quantitative precipitation forecast methods for prediction of sewer flows in a small urban area. International Association of Scientific Hydrology Bulletin, 59(7): 1418-1436.

Schiermeier Q. 2011. Increased flood risk linked to global warming. Nature, 470(7334): 316.

Schmitt T G, Thomas M, Ettrich N. 2004. Analysis and modeling of flooding in urban drainage systems. Journal of Hydrology, 299(3-4): 300-311.

Schwartz C S, Kain J S, Weiss S J, et al. 2009. Next-Day convection-allowing WRF model guidance: A second look at 2-km versus 4-km Grid spacing. Monthly Weather Review, 137(10): 3351-3372.

Seth A, Rojas M. 2003. Simulation and sensitivity in a nested modeling system for South America. Part I: Reanalyses boundary forcing. Journal of Climate, 16(15): 2437-2453.

Sharifan R A, Roshan A, Aflatoni M, et al. 2010. Uncertainty and sensitivity analysis of SWMM model in computation of manhole water depth and subcatchment peak flood. Procedia-Social and Behavioral Sciences, 6(2): 7739-7740.

Shih D S, Chen C H, Yeh G T. 2014. Improving our understanding of flood forecasting using earlier hydro-meteorological intelligence. Journal of Hydrology, 512(6): 470-481.

Siddique R, Mejia A, Brown J, et al. 2015. Verification of precipitation forecasts from two numerical weather prediction models in the Middle Atlantic Region of the USA: A precursory analysis to hydrologic forecasting. Journal of Hydrology, 529(1): 1390-1406.

Sikder S, Hossain F. 2016. Assessment of the weather research and forecasting model generalized parameterization schemes for advancement of precipitation forecasting in monsoon-driven river basins. Journal of Advances in Modeling Earth Systems, 8(3): 1210-1228.

Singh P K, Gaur M L, Mishra S K, et al. 2010. An updated hydrological review on recent advancements in soil conservation service-curve number technique. Journal of Water & Climate Change, 1(1): 118-134.

Skamarock W C, Klemp J B, Dudhia J, et al. 2008. A description of the advanced research WRF Ver. 30, NCAR Technical Note. NCAR/TN-475.

Soares P M M, Cardoso R M, Miranda P M A, et al. 2012. WRF high resolution dynamical downscaling of ERA-Interim for Portugal. Climate Dynamics, 39(39): 2497-2522.

Sobol I M. 1993. Sensitivity estimates for nonlinear mathematical models. Mathematical Modelling and Computational Experiments, 1(4): 407-414.

Song J, Wang Z H. 2015. Interfacing the urban land-atmosphere system through coupled urban Canopy and atmospheric models. Boundary-Layer Meteorology, 154(3): 427-448.

Song X M, Zhang J Y, Aghakouchak A, et al. 2014. Rapid urbanization and changes in spatiotemporal characteristics of precipitation in Beijing metropolitan area. Journal of Geophysical Research:

Atmospheres, 119(19): 11250-11271.

Srinivas N, Deb K. 1994. Muiltiobjective optimization using nondominated sorting in genetic algorithms. Evolutionary Computation, 2(3): 221-248.

Sun F, Yang Z, Huang Z. 2014. Challenges and solutions of urban Hydrology in Beijing. Water Resources Management, 28(11): 3377-3389.

Sun M, Guo W L, Yin Q, et al. 2013. Analysis on the cause of a torrential rain occurring in Beijing on 21 July 2012(I): Weather characteristics, stratification and water vapor conditions. Torrential Rain & Disasters.

Tang Y, Reed P, Van Werkhoven K, et al. 2007. Advancing the identification and evaluation of distributed rainfall-runoff models using global sensitivity analysis. Water Resources Research, 43(6): 1-14.

Tedoldi D, Chebbo G, Pierlot D, et al. 2016. Impact of runoff infiltration on contaminant accumulation and transport in the soil/filter media of Sustainable Urban Drainage Systems: A literature review. Science of the Total Environment, 569: 904-926.

Teng J, Jakeman A J, Vaze J, et al. 2017. Flood inundation modelling: A review of methods, recent advances and uncertainty analysis. Environmental Modelling & Software, 90: 201-216.

Thorndahl S, Nielsen J E, Jensen D G. 2016. Urban pluvial flood prediction: a case study evaluating radar rainfall nowcasts and numerical weather prediction models as model inputs. Water Science & Technology, 74(11): 2599.

Tian J Y, Liu J, Yan D, et al. 2017. Numerical rainfall simulation with different spatial and temporal evenness by using a WRF multiphysics ensemble. Natural Hazards and Earth System Sciences, 17(4): 1-31.

Tsihrintzis V A, Hamid R. 1998. Runoff quality prediction from small urban catchments using SWMM. Hydrological Processes, 12(2): 311-329.

Tsubaki R, Fujita I. 2010. Unstructured grid generation using LiDAR data for urban flood inundation modelling. Hydrological Processes, 24(11): 1404-1420.

UNEP/WCMC. 2002. Monuntain and Monuntain Forest. Cambridge UK.

Vrac M, Drobinski P, Merlo A, et al. 2012. Dynamical and statistical downscaling of the French Mediterranean climate: uncertainty assessment. Natural Hazards & Earth System Sciences, 12(9): 2769.

Wagener T. 2007. Can we model the hydrological impacts of environmental change? Hydrological Processes, 21(23): 3233-3236.

Wallingford H. 2012. InfoWorks ICM Help v3. UK.

Wang J L, Zhang R H, Wang Y C. 2012. Areal differences in diurnal variations in summer precipitation over Beijing metropolitan region. Theoretical and Applied Climatology, 110(3): 395-408.

Wang S, Kang H, Xiangqian G U, et al. 2015. Numerical simulation of mesoscale convective system in the warm sector of Beijing "7.21" severe rainstorm. Meteorological Monthly.

Wardah T, Bakar S H A, Bardossy A, et al. 2008. Use of geostationary meteorological satellite images in convective rain estimation for flash-flood forecasting. Journal of Hydrology, 356(3): 283-298.

Warner T T, Peterson R A, Treadon R E. 1997. A tutorial on lateral boundary conditions as a basic and potentially serious limitation to regional numerical weather prediction. Bulletion of the American Meteorological Society, 78(11): 2599-2617.

Warner T T. 2011. Quality assurance in atmospheric modeling. Bulletin of the American Meteorological Society, 92(12): 1601-1610.

Waters D, Watt W E, Marsalek J, et al. 2003. Adaptation of a storm drainage system to accommodate increased rainfall resulting from climate change. Journal of Environmental Planning & Management, 46(5): 755-770.

Westra S, Fowler H J, Evans J P, et al. 2015. Future changes to the intensity and frequency of short-duration extreme rainfall. Reviews of Geophysics, 52(3): 522-555.

Xiao C, Wu P, Zhang L, et al. 2016. Robust increase in extreme summer rainfall intensity during the past four decades observed in China. Scientific Reports, 6: 38506.

Xu Z X, Chu Q. 2015. Climatological features and trends of extreme precipitation during 1979-2012 in Beijing, China. Proceedings of the International Association of Hydrological Sciences, 369: 97-102.

Yan W Y, Shaker A, El-Ashmawy N. 2015. Urban land cover classification using airborne LiDAR data: A review. Remote Sensing of Environment, 158: 295-310.

Yang P, Ren G, Hou W, et al. 2014. Spatial and diurnal characteristics of summer rainfall over Beijing Municipality based on a high-density AWS dataset. International Journal of Climatology, 33(13): 2769-2780.

Yin J, Yu D, Yin Z, et al. 2016. Evaluating the impact and risk of pluvial flash flood on intra-urban road network: A case study in the city center of Shanghai, China. Journal of Hydrology, 537: 138-145.

Yucel I, Onen A, Yilmaz K K, et al. 2015. Calibration and evaluation of a flood forecasting system: Utility of numerical weather prediction model, data assimilation and satellite-based rainfall. Journal of Hydrology, 523: 49-66.

Zeng S, Guo H, Dong X. 2019. Understanding the synergistic effect between LID facility and drainage network: With a comprehensive perspective. Journal of Environmental Management, 246: 849-859.

Zhang S, Wang T, Zhao B. 2014. Calculation and visualization of flood inundation based on a topographic triangle network. Journal of Hydrology, 509: 406-415.

Zhou J, Wang L, Zhang Y, et al. 2015. Exploring the water storage changes in the largest lake (Selin Co) over the Tibetan Plateau during 2003-2012 from a basin-wide hydrological modeling. Water Resources Research, 51(10): 8060-8086.

Zhu C, Park C K, Lee W S, et al. 2008. Statistical downscaling for multi-Model ensemble prediction of summer monsoon rainfall in the Asia-Pacific Region using geopotential height field. Advances in Atmospheric Sciences, 25(5): 867-884.